《建筑科学研究 2021》编委会

指导委员会

主　任：王　俊

副主任：许杰峰

委　员：王　阳　徐　震　王清勤　范圣权　李　军　胡振金
　　　　尹　波　肖从真　徐　伟

编 写 组

组　长：王　俊

副组长：尹　波　张靖岩

成　员：（以姓氏笔画为序）
　　　　马文生　马恩成　王良平　王翠坤　王　霓　田春雨
　　　　史铁花　朱立新　刘立渠　孙　舰　孙建超　李东彬
　　　　李国柱　李建辉　李晓萍　张时聪　张彦国　张渤钰
　　　　陈艳华　范　乐　孟　冲　姜　波　姜　立　袁闪闪
　　　　黄世敏　黄　欣　曹　勇　曹　博

审查委员会：（以姓氏笔画为序）
　　　　马东辉　田　炜　朱　能　刘美霞　李　宏　李大伟
　　　　李丛笑　李百战　杨庆山　林波荣　周铁钢　赵基达
　　　　黄　弘　谢　卫

序

新阶段 新理念 新担当
推动建筑行业高质量发展

　　"十三五"时期，在习近平新时代中国特色社会主义思想的科学指引下，我国住房和城乡建设事业取得了历史性新成就。国家大力推动京津冀协同发展、长江经济带发展、粤港澳大湾区建设、长三角区域一体化发展、黄河流域生态保护和高质量发展、海南自贸港建设等重大区域发展战略，构建发展新机制。随着城市群、都市圈的逐步形成，存量和增量、传统和新型基础设施建设市场会迎来新一轮的发展机遇。2020 年，为应对疫情冲击，国家进一步加大宏观政策调控力度，坚定实施扩大内需战略，重点支持既促消费惠民生又调结构增后劲的"两新一重"建设，为建筑行业的发展注入了新的动力。

　　但是，我国城乡建设事业仍然存在发展短板，住房和城乡建设部王蒙徽部长在2020 年全国住房和城乡建设工作会议上指出，当前我国常住人口城镇化率已超过60%，城市发展从"有没有"转向"好不好"，适应高质量发展的城市建设体制机制和政策体系亟待建立；城乡发展依然不平衡，农村发展不充分，乡村建设体制机制不完善；建筑业"大而不强"，管理体制机制需进一步深化改革，建造方式与现代信息技术融合不够，转型升级亟待加快。这些都是摆在我们面前迫切需要解决的问题，也为"十四五"时期的城乡建设事业发展指明了方向。

　　进入新发展阶段，必须深入贯彻新发展理念，我们要进一步加强顶层设计，坚持以人民为中心，把生态和安全放在更加突出的位置，统筹考虑城乡建设事业发展；进一步完善管理体制机制，按照优化协同高效原则，推动完善党委政府统筹协调、各部门协同合作的城市管理工作机制；进一步强化科研标准支撑，构建以强制性标准为核心、推荐性标准和团体标准为配套的标准体系；进一步促进产业转型升级，通过信息化、数字化方式，加快推动行业生产方式不断转变。

　　贯彻新发展理念，需要广大行业科研机构以及科研工作者的鼎力支持。作为全国建筑行业最大的综合性研究和开发机构，中国建筑科学研究院有限公司（以下简称"中国建研院"）为推动我国工程建设标准化、提高工程质量管理水平、促进建设事业科技进步作出了积极贡献。希望以中国建研院为代表的行业科研机构，牢记使命担当，继续为我国城乡建设事业贡献力量。一是发挥专业综合优势，在推进以人为核心的新型城镇化建设、乡村振兴、清洁能源、超低能耗建筑、绿色健康建筑、既有建筑改造、碳达峰和碳中和等方面，助力国家战略落地实施。二是发挥政策支撑作用，积极参与住房和城乡建设领域相关发展规划的编制工作，为行业主管部门制定政策文件提供咨询，做好政府技术依托。三是发挥科技引领作用，积极承担国家重大和重点科技项目研发、行业"卡脖子"核心技术攻关、工程建设领域国家及行业标准规范编制等任务，为行业科技进步提供保障。

本书是中国建研院各领域专家在深入研究当前发展形势的基础上对行业前沿精准判断的重要成果，是中国建研院履行自身职责的重要体现，为新时期行业发展提供了重要的参考和建议。

大鹏之动，非一羽之轻也；骐骥之速，非一足之力也。希望以中国建研院为代表的相关单位，不忘初心、牢记使命，在自身高质量发展的同时，继续关注行业问题，为行业发展献计献策，为满足人民群众对美好生活的需要、共建美好生活家园贡献力量。

中国建筑业协会会长　齐骥

前　言

党的十九届五中全会审议通过的《中共中央关于制定国民经济和社会发展第十四个五年规划和二〇三五年远景目标的建议》指出，要推进区域协调发展，推进以人为核心的新型城镇化，全面实施乡村振兴战略，加快推动绿色低碳发展。2020年全国住房和城乡建设工作会议强调，以满足人民日益增长的美好生活需要为根本目的，实施城市更新行动和乡村建设行动，深入推进"新城建"，加快基础平台建设，推进韧性城市建设，推动智能建造与新型建筑工业化，加快建筑业转型升级。

为进一步贯彻落实国家战略部署，紧跟行业发展趋势，为政府部门制定有关政策提供重要科学依据，中国建研院组织编撰了《建筑科学研究2021》一书，旨在通过全面系统梳理建筑行业技术和产业应用情况，分析技术热点、行业动态和未来趋势，提出相关发展建议。全书共分为七篇，包括城市更新篇、韧性城市篇、美丽乡村篇、绿色发展篇、数字化转型篇、新型建筑工业化篇和行业改革篇。

城市更新篇：主要介绍了城市更新与既有建筑改造的发展动向、改造模式、改造内容、改造案例等，并提出老旧小区改造的未来发展趋势及发展建议。

韧性城市篇：主要阐述我国城市安全韧性的理论发展现状、量化研究方法和案例实践需求等，并从复杂高层建筑结构、大跨建筑结构、建筑幕墙等多个角度，提出城市安全韧性的发展建议。

美丽乡村篇：从国土空间规划、农房标准体系、装配式农房发展技术、村镇基础设施指标配建体系等多方面，提出绿色宜居村镇建设的研究方向和重点解决的关键技术等。

绿色发展篇：从零能耗建筑、健康建筑、健康社区、绿色生态城区、北方地区清洁供暖、碳减排等多个角度，阐述行业绿色发展的新成果、新方向，并提出发展建议等。

数字化转型篇：主要介绍建筑行业数字化转型的基础BIM、CIM的研发历程和最新成果，以及建筑智慧运维技术体系研究进展等。

新型建筑工业化篇：主要对现阶段装配式建筑技术体系的研究成果进行总结，重点介绍装配式混凝土结构、装配式农房的技术标准体系以及建造模式等。

行业改革篇：探索在工程建设标准化改革、建筑工程质量综合评价体系构建、工程质量保险制度推广及电梯行业改革等方面的可行路径。

本书凝聚了所有参编人员和审查专家的集体智慧，由于编者水平有限，书中难免会有一些疏漏及不当之处，恳请广大读者批评指正。同时，在本书出版发行之际，向长期以来对中国建研院各项工作提供支持的领导、专家们，表示诚挚的感谢！

本书编委会

2021 年 3 月

目　录

把握新机遇 开创新局面
2020 年建设科技热点政策浅析

王 俊 尹 波 张渤钰 孙 舰 曹 博

（中国建筑科学研究院有限公司）

2020 年，突如其来的新冠肺炎疫情，打乱了我国经济高质量发展的节奏，面对复杂多变的国际国内环境，党中央、国务院始终坚持稳中求进的工作总基调，坚持深化供给侧结构性改革，大力推动经济社会高质量发展，提出"加快形成以国内大循环为主体、国内国际双循环相互促进的新发展格局"的战略决策，为我国经济发展指明了方向。

建筑业是国民经济的支柱产业，建筑业的高质量发展，要服务于国家经济和社会发展的需求。2020 年，党中央、国务院作出决策部署，明确支持"两新一重"建设，实施区域协调发展战略，住房和城乡建设部等有关部委颁布了多项政策，持续深化建筑业改革，在推进以人为核心的新型城镇化建设方面不断发力，实施城市更新行动和乡村建设行动，加快建筑业转型升级，推进建筑行业的高质量发展。

本文在梳理 2020 年建设科技相关热点政策的基础上，提出一些思考与见解，并展望 2021 年以及"十四五"期间建设科技热点领域的发展趋势，以飨行业同仁。

一、中央决策部署

（一）2020 年两会提出重点支持"两新一重"建设

2020 年 5 月 21 日，政府工作报告中指出，要重点支持既促消费惠民生又调结构增后劲的"两新一重"建设，主要是加强新一代信息网络、5G 应用等新型基础设施建设，加强新型城镇化建设，加强交通、水利等重大工程建设。

新型基础设施建设重在激活力。当前我国正致力于大力发展 5G 网络，而 5G 网络的发展和应用在为信息技术行业创造新价值的同时，也将加快推进基于信息化、数字化、智能化的"新城建"，为智慧建筑、智慧物流、智慧交通、智慧医疗的全面实现提供应用场景，为建筑行业智慧化发展提供支撑。新型城镇化建设重在稳需求，一方面是大力提升县城公共设施和服务能力，适应农民到县城就业安家需求；另一方面是继续实施老旧小区改造，改善居民生活环境和质量，这既是满足广大人民群众对美好生活向往的重要手段，同时也是我国城市建设由增量建设为主转向存量提质改造和增量结构调整并重发展的必然趋势。交通、水利等重大工程建设重在补短板，为城镇基础设施和公共服务的快速发展提供支撑。总体看来，"两新一重"为建筑行业发展带来了重大机遇，为行业转型升级指明了方向。

（二）党的十九届五中全会首次提出坚持创新核心地位

2020年10月29日，十九届五中全会召开，会议分析了我国发展环境面临的深刻复杂变化，提出了要在新发展阶段、坚持新发展理念、构建新发展格局；要坚持创新在我国现代化建设全局中的核心地位，实施创新驱动发展战略，提升企业技术创新能力；要全面推进乡村振兴战略，实施乡村建设行动，巩固拓展脱贫攻坚成果；要推进区域协调发展和新型城镇化，坚持区域协调发展战略，推进以人为核心的新型城镇化；要推动绿色低碳发展，广泛形成绿色生产生活方式。

建筑行业粗放式发展模式已成为过去，创新发展是变革的重要手段与方式，只有牵住科技创新这个"牛鼻子"，走好科技创新这步先手棋，占领先机、赢得优势，以技术创新推动行业变革，以行业改革激发创新活力，以创新改革推动行业高质量发展，才能实现建筑行业转型升级。国家推进区域协调发展战略，加大城市更新和乡村建设力度，推进绿色健康持续发展，不仅对建筑行业提出了更高的发展要求，同时也为建筑行业加速发展提供了重要机遇。

（三）中央经济工作会议延续经济发展稳增长的总基调

2020年12月16日，一年一度的中央经济工作会议召开，会议提出了强化国家战略科技力量、增强产业链供应链自主可控能力、坚持扩大内需、全面推进改革开放、解决好种子和耕地问题、强化反垄断和防止资本无序扩张、解决好大城市住房突出问题、做好碳达峰和碳中和工作等八项重点任务。

为进一步推动经济发展，国家重点强调要扩大内需，大力发展数字经济，加大新型基础设施投资力度，实施城市更新行动，推进城镇老旧小区改造，建设现代物流体系等。可以看出，未来投资政策的重心在数字经济、新基建、城镇老旧小区改造等方面，建筑行业也将迎来重要的发展机遇。此外，会议首次提出"做好碳达峰、碳中和工作"，这是我国在宣布2030年碳达峰、2060年碳中和目标后作出的进一步工作安排。目前，建筑能耗约占全社会总能耗的45%以上，推行绿色、低碳的发展方式，推广近零能耗建筑，是降低行业综合能耗的重要手段，不仅将加速建筑业转型升级、实现高质量发展，也将助力国家尽快实现碳达峰、碳中和。

二、国家区域发展战略

（一）雄安新区关键词：智慧、绿色、创新

自2017年4月1日设立至今，雄安新区的建设一步也未曾停歇，目前已形成"1个纲要＋4个总体规划＋26个专项和重点规划"的规划体系："1个纲要"指的是《河北雄安新区规划纲要》；"4个总体规划"指的是《河北雄安新区总体规划（2018—2035年）》《白洋淀生态保护治理规划》《起步区的控制性规划》和《启动区

的控制性详细规划》；"26个细项规划"包括10个重点规划和16个专项规划。

作为雄安新区建设的纲领性文件，《河北雄安新区规划纲要》指出，到2035年，基本建成绿色低碳、信息智能、宜居宜业、具有较强竞争力和影响力、人与自然和谐共生的高水平社会主义现代化城市。到21世纪中叶，全面建成高质量高水平的社会主义现代化城市，成为京津冀世界级城市群的重要一极。这也决定了雄安发展的关键：智慧、绿色和创新。智慧是雄安新区的核心理念"数字城市和实体城市的'双生'"的最集中体现，雄安新区已经搭建起以城市计算中心、物联网平台、视频一张网平台、CIM平台和块数据平台为核心的"一中心四平台"智能城市基础框架，这为雄安新区实现规划一张图、建设监管一张网、城市治理一盘棋提供了重要支撑。绿色体现在城市供水、供电、排水、环卫等基础设施的建设运营模式都是绿色低碳的，生态环境、绿色建筑、绿色社区等人员生产生活方式都是绿色健康的。创新体现在人才、产业等要素创新以及管理模式创新等方面，只有培育创新生态，才可以实现建设国际一流创新型城市的规划目标。雄安新区先进的发展理念与丰富的建设项目，为建筑行业开展智慧化、数字化发展提供了实践应用支撑，是建筑业转型升级的重要示范。

（二）长江经济带关键词：生态、绿色、创新

2016年3月25日，中共中央政治局审议通过《长江经济带发展规划纲要》，明确提出长江经济带生态优先、绿色发展的战略定位，确立了"一轴、两翼、三极、多点"的发展新格局，提出了包括保护和修复长江生态环境、建设综合立体交通走廊、创新驱动产业转型、新型城镇化、构建东西双向、海陆统筹的对外开放新格局等在内的多项重要任务。

长江经济带区域广阔，具有独特优势和巨大发展潜力，是我国经济稳增长的重要支撑。长江经济带的发展思路可以用生态、绿色、创新来概括。对于生态和绿色，习近平总书记多次强调，推动长江经济带发展，理念要先进，坚持生态优先、绿色发展，把生态环境保护摆上优先地位，产业发展要体现绿色循环低碳发展要求。只有处理好绿水青山和金山银山的关系，坚决摒弃以牺牲环境为代价换取一时经济发展的做法，才能真正实现可持续发展。对于创新，长江沿岸长期积累的传统落后产能体量很大、风险很多，动能疲软，沿袭传统发展模式和路径的惯性巨大。建设现代化经济体系，必须彻底摒弃以投资和要素投入为主导的老路，扎实推进供给侧结构性改革，推动长江经济带发展动力转换，为新动能发展创造条件、留出空间，培育发展先进产能，加快形成新的产业集群，积极打造新的经济增长极。在经济快速发展的同时，长三角地区的城市建设工作也在加速推进：上海市成立城市更新中心，加快旧区改造和城市有机更新；浙江率先提出未来社区概念，以九大场景打造新型城市功能单元，并推动试点社区项目落地。这些措施成效显著，不仅有力地推动了城市建设发展，也为全国住房和城乡建设领域的发展提供了实践参考。

（三）粤港澳大湾区关键词：包容、先行、创新

2019年2月18日，中共中央、国务院印发《粤港澳大湾区发展规划纲要》，提出了建设国际一流湾区和世界级城市群的总体目标，明确了对大湾区的五个战略发展定位：一是充满活力的世界级城市群，二是具有全球影响力的国际科技创新中心，三是"一带一路"建设的重要支撑，四是内地与港澳深度合作示范区，五是宜居宜业宜游的优质生活圈，并据此制定了建设国际科创中心、加快基础设施互联互通、构建具有国际竞争力的现代产业体系、推进生态文明建设、建设宜居宜业宜游的优质生活圈等七大重点任务。

作为国家重大发展战略，可以用包容、先行、创新来简要概括粤港澳大湾区的发展特点。一是包容。大湾区所覆盖区域包含了两种制度、三个关税区、三种独立货币和三种市场开放度的发展现实。在"一国两制"框架下，为便于要素流动，要发挥各地优势，大湾区的制度和体制机制要包容。二是先行。2020年是深圳特区建立40周年，习近平总书记在讲话中指出，粤港澳大湾区建设是国家重大发展战略，深圳是大湾区建设的重要引擎。深圳要建设好中国特色社会主义先行示范区，创建社会主义现代化强国的城市范例。8月18日，《中共中央　国务院关于支持深圳建设中国特色社会主义先行示范区的意见》发布，为深圳的发展树立了新目标、新定位。作为国家改革开放的窗口，深圳要先试先行，在粤港澳大湾区发展的框架下，率先实现社会主义现代化，充分发挥先行示范作用。三是创新。《规划纲要》中将创新驱动作为粤港澳大湾区发展的基本原则之首，提出了全球影响力的国际科技创新中心的战略定位，并指出创新能力突出、以创新为主要支撑是大湾区发展的重要目标。由此可见，创新是大湾区发展的重点，政策创新、人才创新、产业创新将成为大湾区建设发展过程中的亮点。有效利用大湾区，特别是深圳中国特色社会主义先行示范区的机制体制优势，推广EPC工程总承包业务和全过程咨询服务，试行人工智能审图、工程质量保险等行业"放管服"改革方案，进一步推进行业其他改革举措，将为建筑业的改革发展奠定坚实的基础。

（四）海南自贸港关键词：低税收、开放、创新

作为我国最大的经济特区，海南省是重要的改革开放试验田，具有实施全面深化改革和试验最高水平开放政策的独特优势。2020年6月1日，中共中央、国务院印发《海南自由贸易港建设总体方案》（以下简称《方案》），提出了11个方面共39条具体政策，助推海南岛全岛实施海南自由贸易港建设。方案总体可概括为借助零关税、负面清单、金融创新、低税率以及发展旅游、现代服务和高新技术产业等五大特色举措，分三步走，促进贸易、投资、跨境资金流动、人员进出、运输来往等五个方面的自由便利和数据安全有序流动。

对海南自贸港来说，可以用低税收、开放、创新来概括其发展特点。从税收方面来说，《方案》赋予了海南迄今为止我国内地最优惠的税收政策，以"零关税、低税率、简税制、强法治、分阶段"为原则的具有竞争力的税收制度将成为吸引优

秀企业和人才的有利条件。从开放的角度来看，海南自贸港模式是独一无二的，它是一种综合型、高水平的自贸区模式，通过制度创新，推动贸易投资高度自由化、便利化，构建现代产业体系的自由贸易岛。海南自贸港制定的以"五个自由便利、一个安全有序流动"为核心的更高水平的开放政策制度体系，向国际展现了中国对外开放的决心和诚意。从创新的角度出发，海南自贸港的创新驱动体现在方方面面，对于建筑领域，其装配式建筑产业创新则最为亮眼。2017 年至今，海南省政府先后印发了包括《关于大力发展装配式建筑的实施意见》《关于加快推进装配式建筑发展的通知》等在内的多项政策文件，在全省范围内大力推广装配式建筑，要求到 2022 年底，各市县年度商品住宅实施计划项目中，采用装配式方式建造的比例应不低于 80%。密集的政策表明海南省政府大力发展装配式建筑的决心和目标，也为建筑行业在海南的发展提供了更加广阔的空间。

三、建筑行业发展热点

（一）建筑业制度改革
1. "放管服"改革促进建筑业持续健康发展

自国务院办公厅发布《关于促进建筑业持续健康发展的意见》以来，建筑业持续深化"放管服"改革，先后采取了一系列措施，着力完善监管体制机制，优化市场环境，促进建筑业持续健康发展。

一是优化资质资格管理。2020 年 12 月，住房和城乡建设部印发《建设工程企业资质管理制度改革方案》，制定了多项改革措施，在推动行业改革方面迈出了坚实的一步。通过大幅压减企业资质类别和等级，进一步优化对建筑企业的管理机制，也放宽了中小企业承揽业务范围，有利于促进中小企业发展。

二是加强事中事后监管。2019 年 3 月 26 日，国务院办公厅印发《关于全面开展工程建设项目审批制度改革的实施意见》，明确提出要进一步精简审批环节，要求"试点地区在加快探索取消施工图审查（或缩小审查范围）、实行告知承诺制和设计人员终身负责制等方面，尽快形成可复制可推广的经验"。山西、浙江、南京等地相继发文，深化施工图审查制度改革。深圳市 2020 年 4 月 1 日起全面取消房屋建筑和市政基础设施工程施工图审查，实行告知承诺制。北京、上海等地逐步缩小施工图审查范围。施工图审查的取消，表明政府职能正逐步由事前审批转向事中事后监管，以公正监管促进公平竞争。

三是强化个人执业资格管理。随着"放管服"改革的深入推进，"设计质量责任由设计人员终身负责"的规定进一步强化了设计师的质量责任，同时也要求国家尽快完善设计师的责任和权利保障制度体系。《建设工程企业资质管理制度改革方案》中提出，要强化个人执业资格管理，建立个人执业责任保险制度。通过探索引入市场化的保险机制，为设计师、项目建设者、项目使用者转移风险，将成为未来建筑行业市场化发展的重要环节之一。

2. 工程建设标准化改革稳步推进

2017 年修订后的《标准化法》颁布实施,明确了我国将建立强制性国家标准—推荐性标准—团体标准—企业标准的标准体系。2020 年,《强制性国家标准管理办法》《关于进一步加强行业标准管理的指导意见》等一系列标准化政策相继颁布或实施,为各级、各类标准的制订及管理提供了依据。在工程建设领域,强制性国家标准主要以全文强制性工程规范的形式体现,随着住房和城乡建设领域第一批全文强制性工程规范完成审查报批,工程建筑标准化改革的工作重点将逐步转移到标准的管理、实施和监督上。

2020 年全国住房和城乡建设工作会议再次强调要推进工程建设标准改革,构建以工程建设全文强制性规范为核心、推荐性标准和团体标准为配套的标准体系,推动工程建设标准国际化。工程建设标准化体系是住房和城乡建设工作的必要支撑,伴随着建筑业机制体制改革的步伐进一步加快,以及各项政策的持续实施推进,工程建设标准化改革也将加速进入新的阶段。

(二)建筑业转型升级

1. "新城建"引领城市转型升级

2020 年 8 月 11 日,住房和城乡建设部等七部委联合发布《关于加快推进新型城市基础设施建设的指导意见》(建改发〔2020〕73 号),提出推进"新城建",全面提升城市建设和管理各环节的信息化、数字化、智能化水平,包括:提升智能建造水平,建设基于 BIM 技术的智能建造技术体系,实现建设过程信息与城市管理信息的对接;打造包含城市基础地理信息、建筑物和基础设施三维模型、标准化地址库等基础数据,并实现逐级互联互通的城市信息模型(CIM)平台;做好市政基础设施的智能化建设和改造,实现城镇供水、排水、供电、燃气、热力等市政基础设施的升级改造和智能化管理;建设智慧社区,实现社区公共基础数据的全域全量采集,提升社区服务与风险监测及应急处理水平;建设智能化城市安全管理平台和综合管理服务平台,依托 CIM 平台梳理城市安全风险隐患,实现感知、分析、服务、智慧、检查一体的城市综合管理服务。

习近平总书记指出:"运用大数据、云计算、区块链、人工智能等前沿技术推动城市管理手段、管理模式、管理理念创新,从数字化到智能化再到智慧化,让城市更聪明一些、更智慧一些,是推动城市治理体系和治理能力现代化的必由之路,前景广阔。"加快推进"新城建",是引领城市转型升级,推进城市现代化的重要举措。

2. 智能建造赋予建筑业发展新动能

2020 年 7 月 3 日,住房和城乡建设部等部门《关于推动智能建造与建筑工业化协同发展的指导意见》(建市〔2020〕60 号)印发,提出"到 2025 年,我国智能建造与建筑工业化协同发展的政策体系和产业体系基本建立,建筑工业化、数字化、智能化水平显著提高,建筑产业互联网平台初步建立,产业基础、技术装备、科技创新能力以及建筑安全质量水平全面提升，劳动生产率明显提高，能源资源消耗及污染排放大幅下降，环境保护效应显著"，"到2035年，我国智能建造与建筑工业化协同发展取得显著进展，企业创新能力大幅提升，产业整体优势明显增强，'中国建造'核心竞争力世界领先，建筑工业化全面实现，迈入智能建造世界强国行列"。

《指导意见》从加快建筑工业化升级、加强技术创新、提升信息化水平、培育产业体系、积极推行绿色建造、开放拓展应用场景、创新行业监管与服务模式七个方面，提出了推动智能建造与建筑工业化协同发展的工作任务，再次强调了以装配式建筑为重点的建筑工业化升级是建筑业转型升级的重要手段，指出了当前建筑工业化存在的标准化、信息化、智能化水平偏低的问题，提出了以打造建筑产业互联网平台、积极推广应用建筑机器人等为手段的建筑业数字化转型、提质增效发展方向。

3.新型建筑工业化推动绿色高质量发展

2020年8月28日，住房和城乡建设部等部门《关于加快新型建筑工业化发展的若干意见》（建标规〔2020〕8号）明确了新型建筑工业化的定义。新型建筑工业化是"通过新一代信息技术驱动，以工程全寿命期系统化集成设计、精益化生产施工为主要手段，整合工程全产业链、价值链和创新链，实现工程建设高效益、高质量、低消耗、低排放的建筑工业化"。

推进新型建筑工业化是与国家推进建筑产业现代化和装配式建筑一脉相承的。"十三五"以来，随着装配式建筑的推广发展，一批配套标准规范发布实施，我国装配式建筑体系日益成熟。发展新型建筑工业化，是解决目前我国建筑业存在的劳动生产效率低下、机械化信息化智能化程度低、建筑施工不够精细、建材消耗量大、建设过程能耗高、建筑垃圾排放量大、建筑碳排放量高等突出问题，实现建筑业绿色高质量发展的必然要求。

（三）城市高质量发展

党的十九届五中全会明确提出了要推进以人为核心的新型城镇化建设。城市是人民的城市、人民城市为人民，这是做好城市工作的根本出发点和落脚点。推动城市生态建设，完善城市功能，优化城市空间结构，加强城镇社区建设，将进一步提升城市生活品质，满足人民日益增长的美好生活需要。

1.完整居住社区重在"补短板"

2020年8月18日，住房和城乡建设部等十三部门印发《关于开展城市居住社区建设补短板行动的意见》（建科规〔2020〕7号），正式开展居住社区建设补短板行动，提出了"到2025年，基本补齐既有居住社区设施短板，新建居住社区同步配建各类设施，城市居住社区环境明显改善，共建共治共享机制不断健全，全国地级及以上城市完整居住社区覆盖率显著提升"的发展目标，着力解决当前我国居住社区存在的规模不合理、设施不完善、公共活动空间不足、物业管理质量不高、覆盖面不够、管理机制不健全等突出问题。

居住社区是城市居民生活和城市治理的基本单元，是党和政府联系、服务人民群众的"最后一公里"。建设完整居住社区，首先要合理确定居住社区规模，明确居住社区建设补短板行动的实施单元，并以《完整居住社区建设标准（试行）》为依据，制定切实可行的居住社区建设补短板行动具体计划。对于新建住宅项目，应当直接明确约定同步配建设施，落实规模、建造、产权、移交的权责；对于既有居住社区，可通过补建、购置、置换、租赁、改造等方式，因地制宜补齐建设管理短板。此外，还要依托信息化技术，落实"城市管理进社区"，实现城市综合管理服务与居住社区物业管理服务联动管理。

2. 海绵城市建设初见成效

2015 年 10 月，国务院办公厅印发《关于推进海绵城市建设的指导意见》，部署推进海绵城市建设工作，提出通过海绵城市建设最大限度地减少城市开发建设对生态环境的影响，将 70% 的降雨就地消纳和利用。到 2020 年，城市建成区 20% 以上的面积达到目标要求；到 2030 年，城市建成区 80% 以上的面积达到目标要求。

2020 年，住房和城乡建设部组织所有设市城市对照《海绵城市建设评价标准》GB/T 51345—2018 全面开展海绵城市建设评估工作。截至 2020 年底，全国已累计建成海绵城市建设项目 3.3 万个，统筹沿江防洪排涝和城市基础设施建设试点工作稳步推进。海绵城市建设在修复城市水生态、涵养水资源，改善城市生态环境，以及提高城市韧性，提升城市排水、防涝、防洪和防灾减灾能力，保障南方沿江城市的安全度汛等方面的作用逐渐显现，海绵城市建设工作初见成效。

3. 老旧小区改造成为"十四五"长期工作

2020 年 5 月 22 日，十三届全国人大三次会议《政府工作报告》中明确提出"2020 年新开工改造城镇老旧小区 3.9 万个，支持加装电梯，发展用餐、保洁等多样社区服务"的工作目标。从政策沿革来看，2018 年，"加装电梯"首次写入《政府工作报告》，"有序推进'城中村'、老旧小区改造，完善配套设施，鼓励有条件的加装电梯"。2019 年，"加装电梯"再次写入《政府工作报告》，并由 2018 年的"鼓励有条件的加装电梯"明确为"支持加装电梯"。

7 月 20 日，国务院办公厅发布《关于全面推进城镇老旧小区改造工作的指导意见》（国办发〔2020〕23 号），进一步细化了老旧小区改造工作的对象及工作任务，提出到 2025 年要基本完成 2000 年年底前建成的老旧小区改造工作。因地制宜地合理规划基础类、完善类、提升类改造内容清单，统筹规划养老、卫生、托育、社会治安等方面的基础设施增设或改造计划以及电力、通信、供水、排水、供气、供热等专业经营单位的相关管线改造计划，制订相关标准和配套支持政策，实现老旧小区改造规划和计划的统一组织，将是"十四五"时期住房和城乡建设工作的重点之一。

四、"十四五"建设科技发展展望

2020年12月21日，全国住房和城乡建设工作会议全面总结了"十三五"以来的住房和城乡建设工作，充分肯定了2020年建筑行业在支持疫情防控、城市高质量发展、乡村建设、建筑业转型、重点领域改革等方面的工作成绩，并指出了目前我国城乡建设发展方面还存在一定的问题与短板：如城市治理水平不高，人居环境质量有待提升；乡村建设缺乏统筹规划，村镇建设质量相对落后；建筑业建造方式仍然比较粗放，转型升级步伐亟需加快。同时，2020年全国住房和城乡建设会议还布置了2021年八项重点工作。

结合过去几年住房和城乡建设事业发展思路以及建设科技热点政策，通过研判当前建筑行业的发展形势，我们认为2021年乃至"十四五"期间的建设科技发展方向将主要集中在以下四个方面：

（一）聚焦城市更新行动，推动城市高质量发展

城市更新行动将切实转变城市开发建设方式，实现城市规划、建设、管理统筹协调，推动城市结构优化、功能完善和品质提升，推进以人为核心的城镇化建设，建成宜居、绿色、韧性、智慧、人文城市。

推动城市更新行动，实现城市高质量发展，一是完善城市空间结构，优化城市规模布局，构建大中小城市和小城镇协调发展的城镇化空间格局；二是加快补齐市政基础设施和公共服务设施短板，完善城市功能，提升设施运行效能和安全性能，推进地下空间建设，综合提升城市空间利用效率；三是建立城市历史文化保护方案，加强建筑设计和城市风貌管理，实现城市历史文化和现代建设的有机融合；四是全面推进城镇老旧小区改造，加快完整居住社区建设，改善既有居住社区人居环境。

（二）提高城市治理水平，推进韧性城市建设

推进城市治理科学化、精细化、智能化发展，把全生命周期管理理念贯穿城市规划、建设、管理全过程，提高城市韧性水平，改善城市生态环境，切实提升人民群众的获得感、幸福感、安全感。

提高城市治理水平和城市韧性水平，一是要建立智能化的城市运行管理服务综合平台，实现对城市各种基础信息数据的信息化采集和智能化管理，打破区域、部门间信息壁垒，实现城市管理的统筹协调、智慧监督和综合评价；二是要创新城市治理方式，推动以社区为单元的城市网格化管理，探索城市管理与社区管理的联动机制，提高城市管理的精细化水平；三是健全城市综合防灾体系，构建"点-线-面"全覆盖的工程建设综合防灾减灾技术理论体系，研发面向地震、火灾、风灾等多灾害的工程建设评估、设计、处置等一系列关键技术，推进综合防灾减灾标准体系建设；四是要建立城市治理风险清单管理制度，提升城市对自然灾害、安全事故等风险的有效应对能力，发挥海绵城市建设的防洪排涝功能，完善重大公共卫生事

件应对机制，提升对城市风险的预判预警和应急响应能力，切实提升城市安全韧性水平。

（三）建设美丽宜居乡村，落实乡村振兴战略

"十三五"期间我国脱贫攻坚取得丰硕成果，"十四五"期间需要采取有效措施，持续落实乡村振兴战略，推进美丽宜居乡村建设，巩固脱贫攻坚成果。

建设美丽宜居乡村，一是建立以县域为单元、统筹城乡的发展模式，分析县域公共基础设施建设需求，统筹县域城镇和乡村规划建设，发挥县城连接城市和乡村、实现城乡融合发展的枢纽平台作用；二是改善乡村人居环境，提升乡村水、土、气质量，研发适用于乡村环境的生活垃圾和污水处理技术，打造具有当地特色的乡村建设方案，提升乡村风貌；三是提高农房建设水平，分析适用于乡村建设特点的农房结构体系和配套设施建造要求，建立宜居农房建设技术和标准体系，提高农房抵抗自然灾害能力，提升农房现代化水平；四是加强乡村建设管理，完善适用于乡村的规划、设计、建造、维修等环节的标准体系、管理制度和评价指标体系，为乡村建设管理提供有效指导。

（四）全力发展"中国建造"，推动建筑业转型升级

改变传统建筑业的粗放管理理念和管理方式，有效提升建筑工程品质，提高建筑业发展质量和效益，实现建筑业的转型升级，打造具有国际竞争力的"中国建造"品牌。

推动建筑业转型升级，一是提高数字化、信息化水平，在全产业链推广自主可控 BIM 技术，并实现与国家、省、市三级 CIM 基础平台对接；二是提高智能化、智慧化水平，将智慧建筑与智慧城区的理念落实到设计、施工、使用、运维管理的建筑全生命周期中，构建以建筑行业数据为核心的智慧建筑大数据平台，研发以建造机械化、建筑机器人为代表的智慧建造技术；三是持续推广新型建筑工业化，完善装配式建筑标准体系，研发推广新型装配式结构体系；四是深化绿色建筑、健康建筑、零能耗建筑理念，进一步减少建筑能耗和建筑垃圾排放，提高建筑宜居水平，满足人民对美好居住环境的要求；五是以工程保险助推行业改革，探索在项目建设全过程引入工程保险的运作模式，以市场化的管理方式促进建筑质量提升，推进建筑行业体制机制改革。

回顾 2020 年，尽管内外部环境复杂严峻，但在国家宏观政策的指引下，建筑行业加快了转型升级的步伐，实现建筑业总产值 263 947 亿元，取得同比增长 6.2% 的出色成绩，为"十三五"收官画上了圆满的句号，也为"十四五"的发展打下了坚实的基础。"十四五"是我国全面建成小康社会，乘势而上开启全面建设社会主义现代化国家新征程、向第二个百年奋斗目标进军的第一个五年。在当前复杂多变的发展环境下，我国住房和城乡建设事业必将在危机中抓住新机遇，在变局中开创新局面，不断满足人民日益增长的美好生活需要！

城市更新篇

　　2019 年 12 月，中央经济工作会议首次强调"城市更新"这一概念。2020 年 10 月 29 日，《中共中央关于制定国民经济和社会发展第十四个五年规划和二〇三五年远景目标的建议》在中国共产党第十九届中央委员会第五次全体会议上通过，强调了推进以人为核心的新型城镇化建设，加强城镇老旧小区改造和社区建设。城市更新已逐步成为推动城市提质发展的重要举措，对满足人民群众美好生活需要、推动惠民生扩内需、推进城市开发建设方式转型具有十分重要的意义。

　　近年来，城市更新改造政策体系逐渐建立、技术标准支撑体系持续完善、工程实践推广领域逐步拓宽，取得了一定成效、积累了宝贵经验。随着我国城市发展逐步由粗放式扩张转向内涵式增长、从增量扩张转变为存量升级，新形势、新要求下的城市更新正逐步向可持续发展、有机更新转变。本篇中，既有对城市更新相关工作的发展建议，如既有建筑改造转型升级、城镇老旧小区改造与历史风貌及城市肌理融合等，也有城市更新发展所涉及的重点技术应用，如老旧小区加装电梯技术、建筑幕墙技术等。

加快既有建筑改造转型升级，
助推城市更新高质量发展

王 俊

（中国建筑科学研究院有限公司）

《中共中央关于制定国民经济和社会发展第十四个五年规划和二〇三五年远景目标的建议》强调推进以人为核心的新型城镇化发展，实施城市更新行动，重点加强城镇老旧小区改造和社区建设。目前，我国常住人口城镇化率已超过60%[1]，既有建筑总量已达 600 亿 m² 以上，城市发展逐步由大规模建设转向建设与管理并重的发展阶段，加之既有建筑功能退化、性能较差等问题日益突出，既有建筑改造与城市更新已然成为重塑城市活力、推动城市建设绿色发展的重要途径。

一、我国既有建筑改造发展现状

（一）改造工作开展情况

我国高度重视既有建筑改造工作，自 20 世纪六七十年代开始既有建筑抗震加固改造，先后经历了节能改造、绿色化改造以及综合提升改造的发展历程。以数十年的改造工作实践为基础，在政策建设、标准支撑、试点探索、发展理念等方面积累了宝贵经验。

1.国家政策的指引导向日渐清晰

国家从 20 世纪六七十年代启动抗震加固改造、90 年代开展节能改造，"十二五"时期提出老旧住宅小区综合整治、公共建筑节能改造示范城市建设，"十三五"时期顺应群众期盼改善居住条件、部署推进城镇老旧小区改造，开展公共建筑能效提升示范城市建设，并立项国家重点研发计划"既有公共建筑综合性能提升与改造关键技术""既有居住建筑宜居改造及功能提升关键技术"以及"既有城市住区功能提升与改造技术"项目，可以看出，国家对既有建筑改造的方向指引日渐清晰，基于更高目标、更优品质、更高性能的既有建筑改造成为城市建设的重点方向。

2.技术标准的支撑体系持续完善

伴随改造技术进步，既有建筑改造标准体系也逐步扩展完善，目前已建立了涵盖既有建筑改造设计、施工、检测、评价的标准体系。在关系民生的重点领域，形成了以"既有建筑抗震加固改造""既有建筑节能改造""既有建筑绿色化改造""既有住宅加装电梯改造""既有公共建筑综合性能提升改造"为对象的重点标准。2020 年 8 月，住房和城乡建设部等多部门联合发布了《完整居住社区建设标准（试行）》，丰富了社区领域标准体系。

3. 工程实践的推广领域逐步拓宽

积极开展全国公共建筑节能改造示范城市、能效提升重点城市建设，推进老旧小区综合整治、人居环境改善、居住社区建设补短板、绿色社区和完整社区创建行动，由点及面，在实践中取得了规模化推广效益。"十二五"期间全国实施既有公共建筑节能改造 1.1 亿 m²，既有居住建筑改造 10.609 亿 m²，其中北方采暖地区供热计量及节能改造 9.9 亿 m²，夏热冬冷地区节能改造 0.709 亿 m²[2]。"十三五"期间改造成果更加显著，完成既有公共建筑节能改造 1.63 亿 m²，北方采暖地区居住建筑节能改造 1.5 亿 m²（截至 2019 年底数据），夏热冬冷地区居住建筑节能改造 0.58 亿 m²（截至 2019 年底数据），2020 年全国新开工改造城镇老旧小区 4.03 万个、惠及居民约 736 万户，既有公共建筑能效水平及居住社区宜居品质不断提升。

4. 城市更新的发展理念深入人心

建筑是人民群众最基础的生活单元，社区是民众生活、城市发展的重要载体。既有建筑改造积累了典型经验，社区建设聚焦了城市发展灵魂。2015 年《中共中央国务院关于进一步加强城市规划建设管理工作的若干意见》提出有序推进老旧住宅小区综合整治，加快配套基础设施建设，有序实施城市修补和有机更新。2019 年中央经济工作会议首次明确提出"城市更新"，开展存量住房改造提升，做好城镇老旧小区改造。2020 年《中共中央关于制定国民经济和社会发展第十四个五年规划和二〇三五年远景目标的建议》强调推进以人为核心的新型城镇化发展，重点加强城镇老旧小区改造和社区建设。以老旧小区改造为支点，撬动整个城市更新，"保民生""扩内需"的发展理念逐渐深入人心。

（二）改造工作现存问题

改造工作虽取得了一些成绩，但综合来看，伴随民众生活水平提高带来的对建筑品质需求的提升，以及碳达峰与碳中和背景下建筑行业高质量转型发展对既有建筑改造工作提出的更高要求，当前的改造工作仍然存在一些亟待解决的现实问题。

1. 既有建筑功能设施不足，性能较低问题突出

受建设年代技术及标准限制，老旧小区存在规模不合理、设施不完善、公共活动空间不足、市政管网陈旧、渗水漏水多发、管线乱铺乱引等问题，既有公共建筑安全防灾性能较低、能耗高、室内环境舒适性不足等问题也十分明显，这些短板问题不仅严重掣肘居民生活品质提升、背离"以人为本"的初心理念，更甚者将导致安全事故多发，威胁生命财产安全。

2. 以往改造方式呈现碎片化，亟需精细更新

较早期的改造工作受经济、技术支撑能力制约，采用过直接拆除重建的"大拆

大建"模式，也存在着外立面改造、外墙粉刷等"打补丁"式的缝缝补补模式，这些改造模式在一定程度上解决了当时的一些问题，但从长远来看，治标不治本，难以保证城市形象和建设品质可持续提升，造成了资源的巨大浪费，背离了可持续发展理念的根本内涵。且伴随民众生活水平提升，对完善小区电梯、停车、无障碍等配套设施，提升智慧化、个性化服务水平提出了更高诉求。

3.改造涉及主体较多，协调难度较大

从改造实践来看，改造中不可避免要面临各方利益诉求差异大、协调难的现实困难，如加装电梯高低层利益冲突、停车场改造有车无车利益博弈、上下水管道改造各方诉求差异等，常常陷入"一人反对，全员搁置"的困境。改造涉及千万家庭切身利益，众口难调、难达共识。此外，改造实施过程中涉及建设主管部门，水、电、气、供热等多个市政主管部门以及物业管理部门，具体工作中往往是由建设主管部门主推，协调多个平级部门共同推进，相关部门协助配合过程中由于各自管理体制、管理审批程序存在差异，协调配合效率低，影响改造工作质量和进度。

4.改造受资金掣肘严重，大范围推广难度很大

既有建筑改造量大面广，对改造资金需求量较大，以财政资金为主的改造方式是难以长期持续的，尤其对于更高需求及性能要求的完善类、提升类改造项目，难度更大。如何搭建投融资平台，吸引社会资本参与是亟需解决的掣肘问题。如何进一步盘活老旧小区及既有公共建筑周边资源向需求和就业端转化，扩大内需、拉动消费、打造疫情过后拉动经济的新动能，值得深入探讨。

二、我国既有建筑改造转型发展需求分析

（一）"新城建"＋"新基建"双轮驱动，为高质量改造模式提出更高要求

"新城建"＋"新基建"带来新机遇，大数据、人工智能、5G等新型基础设施建设技术对传统改造技术及改造模式带来新冲击，未来应加快传统技术与新兴技术融合创新，在基础类提升改造的基础上融入绿色、低碳、智慧、安全等新发展元素，推进既有建筑向更高质量、更高品质、更高标准的改造方向转变。借助信息化手段提升既有建筑、既有社区智能化管理水平，实现既有建筑改造转型升级，真正契合以人为核心的新型城镇化建设要求。

（二）信息化、智能化势不可挡，亟需夯实既有建筑数据底板并制定改造推广路线图

大数据、信息化时代来临，传统改造模式将发生重大转变，未来将立足城市更新和既有建筑运行实效进行更新策略与技术模式的选择。因此，亟需夯实既有建筑数据底板，摸清既有建筑存量、分布等基础数据，以及典型气候区、典型建筑类型的重点参数、性能关键指标、建筑运行特点等。进一步统筹规划不同年代既有建筑改造工作，加强顶层设计，制定改造推广路线图，从全局角度合理规划既有建筑改造总体目标、实施路径与重点任务。

（三）突发疫情倒逼既有建筑改造设计与运维，提升建筑韧性

突发疫情对既有建筑安全性能提出了更高要求，应坚持安全优先原则，逐步加大现行安全性能相关标准要求在我国既有建筑尤其是既有公共建筑改造中的约束和落实力度。进一步强化强制性改造指标及建筑室内环境中的健康要求，倡导建筑改造精细设计和弹性设计，重点关注医院、场馆等人员密集区域大型建筑的安全与健康性能、建筑可改造空间预留设计等，提升建筑应对突发情况及特殊要求的能力。

三、我国既有建筑改造转型发展设想与建议

立足新阶段、贯彻新理念、服务新格局，加快既有建筑改造提质升级刻不容缓，需从服务模式、组织模式、产业模式、改造对象、改造要求、改造方式、政策导向、资金来源、技术标准九大方面进行转变，把握关键环节，串点成线连片，实现改造模式、改造内容、支撑体系全面升级，如图1所示。

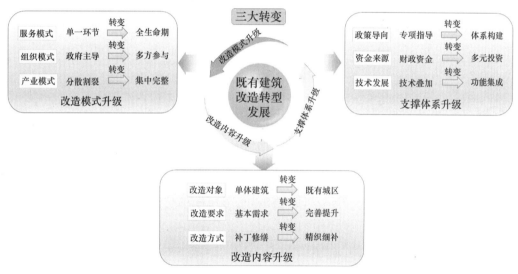

图1　既有建筑改造转型发展逻辑架构

（一）改造模式升级

1.服务模式由"单一环节"向"全生命期"转变

转变以往传统改造中只关注"建设"阶段，忽略前期策划、投资对改造整体方向的把控，以及与后期运维阶段衔接不足等单环节、片面式的发展模式，树立全生命期视角，面向多环节、全过程改造需求，形成改造前系统评估、改造中闭环实施、改造后注重运维实效的一体化服务模式。

2.组织模式由"政府主导"向"多方参与"转变

融合委办局、街道办事处、居委会、社会单位、建筑业主等多方力量，搭建老旧小区改造和社区建设工作平台，政府部门发挥统筹领导作用，居委会充分听取居民意见，政府将闲置空间运营权交给社会力量，各司其职、分工合作，建立共商、共建、共治、共享的新组织模式。

3.产业模式由"分散割裂"向"集中完整"转变

挖掘既有建筑改造区别于新建工程项目的特色需求，针对特色挖掘培育改造服务行业，以龙头企业为带动形成以改造为主线的产业体系，重点打造适老化改造、停车设施建设、公共活动空间营造、既有公共建筑节能调适等关键产业链条。

（二）改造内容升级

1.改造对象由"单体建筑"向"既有城区"转变

以往改造工作多围绕建筑本体开展，未来应向老旧小区整体空间、社区综合改造方向转变。注重小区整体空间规划、关注城市街区文化脉络传承；重点解决设施不完善、公共活动空间不足等突出问题，关注适老化改造，凸显人文关怀，发挥综合改造"加乘"效应；盘活小区资源，营造公共活动空间，打造宜居、完整社区。

2.改造要求由"基本需求"向"完善提升"转变

以老旧小区改造为例，遵循基础类—完善类—提升类的升级趋势。目前受改造资金、改造能力各方面的限制，以满足"基本需求"改造为主。未来既有建筑"完善类"和"提升类"的改造比重将不断提升，完善公共服务供给、扩大智慧服务应用、提升城市发展韧性将成为改造重点和趋势。

3.改造方式由"补丁修缮"向"精细织补"转变

摒弃外立面改造、外墙粉刷等"打补丁"式改造模式，杜绝形象工程，推动"微更新"。以尊重历史脉络为前提，改造设计中保留原有街巷肌理、城市风貌，改造施工、运维中精耕细作，从细微之处入手，体现工匠精神，依托微改造"绣花"功夫实现文明传承与文化延续。关注居民体验感，巧妙协调改造中邻里矛盾，在改造方式上关注和谐邻里构建，注入人文元素，传递民生情怀。

（三）支撑体系升级

1.政策导向由"专项指导"向"体系构建"转变

政策建设遵循体系完备、环节闭合、注重实效的发展原则。因地制宜，建立契合不同地区发展需求、国家、地方上下联动的政策体系；加强政策制定—政策实施—政策评估—政策监管体系建设，形成闭合环节；注重政策实施效果事后评估，确保政策发挥实效。

2.资金来源由"财政资金"向"多元投资"转变

释放政府压力，创新担保基金、效能保险等绿色金融工具，多渠道探索长期限、低成本绿色信贷资金来源，形成财政出资、居住者/使用者、金融机构、产权单位、企业共同投资的多元投资模式，拓宽资金来源，盘活社会资本，促进多元参与。

3.技术发展由"技术叠加"向"功能集成"转变

伴随改造要求多元化，以功能提升为导向的技术集成将成为既有建筑改造技术发展的重点方向，未来改造技术将重点向"绿色、健康、宜居、智慧"方向迈进。改造标准体系也将由"以专业为核心"向"以功能为主题"的方向转变，逐渐形成既有建筑改造主题标准体系。

"新城建"带来新机遇，以大数据、人工智能、5G等新型基础设施建设技术为支撑，有机耦合"新城建"建设，借助信息化手段提升智能化管理水平，加快推动既有建筑改造转型升级以契合以人为核心的新型城镇化建设要求，是建筑领域助推2035年远景目标实现的重要途径。

参考文献

［1］中国网.《2020年两会政府工作报告》［DB/OL］. http://www.china.com.cn/lianghui/news/2020-05/22/content_76075698.shtml，2020-12-23.

［2］中华人民共和国住房和城乡建设部.《住房城乡建设部关于印发建筑节能与绿色建筑发展"十三五"规划的通知》［DB/OL］. http://www.mohurd.gov.cn/wjfb/201703/t20170314_230978.html，2020-12-23.

老旧小区加装电梯之发展变革与未来趋势

陈艳彬　史学磊　周晓冬　张楚峰　冯春洋　吴　迪

（中国建筑科学研究院有限公司　中国建筑技术集团有限公司）

老旧小区加装电梯是应对社会老龄化、提升城市发展质量、拉动内需的重要途径，是满足居民生活便利需要和改善型生活需求的重要内容。《2018 年政府工作报告》中，李克强总理明确指出"有序推进'城中村'、老旧小区改造，完善配套设施，鼓励有条件的加装电梯"；《2019 年政府工作报告》中转变为"支持加装电梯"；《2020 年政府工作报告》再次提到加装电梯；2020 年 7 月 20 日国务院办公厅《关于全面推进城镇老旧小区改造工作的指导意见》将老旧小区加装电梯纳入"十四五"期间老旧小区改造的工作目标，既有住宅加装电梯越来越受到国家的重视。本文从政策、管理、运维、模式等多维度分析既有住宅加装电梯的发展现状及存在问题，针对居民协调、资金筹集、运维管理、新技术应用、模式创新等方面分析加装电梯未来发展趋势并提出建议。

一、发展现状

老旧小区加装电梯是惠及民生的重点工程，是应对社会老龄化、缓解"悬空老人"出行难、满足人民对美好生活向往的重要内容。当前和未来一段时间，城镇老旧小区改造已成为稳定投资、拉动内需、解决重大民生问题和实现高质量发展的重要举措。住建部数据显示，全国 1980 年至 2000 年建成的老旧住宅约 80 亿 m^2，70% 以上城镇老年人口居住在无电梯老旧楼房，严重影响老年人的日常出行。全国加装电梯的市场需求约 200 万台，建设投资超过两万亿元[1]，可有效带动上下游产业发展，推动经济发展的意义重大。

（一）我国老旧小区加装电梯现状

1.宏观政策支持力度逐步加强

近年来，党中央、国务院十分重视老旧小区加装电梯的工作，从中央到地方政策支持力度逐渐加大，连续三年写入国务院政府工作报告，给旧楼加装电梯市场释放了积极信号。各省、自治区、直辖市和部分市县分别制定了有关既有住宅加装电梯的指导意见或具体实施办法，明确了政策和相关要求，规范了审批流程和配套监管服务。截至 2020 年 8 月底，全国共有 156 个城市地方政府出台加装电梯支持政策，其中 117 个城市配套出台了补贴政策。

截至 2018 年底全国老旧小区加装电梯已经完成了 3 万多部,2019 年加装电梯市场呈井喷态势,上半年加装电梯项目采购电梯量达 8 亿元 [2],具体数据如图 1 所示。

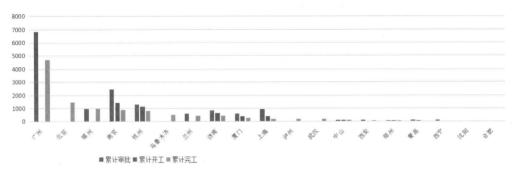

图 1 加装电梯现状柱状分析图

全国各地都在积极推进老旧小区加装电梯这项惠民工程,国家层面的高度重视必将加速加装电梯项目进程。

随着加装电梯政策的不断推出与更新,各地政府积极开展试点工作,引入社会资本,出台补助资金减轻居民出资压力。面对困扰居民的业主间协调问题,早在 2010 年福建省提出三分之二业主同意即可加装电梯,如今上海、杭州、重庆、徐州等均陆续出台新政策,放宽项目申报条件,加快了加装电梯这项民心工程的推进进程。部分城市就兼顾合法性、合理性的立法要求还出台了相关优抚条款,如 2020 年出台的《杭州市既有住宅加装电梯管理办法(草案)》中对于满足一定条件和数量的高年龄人、失能老年人或是残疾人的可以在征求意见未达到 100% 的条件下申请加装电梯;《中山市既有住宅加建电梯管理办法(修订)》中对低保、低收入困难家庭给予加装电梯费用全额补助等。

2021 年 1 月 1 日起施行的《中华人民共和国民法典》,按照"有利生产、方便生活、团结协作、公平合理"的民法精神,明确了既有住宅加装电梯的业主表决比例,降低了对既有住宅加装电梯这项"改建、重建建筑物及其附属设施"业主表决同意的门槛。

2. 技术支撑行业监管日益完善

为规范加装电梯行业标准,加强质量监管,各地主管部门相继出台加装电梯技术导则或技术规程。自 1999 年起,广州、佛山市已将旧楼加装电梯工作提上了日程,2008 年 12 月《广东省既有住宅增设电梯的指导意见》正式出台,截至 2019 年底,约有 22 个地市出台相关技术文件指导加装电梯工程实施,对加装电梯后消防、日照、采光、噪声、管线,以及对既有住宅结构安全性的影响制定相关标准。

分析各地已发布的加装电梯技术性文件,可总结以下几点:

(1)可行性评估报告:对现状建筑及周边环境进行加装可行性评估是加装电梯重要的前提条件,如 2019 年 7 月 1 日实施的《既有住宅加装电梯工程技术标准》

T/ASC 03—2019 第 3.0.2 条提出既有住宅加装电梯前应根据既有住宅的设计、施工资料及现场勘查情况进行加装电梯可行性评估并出具评估报告，以评估报告作为后续加装电梯方案及技术应用的重要依据。

（2）中国工程建设标准化协会标准《既有建筑电梯增设技术规程（送审稿）》中提出加装电梯采用钢结构体系时，钢柱或支撑耐火极限应不小于 1.50h，钢梁耐火极限不应小于 1.00h，非承重外墙、楼板、屋顶承重构件耐火极限不应小于 0.50h。主要结构体系的耐火极限均有不同程度的调整，有利于加装电梯降低工程造价，设计人员有了明确的设计依据和数据支撑，可作为与审图公司进行沟通的依据。

（3）《既有建筑电梯增设技术规程（送审稿）》首次明确提出了既有建筑增设电梯宜采用电梯远程监测技术，对电梯的主要运营数据进行监控，符合国家对电梯由定时维保转变为按需维保的政策要求，可以更好地对电梯企业提出相关的要求。

（二）重点城市加装电梯发展态势

1. 北京

北京市先后印发《关于北京市既有多层住宅增设电梯的若干指导意见》（京建发〔2010〕590 号）、《北京市 2016 年既有多层住宅增设电梯试点工作实施方案》（京建发〔2016〕312 号）等文件，给予电梯加装资金补贴、流程简化等政策支持，并在城六区开展试点工作。2020 年出台《北京市老旧小区综合整治工作手册》（京建发〔2020〕100 号），明确提出"经专有部分占该单元住宅总建筑面积三分之二以上的业主且占总人数三分之二以上的业主同意，且其他业主不持反对意见"的加装电梯条件，进一步加大政策支持力度，为居民协调工作提供政策依据。

有了政策的指引和支持，自 2010 年至今的 10 年间，北京市从最初鼓励居民自筹自建发展为如今的"代建租赁"模式，不仅减轻了居民前期出资压力，也为后期运维管理提供了保障。根据北京市建委发布的数据，截至 2019 年底，北京市累计开工 2212 部，完成且投入使用 1462 部 [3]。

2. 上海

上海市自 2011 年出台《上海市既有多层住宅增设电梯的指导意见》（沪房管修〔2011〕187 号）至 2019 年出台《关于进一步做好本市既有多层住宅加装电梯的若干意见》（沪建房管联〔2019〕749 号）的八年间，不断优化完善加装电梯政策，从审批流程复杂到实现一网通办，从严格要求居民 100% 同意到放宽征询意见至三分之二同意，同时政府补贴资金从 24 万元 / 台提高至 28 万元 / 台，加装电梯发展数量和速度稳步攀升，加装电梯政策瓶颈基本突破。

目前，上海加装电梯政策体系基本建立，业主自主协商与社区引导协商的机制不断完善，第三方专业服务日益规范。同时，上海市推进住宅小区加装电梯前期评估全覆盖，结合老旧小区综合改造，提前将管线移位，为未来电梯加装预留空间。根据上海市房管局发布数据，2019 年上海市已完成加装电梯立项的居民楼共 952 幢，其中 2019 年立项 624 幢 [4]。

3. 广州

早在1999年,广州、佛山市已将旧楼加装电梯工作提上了日程,2008年12月《广东省既有住宅增设电梯的指导意见》(粤建设函〔2008〕481号)正式出台,2012年广州市率先提出经"双三分之二"同意可申报加装电梯的基本条件,并先后发布《广州市既有住宅增设电梯办法》(穗府办规〔2016〕11号)、《广州市既有住宅增设电梯技术规程》(穗国土规划规字〔2016〕1号)等文件,于2019年制定并实施《广州市老旧小区住宅加装电梯三年行动方案(2019—2021年)》开展成片连片加装电梯试点行动。

为更好更快推进加装电梯的实行,广州市成立全国首家"旧楼宇加装电梯服务中心",搭建"政府+市场+社会"三位一体的工作机制,全面启动"一站式服务"平台,为电梯加装从咨询、设计、报建到运维提供全流程服务。根据广州市规划和自然资源局发布数据,截至2019年底,累计完成规划审批6864宗,已建成4718台,惠及居民70多万人[5],广州市老旧小区加装电梯数量居全国各大城市首位。

4. 兰州

甘肃省2013年下发了《既有多层住宅建筑增设电梯的指导意见》(甘建设〔2013〕422号),兰州市2016年年初出台《兰州市2016年既有住宅增设电梯试点工作实施方案》(兰政办发〔2016〕267号)并选择兰州大学家属楼作为试点小区,由此拉开兰州市加装电梯的序幕。2018年出台《兰州市老旧住宅小区增设电梯工作方案》(兰政办发〔2018〕160号),并给予最高20万元/台的财政补贴,同时推进做好"三无老人"及特困家庭资格认定,开通"绿色通道",实行多部门联审联批,兰州市加装电梯工作快速推进。

根据兰州市政府发布数据,兰州市具备加装电梯条件的共有975栋住宅楼,3189个单元。2016~2019年已完成加装电梯772部[6]。

(三)存在的问题

在国家及地方政策的大力推动下,老旧小区加装电梯取得了一定成效,但由于经济、社会、法律及历史遗留问题等原因,老旧小区加装电梯工作推进并不理想。

1. 政策层面

(1)政策协调机制不完善

此前大多数地区加装电梯政策要求,除了应征得所在楼栋"双三分之二以上"业主同意外,同时应征得直接受影响的业主同意。目前云南、福建、重庆、上海等地提出需满足"双三分之二以上"业主同意可申报加装电梯,但在实际操作中只要有一户反对,整个楼门加装电梯工作就无法实施,造成少数居民影响多数居民利益的局面。

(2)居民收费标准不明确

由于大部分地区加装电梯政策中对于收费标准及中高低层住户的费用分摊比例没有明确的指导意见,实施主体自主定价,居民可能由于盲目追求低价而选择不可靠的实施主体，同时也增加了居民之间的协调难度。

（3）管线改移审批周期长

加装电梯大部分地区已形成联合审查机制，加快了前期报建审查进度，但项目实施前燃气、电力等管线改移的审批程序复杂，短则几个月，长可达半年之久，导致工程进度缓慢。

2. 管理层面

（1）行业准入不规范

目前，我国尚未制定加装电梯建设过程的国家标准，对建设工程的评估和验收没有统一的参照条件，导致个别地方在加装完电梯后出现了地基基础沉降，引发了地面开裂与房屋结构的差异沉降等，导致自来水管、燃气管线破裂等事故，轻则影响使用，重则造成严重的安全隐患。同时，对于可以承担工程实施和项目经营的主体资格，国家和地方并无明确的要求和条件，主体责任意识缺乏管控抓手，将直接影响后续的运维状况和质量安全。

（2）带户施工风险高

加装电梯常见施工方式为将钢构件运至现场组装施工，焊接工作量大，明火作业多，施工周期长且需要搭设脚手架，而加装电梯位置处于居民楼单元出入口，带户施工对居民出行安全带来风险。

（3）运营维护无保障

目前加装电梯项目尚未建立完整、长期可持续的运营管理模式，从事老旧小区加装电梯的企业主要为电梯生产厂家、维保单位、物业公司以及小型建筑公司，认识局限于各自专业领域，综合解决能力较差，缺乏成套解决方案。

3. 建设模式层面

业主自筹自建、产权单位或集体出资、"代建租赁"是目前加装电梯常见的三种模式，但在实际推广应用中都有一定的局限性或困难。业主自筹自建模式需单元业主一次性筹集建设资金，对于多数居住在老旧小区的居民动辄几万的建设费用存在一定的资金压力。产权单位或集体出资模式，由于老旧小区房屋权属多数为房改房或商品房，单位自愿出资加装电梯的比较少，现阶段村集体采用此模式偏多。"代建租赁"模式，作为目前北京市加装电梯的主推模式，但由于投资回报率低，回收周期长，且不确定因素多，导致多数企业投资意愿不强。

二、加装电梯发展趋势

（一）由政府引导转变为市场自主行为

加装电梯初期阶段由政府主导，调动各相关部门、街道、社区共同参与，积极推进试点工作，起到示范引导作用。随着加装电梯模式逐渐成熟，社会投资参与积极性的提高，居民消费观念的转变，以及政策的不断完善，逐步发展成为居民自发组织、自下而上申请的局面，最终实现"政府引导、业主自愿"，从"要我加装"

转变为"我要加装"。

（二）由一票否决转变为少数服从多数

1."一票否决"或"过半数决"

过去，一些地方对既有住宅加装电梯实行"一票否决制"，居民意见不一致成为加装电梯的最大障碍。近年来，各地政府也在试点过程中不断完善政策，截至2020年6月，已有2个省17个城市将报建条件的同意率要求改为达"双三分之二"即可申请加装。2021年1月1日起施行的《中华人民共和国民法典》明确对"改建、重建建筑物及附属设施"实行"过半数决"，大大降低了决策难度。

2.先协商、后调解

对于加装电梯过程中利益平衡、权益受损等问题，政策中也给出了多种调解途径，先行通过友好协商或借助小区业委会、社会公益组织等第三方平台进行协调；协商不成的，可向属地社区、街道（乡镇）申请调解，尽可能地消除意见分歧、达成共识，从而实现政府治理、社会调节、居民自治的良性互动，打造共建共治共享的社会治理新格局。

（三）由单元加装转变为连片统一加装

针对旧楼加装电梯协调难，跑腿难，手续办理烦琐、周期长的三大"难题"，从2019年初开始，以广东为代表的加装电梯市场开始逐步试水连片加装电梯的模式，并制定《广州市老旧小区住宅加装电梯三年行动方案（2019—2021年）》，发挥连片加装电梯在统筹规划、整体运作，以及降低工程成本、畅通后期维护管理等方面的优势，短时间内推进了大面积、大范围的加装电梯落地。

（四）由传统施工转变为装配化施工

相对于传统的加装电梯施工方式，装配化施工具有安全性高、现场安装工期短、标准化生产质量有保证等技术优势。积极响应国家建筑工业化发展战略，加装电梯装配化施工将成为主流，装配式电梯在工厂完成80%以上的组装，现场仅需完成拼接安装，总工期可以缩短一半以上，并有效降低安全隐患。

（五）由建设＋委托维保转变为全生命周期管理

从"怎么建"到"怎么管"，是旧楼加装电梯治理逐渐走向精细化的过程。在行业发展前期，主要是通过自筹资金建设，后期委托维保公司进行维保，导致前期建设费用高，给居民带来一定资金压力，同时存在维保不到位、救援不及时、后期无人管等诸多问题。随着市场和行业的发展，"投建管一体化全生命周期管理模式"将会越来越盛行，"谁投资、谁受益""谁受益、谁付费"，规范实施主体责任，落实居民付费义务，高品质推动行业发展。

三、加装电梯发展建议

（一）加强统筹协调，完善政策推进机制

政府相关部门或机构牵头做好老旧小区的调查摸底工作，建立老旧小区加装电梯数据库，并在此基础上开展可行性评估，科学制定连片加装电梯实施计划。建立"政府引导、多方参与、共建共享"的协调机制，发挥街道、社区、业主委员会、物业服务单位等的作用，并充分调动社会力量参与投资运营，鼓励居民的自发自主意识，搭建"互联网＋共建共享"加装电梯的基层治理体系。完善加装电梯决策机制，根据新颁布的《民法典》，增设电梯征得所在楼栋专有部分占建筑物总面积三分之二以上的业主且占总人数三分之二以上业主同意后即可实施；三分之一协调不成功的，建议由基层相关部门牵头召开听证会，听证会后仍有异议的业主可依法通过法律途径主张权利，各方均应服从司法裁定并承担相关经济责任。

（二）拓展资金来源，完善资金回收机制

建立"财政补助、社会投资、居民付费"的费用共担机制，多方筹措资金；并将居民付费与个人信用体系挂钩，控制资金回收中的风险。吸引社会资本参与，通过政府采购、新增有偿使用的配套设施、落实资产权益等方式，多渠道市场化筹集加装电梯资金。建立财政金融支持政策，发挥政府资金的引导作用，设立专项资金，充分利用政策性银行贷款予以融资支持。推行"投建管一体化全生命周期管理"模式，推广成片加装，鼓励社会资本方提供多元化金融产品，并通过专项资金奖补提高其参与的积极性。

（三）规范行业准入，推进新工艺新技术应用

加强顶层规划，结合地方技术标准尽快健全国家标准，建立加装电梯过程监管与成果评价体系；规范实施主体资质要求，通过财政政策支持鼓励具备"投资—建设—运营"全生命周期管理能力和成套解决方案的企业参与实施。大力推进装配式技术在加装电梯中的应用，运用BIM技术实现设计、审图、监造、施工及运维全过程技术指导与管理。

（四）强化落实主体责任，建立长效监管机制

实施主体要牢固树立企业社会责任意识，落实主体责任，确保增设电梯后的长期稳定运维。通过物联网解决运维过程中的电梯应急救援、运行监测和维保等难题，提高监管效率。吸引保险机构介入加装电梯的全生命周期管理，实现风险分担，实现可持续发展。发挥国有企业带头作用，推动"投建管一体化全生命周期管理"创新模式先行示范，通过试点实现放大器功能，快速推广形成规模效应，推动城市功能完善。

四、以街区为单元加装电梯代建租赁模式案例分析

中核建研城市更新有限公司（以下简称"中核建研"）是由中国核工业集团有限公司主要成员单位中国核工业建设股份有限公司与中国建筑科学研究院有限公司主要成员单位中国建筑技术集团有限公司联合发起设立的央企控股企业。

公司依托两家央企的资源优势、科研优势、技术优势、品牌优势，积极响应国家政策，履行央企责任，长期致力于老旧小区改造政策研究与技术研发，通过研究和实践开发出一套以技术创新和模式创新为核心的加装电梯"投建管运一体化全生命周期管理"代建租赁模式，已在北京市朝阳区小关街道开展试点工作。

1. 项目基本情况

小关街道共涉及 7 个社区，包含惠新苑社区、惠新北里社区、高原街社区、小关社区、小关东街社区、惠新里社区以及惠新东街社区。调研选取 30 个小区 107 栋多层住宅楼 619 个单元，涉及 8436 户居民。

2. 主要模式做法

（1）开展加装电梯调研评估

通过走访社区、现场踏勘、民意征求等方式对小关街道既有多层住宅加装电梯的可行性进行初步评估，包括加装电梯对场地、空间、日照、绿化、消防等的影响；既有住宅的结构现状、工作状态，是否存在明显的沉降、裂缝、倾斜等现象；现有设备管线对加装电梯的影响等，根据各类影响因素，综合判断该小区（楼房）是否具备加装电梯的实施条件。以此划分加装电梯的分类等级，分别提出加装电梯的技术方案与实施建议。

经过可行性评估，小关街道 30 个小区中有 102 栋楼 571 个单元具备加装条件，占比 92.2%；有 16 栋楼 48 个单元不具备加装条件，占比 7.8%。

（2）加强统筹规划，科学制定加装计划

中核建研联合街道制定了小关街道"十四五"老旧小区改造三期实施五年完成的总体工作目标，其中一期 11 个小区 234 个单元，二期 14 个小区 266 个单元，三期 7 个小区 51 个单元，结合居民意愿及产权单位类型科学制定片区加装电梯计划，"十四五"期间有序推进加装电梯。

（3）加强各专业协调，确保补贴资金有效利用

室外管线直接影响加装电梯施工，因此在增设电梯施工前首先进行室外管线改移工作，在充分调研勘测分析后首先对室外管线进行综合改造设计，把控各专业管线改移部门之间的协调尤为重要。建议加装电梯管线改造纳入老旧小区改造计划统筹实施，以小区或整栋楼为单位进行整体改移，确保补贴资金有效利用，同时绘制室外管线改造综合图，为后续维修改造提供基础资料。

（4）明确责任主体，建立协调机制

发挥财政资金引导作用，通过政府统一选择加装电梯实施主体、落实资产权益政策等方式吸引有实力的社会资本参与，推行"投建管运一体化全生命周期管理"模式，明确主体责任，确保补贴资金有效利用，确保电梯长期安全运行。

加强党建引领，建立"政府主导、多方参与、共建共享"的协调机制，组建街道、社区、物业、产权单位、实施主体五方参与的加梯协调小组，搭建"互联网＋共建共享"加装电梯基层工作体系。

（5）加强顶层规划，推广新技术应用

中核建城市更新有限公司搭建物联网监控管理平台，运用物联网技术，解决后

期电梯应急救援、运行监测、维保管理、运营监管等难题，确保加装电梯建成后长期稳定运行。

中核建研城市更新有限公司研发的"模块化加装电梯"标准化产品，运用装配式技术解决老旧小区复杂环境的快速施工，采用一体化装配新工艺，提高质量，缩短工期，降低安全事故风险，确保质量可追溯，实现加装电梯建筑工业化。

3. 模式可行性与效果评价

中核建研城市更新有限公司与小关街道联合推出的以"街区单元＋体检评估＋统筹规划"的加装电梯"投建管运一体化全生命周期管理"代建租赁模式，以"政府补贴＋社会资本投资＋居民缴费"的方式提高社会资本参与的积极性，明确实施主体责任，确保政府补贴资金的有效利用。

参考文献

［1］李勇. 老旧住宅电梯加装改造市场可期［N］. 证券日报，2019-08-09.

［2］华政. 老旧小区改造是新增长点［N］. 人民日报，2016-04-11.

［3］吴娇颖. 老楼加装电梯破局进行时：双重难题有待新"解法"［N］. 新京报，2019-12-25.

［4］柏可林. 上海2019加装电梯"成绩单"：立项624幢投运131台［N］. 东方网，2019-12-20.

［5］杜娟. 广州加装电梯已惠及70万人，今年要再增20%［N］. 广州日报，2020-01-14.

［6］张继培. 兰州市回应市民关切老旧小区加装电梯［N］. 兰州晨报，2019-12-30.

住房城乡建设部老旧小区有机更新实践

史铁花 司玉海 程绍革 黄 颖 高继辉 岑宗乘

刘 洁 魏志栋 王 寰 张秋丽

（中国建筑科学研究院有限公司 中华人民共和国住房和城乡建设部）

随着我国国民经济的持续发展和综合国力的全面提升，政府越来越关注涉及普通百姓的民生工程，2012 年以来一直致力于老旧小区综合整治工程，着力解决这些小区的房屋安全、保温节能、老化设备更新、环境整治等问题，并与城市有机更新结合起来，使老旧小区通过功能提升重新融入周围环境，成为可持续发展城市的重要组成部分。城市有机更新是由吴良镛[1]教授提出的一种城市规划理论，认为从整体到局部，从城市到建筑，如同生物体一样是有机联系、和谐共处的，主张城市建设应该按照城市内在的秩序和规律，顺应城市的肌理，采用适当的规模、合理的尺度，依据改造的内容和要求，妥善处理关系，在可持续发展的基础上探求城市的更新发展，不断提高城市规划的质量，使得城市改造区的环境与城市整体环境相一致。老旧小区有机更新是将吴良镛先生的城市有机更新理念付诸老旧小区改造中，即在城市规划的大框架下，从整体到局部，妥善处理目前和将来的关系，在可持续发展的基础上探求更新发展，使改造后老旧小区的环境与城市整体环境相协调。住房和城乡建设部所属老旧小区的整治和改造就忠实地践行了这一点。

一、有机更新的亮点和难点

住房和城乡建设部老旧小区房屋建造年代从 20 世纪 50 年代到八九十年代，时间跨度大，结构类型多，现状参差不齐，一些老旧房屋安全性鉴定评为 D 级，结构承载力严重不足，多数老旧房屋无保温节能措施，冬冷夏热，部分设备管线严重老化锈蚀，小区管线错综复杂，环境亟待改善。有机更新，首先要解决就是房屋安全问题，这是节约资源、可持续发展的必要前提，该问题也成了老旧小区有机更新的难点。针对各类地下管线交错纵横、维修困难等问题，住建部克服重重困难率先在老旧小区内增设了地下综合管廊，大大解决了各类管线混杂布置与难以维修的大问题。在进行小区有机更新的同时，还注意保持原有建筑风貌，与周围历史保护建筑相协调。

（一）结构加固与更新

关注民生，首要任务是保障房屋建筑的安全（包括正常使用中与地震作用下的

27

安全），保护居民生命财产安全。本次更新对建于 1980 年前的房屋进行了结构安全性和抗震鉴定，对不满足鉴定要求的房屋进行了针对性的加固。住宅的加固不同于公共建筑，影响因素繁多：房屋的使用状况、住户的家庭状况和个性化需求等诸多方面千差万别，故抗震加固方案的确定非常关键，既需首先保证房屋安全，同时要尽可能减少对住户生活和使用等功能的影响，并兼顾成本控制，因而需要采取个性化的加固方法并不断调整和优化方案直至满足各种需求，这是聚焦于老旧住宅加固的难点。在加固方案确定时尽可能地采用外加固的方式，并在不影响消防疏散的前提下加固防灾生命通道即楼梯间等部位。住建部大院甲区 1 号，甲区 5 号、6 号，甲区甲 5 号，甲区印刷厂等就依据《建筑抗震加固技术规程》[2] 等标准，在房屋周边和适当部位采用了钢筋混凝土板墙加固。建于 20 世纪 50 年代的甲 6 号楼由于静力承载力及抗震承载力均已严重不足，且超过设计使用年限十几年，综合评估后采用了翻建的方式，翻建后的房屋不仅解决了承载力不足的安全问题，同时解决了原房屋使用功能不合理、居住舒适性差等一系列问题，得到了居民的一致好评（图 1、图 2）。

图 1　翻建前的甲 6 号楼外立面图　　　　　图 2　翻建后的甲 6 号楼

对于阜外北四巷甲、丙楼这两栋同样超过设计使用年限十几年、静力和抗震承载力严重不足的房屋建筑，则进行了入户加固。这两幢砌体房屋除了存在严重结构安全隐患外，其中的木楼盖防腐、防火等性能也远不能满足现行规范的要求（其中有一栋楼之前发生过火灾）。经过建设方耐心劝说，在居民全部搬离后进行了彻底加固。除了进行墙体与阳台加固外，还在做好牢固支撑防护的前提下将所有木楼盖更换为钢筋混凝土楼盖，彻底消除了消防及结构安全隐患。经过结构加固并经简单装修后，其安全性、综合功能得到明显提升，完全可以与新建房屋媲美，两座建筑安全节能，窗明几净，整体感觉焕然一新，受到居民一致好评（图 3、图 4）。

其他建于 20 世纪 50 年代的老旧房屋分别用不同的方式进行了个性化加固。如门诊楼是单跨框架结构，依据性能化加固思想，采用了增设剪力墙的方法，将原单跨框架结构改变为框架-抗震墙结构，同时对各层承载力不足的混凝土梁和板采用外包型钢、加大截面等方法进行加固，既满足了抗震要求又提升了使用功能。另如建于20世纪50年代的食堂为单层空旷房屋（含局部二层辅助房屋），安全性及抗震承载力均严重不足，依据相关规范进行了后续使用年限30年的加固，采用增设钢筋混凝土套形成组合壁柱以及钢筋混凝土板墙等的方式进行加固，抗震性能和使用功能得到了明显提升（图5、图6）。

图3　阜外北四巷加固改造前

图4　阜外北四巷加固改造后

图5　加固前的食堂外部

图6　加固后的食堂外立面

　　住建部老旧小区房屋结构加固后，住宅楼和相关附属房屋的结构安全性得到了整体提高，为综合功能提升创造了有利条件和前提，居民的生命财产安全得到了有效保障，切实让老旧房屋重新恢复了生机。

（二）增设地下综合管廊

　　住建部大院几十年来，经多次局部改造，地下敷设管线繁多，包括上下水管线、供暖管线、高低压供电电缆、电信、光缆、有线电视及天然气管线等，各种新老管道相互交叉，供暖管道沟内穿行污水管道，管线材质落后、年久失修、杂乱无章、故障频出。为改善居民的居住环境，全面贯彻国务院办公厅《关于推进城市地下综合管廊建设的指导意见》[3]（国办发〔2015〕61号）有关部署，采用增设地下综合管廊的方式对院区地下管线进行综合治理。

　　大院新增地下综合管廊设计使用年限 100 年，综合管廊总长约 1.2km，管廊标准段为双仓布置，分别为热力仓和水电仓，舱室净高 2.2m（图 7）。依据《城市综合管廊工程技术规范》[4]，共设防火分区 16 个，每个防火分区长度不超过 200m。节点井共 6 处，投料口共 5 处，进风口共 8 处，主体结构采用抗渗混凝土，非承重内隔墙砌体采用混凝土实心砖或砌块。管廊外部采用防水混凝土外加防水卷材的方式进行防水处理，内部防水采用水泥基渗透结晶型防水涂料，目前该工程尚未竣工。

图 7　部分管廊土建部分

　　增设综合管廊后，住建部院区给排水、强弱电管线、天然气、热力管线均纳入了综合管廊内，消除了架空线与绿化的矛盾，明显改善了院区环境，同时各种管线后期增设、维修均可以在综合管廊内进行，减少了院区路面多次翻修和工程管线的维修费用。管廊内管线实现了"立体式布置"，替代了传统的"平面错开式布置"方式，管线布置更加紧凑合理，节约了用地。各类管线被综合管廊保护起来，不接触土壤和地下水，保证了管线的耐久性。综合管廊将各个单体建筑有机地结合成了一个整体，既保证了单体建筑的独立性，又使得各个单体建筑和谐共处。

　　（三）节能与节水

　　建筑节能是关系到我国建设低碳经济、完成节能减排目标、保持经济可持续发展的重要环节之一。要想做好建筑节能工作、完成各项指标，就需要认真规划，踏踏实实地从细节抓起。本次改造对房屋全部增设了符合消防要求的外墙外保温、屋顶保温并更换了节能窗，采暖方面利用平衡阀及其专用智能仪表对管网流量进行合理分配，既改善供暖质量，又节约了能源，在用户散热器上安设热量分配表和温度调节阀，用户可根据需要消耗和控制热能，以达到舒适和节能的双重效果，这些节能措施在老旧小区的综合整治里能实现的为数不多，是真正节能的典范。

　　根据现场勘查情况，1980 年前建造的老旧住宅均未设置保温层，外窗均为非节能窗，依据《既有居住建筑节能改造技术规程》[5]、《严寒和寒冷地区居住建筑节能设计标准》[6]等，对其增加外墙保温，外墙保温材料均采用复合硬泡聚氨酯保温板，同时更换屋面保温（图8）。

大院甲8号楼采用的保温材料由于材料老化，其现有保温节能措施均不能达到现行规范的要求，屋面的保温因建筑年代久远，老化损坏严重，无法达到保温节能的要求，部分外窗老化，密闭性差，在冬季由于热桥效应，易导致室内墙面结露、反潮，热量散失过快、室内温度达不到供暖要求等耗能现象，同样对其进行了节能改造（图9）。

图 8　节能改造后的甲 6 号楼现状图　　图 9　节能改造后的甲 8 号楼现状图

通过上述节能改造，住建部老旧小区各楼采暖能耗满足了《中央国家机关老旧小区综合整治技术导则》中对于建筑节能改造的要求，居民户内冬季室温相比改造前有了明显的提高。更换窗户后，窗户密闭性增强，杜绝了漏风情况，户内不再有屋内热量流失过快的情况。在满足建筑节能的前提下，大大提高了居住的舒适性，生活质量得到了明显的改善。

通过采取雨污分流的方式对部大院进行了节水改造，改造后，院区内雨污水系统更新为雨污分流制排水，雨水重现期按照3年设计，沿线污水检查井更换为混凝土现浇井，更新了钢筋混凝土化粪池31座。改造后的污水管道，较之前的管道布置更为合理，保证院内排水合理分配，保证了突发情况下的排水安全性。

对于院内单体建筑的节水改造，以更换楼内锈蚀、漏水严重的上下水管管线为主。

住建部老旧小区通过节能、节水改造，实现了绿色建筑、节能减排的可持续发展目标，完美解决了建筑、环境、人三者有机结合的问题，使原本垂暮的老旧小区焕发了勃勃生机，以崭新的姿态融入现代城市整体环境中。

（四）保持原有建筑风貌

老旧小区铭刻着历史的深厚印记，承载着老一辈居民的珍贵回忆，设计时本着尊重历史又开拓创新的原则，在保留原有建筑风貌的前提下实施有机更新，对于多层建筑群保留了原有的建筑形态，同时对于现代化的高层建筑也进行了适当调整使其与周边城市肌理相融合。

原甲区部分住宅外立面局部为剁斧石外饰面，历经多年风吹、日晒、雨淋，有些部位已经出现了脱落、起鼓、泛霜等现象，尤其是檐口部分的墙体装饰面层，已经严重开裂，容易掉落引发安全事故，同时也影响建筑外立面的美观。加固时对这些部分进行了保护，并对剁斧石装饰开裂部分进行了维修处理，既保留了原有传统的建筑花式，更焕发了原有的生机。另外还对外墙原装饰面进行了更新，面砖颜色与原建筑外立面颜色保持一致（图10）。甲8号楼为高层建筑，外立面采用重新粉刷的方式进行有机更新，更新后的墙面颜色与周围环境更加协调（图11）。

图 10　保持原有建筑风貌　　　　图 11　建设部小区院区现状图

对住建部院内的多层建筑采用维修原斩假石花式、更换墙面面砖的方式，最大程度地保留了原有建筑外立面花式及立面色彩基调，对院内的高层建筑外立面进行重新粉刷，其材料颜色与周围建筑色调协调，使该建筑群在得到有机更新的同时传承了原有建筑风貌，凸显了其新古典主义建筑风格高雅而和谐的特点，更好地与周边现代城市气息相融合。

二、总结

老旧小区的有机更新，最大难点是老旧住宅危房的加固，关系到住户切身利益，诸多影响因素交错繁杂，实施难度很大。通过本案例分析可知，要真正成功实施住宅加固，首先得有合理有效的加固设计方案，且针对性和可操作性强，其次建设方需有为民解决住房安全问题的责任心和决心，并制定切实有效的管理协调措施，二者缺一不可。

住建部所属老旧小区首先对危房进行加固，解决了关系人民生命财产的安全问题，在此基础上进行了节能节水改造、老化设备更新，并同时保持原有建筑历史风貌，再通过增设地下综合管廊，设置中水利用系统及无障碍设施，补充完善小区绿化，智能化管理等举措进行可持续发展的改造，使原有老旧小区的安全性、宜居性、舒适性等综合功能得到显著提升，真正实现了建设韧性社区的目标。通过全方位综合整治，垂暮沧桑的老旧小区换发了新生，并与充满活力、具有现代化气息的城市环境和谐融合，重新开启未来发展机遇，破茧成蝶，涅槃重生，是老旧小区有机更新的典范。

参考文献

［1］吴良镛. 从"有机更新"走向新的"有机秩序"：北京旧城居住区整治途径（二）［J］. 建筑结构学报，1991，（2）：7-13.

［2］建筑抗震加固技术规程：JGJ 116—2009［S］. 北京：中国建筑工业出版社，2009.

［3］国务院办公厅. 关于推进城市地下综合管廊建设的指导意见［Z］. 2015-08-03.

［4］城市综合管廊工程技术规范：GB 50838—2015［S］. 北京：中国建筑工业出版社，2015.

［5］既有居住建筑节能改造技术规程：JGJ/T 129—2012［S］. 北京：中国建筑工业出版社，2012.

［6］严寒和寒冷地区居住建筑节能设计标准：JGJ 26—2010［S］. 北京：中国建筑工业出版社，2010.

城市更新中岩土工程的挑战与机遇

王　涛　高文生

（中国建筑科学研究院有限公司地基基础研究所）

近年来，伴随我国经济社会和城市化进程的持续快速发展，城市更新带来了新机遇和新挑战。交通拥堵、环境污染、土地稀缺和城市内涝等问题日益突出，城市地下空间开发利用是缓解城市资源匮乏、改善环境状况及提升居民生活品质的重要途径。一方面，建筑物对资源的消耗越来越大，资源的不可再生与可持续发展的矛盾日益突出，老旧城市密集区既有建筑地基基础加固改造需求不断增多；另一方面，岩土工程施工对环境的污染与影响与建设环境友好型社会的矛盾时有凸显。解决上述这些城市更新中的岩土工程问题亟待持续的技术创新。

一、我国城市更新领域岩土工程发展现状及简要技术分析

城市更新的本质是通过维护、整建、拆除等方式使城市土地得以经济合理地再利用，并强化城市功能，增进社会福祉，提高生活品质，促进城市健全发展。城市更新的方式可分为再开发、整治改善及保护三种。与城市更新的方式相关的岩土工程问题主要包括：城市地下综合管廊开发建设（再开发）、城市地下道路和轨道交通建设（再开发）、既有建筑物平移（保护）、既有建（构）筑物基础托换与改造（保护）、岩土工程全寿命周期监测（保护）、建筑垃圾减量及利用（整治改善）、污染土治理与生态修复（整治改善）、地下水治理及保护（整治改善）等。

（一）城市地下综合管廊开发建设

中国新型城镇化对人居环境质量提出了新要求，城市空间需求骤涨，导致建设用地粗放低效、城镇空间分布和规模结构不合理、"城市病"日益突出。城市地下空间在中国的新型城镇化进程中，被赋予了重要历史使命：地下空间利用决定着城镇化质量，成为新型城镇化一个重要的显性特征。2016～2019年以城市轨道交通、综合管廊、地下停车为主导的中国城市地下空间开发规模每年以1.5万多亿元人民币的速度增长，据估计"十三五"期间，全国地下空间开发直接投资总规模约8万亿元人民币，为推动中国经济有效增长、推进供给侧结构性改革提供了重要的产业支撑，中国已然成为领军世界的地下空间大国。

我国的城市综合管廊建设经过几十年的酝酿，在2015年以后得到了井喷式的发展，建设规模和建设水平已处于世界领先地位。推进城市地下综合管廊建设有

利于解决路面反复开挖、架空线网密集、管线事故频发以及地下基础设施滞后等问题，同时有利于增加公共产品有效投资、拉动社会资本投入和打造经济发展新动力，对转变城市发展方式具有重大意义。地下综合管廊开发建设中的岩土工程问题主要包括管廊建设过程中及运营维护期间对周围岩土体、建筑物、地下管线、设施等状态、功能的影响，包括地面沉降变形、塌陷、地下水土流失等，以及由此引发的周围建构筑物、地下管线、设施等灾损的预测与评估、风险防控与应急预案等（图1）。

图1　地下综合管廊

（二）城市地下道路和轨道交通建设

截至2019年底，我国共37个城市已开通城市轨道交通（不含轻轨、有轨电车、城际铁路、APM），运营线路总里程5799km。2016～2019年，轨道交通年均新增里程达628km，年均增长率为15.25%。在城市地下道路和轨道交通建设中，基坑失稳、地面坍塌、涌水涌砂、建筑损坏等岩土工程安全事故时有发生，给社会和市民带来很大隐患。目前，在大跨无柱地铁车站建造技术方面开展了重载大跨无柱预应力地铁车站的结构选型设计、振动台模型试验研究工作，开发了环向预应力设计、施工成套技术；开展了穿越既有道路的浅埋暗挖技术与施工工法的研发；近10年来，相关领域已完成了数十项地铁施工对周边环境影响的评估报告；"十一五""十二五"期间完成了科技支撑计划的城市地下空间开发关键技术及集成示范项目。

从地下空间整体发展来看，由于缺少顶层设计和统筹谋划，各地不同程度的地下空间资源浪费较为普遍，较发达的城市浅层资源已几近枯竭；地下空间行业发展参差不齐，地下空间产业链尚须整合，市场潜力没有得到充分挖掘；科技创新、信息技术服务、前沿技术等地下空间核心竞争不足，此类较为明显的软肋亟待完善。这其中，城市地下空间的"数字短板"显得尤为突出，以致在地下空间治理体系建设、规划建设、数据化信息化管理建设方面都受到影响。

（三）既有建筑物平移

平移建筑物是一项技术含量颇高的技术，它把建筑结构力学与岩土工程技术紧密结合起来，其基本原理与起重搬运中的重物水平移动相似，其主要的技术处理为：将建筑物在某一水平面切断，使其与基础分离变成一个可搬动的"重物"；在建筑物切断处设置托换梁，形成一个可移动托梁；在就位处设置新基础；在新旧基础间设置行走轨道梁；安装行走机构，施加外加动力将建筑物移动；就位后拆除行走机构进行上下结构连接，至此平移完成。根据其平移距离和方向的不同可以划分为横向平移、纵向平移、远距离平移、局部挪移、平移并旋转（图2～图5）。

图2　厦门后溪长途汽车站平移工程

图3　上海玉佛寺大雄宝殿平移工程

图4　清河火车站站房平移工程

图5　大同展览馆分体、平移、合拢旋转工程

我国掌握建筑物移位技术相对较晚，大约是在20世纪的80年代，但发展迅速。国外开展的建筑物平移数量是30余栋，中国是136栋，此项技术在中国发展日臻成熟，并使中国的建筑物平移技术在世界处于领先地位。

（四）既有建（构）筑物基础托换与改造

在城市更新与改造过程中，现行国家政策主导避免大拆大建，应注重既有建筑的功能提升和加固改造。同时，由于各种原因而需要对既有建筑地基基础进行加固改造的工程日益增多，既有建筑加固的市场需求和市场容量巨大。既有建筑加固改造工程，一般首先遇到的就是地基基础的加固问题，一些工程还需要对既有建筑进行地下功能的拓展和开发。既有建筑地基基础加固工程，由于设计要求或者施工条件限制，一般要求加固施工使用的机械设备能够尽可能地紧邻既有建筑或是能够在既有建筑内部施工（图6）。

建筑增层改造中地基基础再利用，核心是既有建筑地基基础承载力的评价方法：

1. 确定既有建筑地基及桩基础承载力的试验方法；

2. 按既有建筑增加荷载后地基允许变形值作为控制指标确定地基承载力的工程应用方法。

地基基础再利用任务与挑战是基于既有建筑地基基础工作性状的研究，提出了可操作性强的地基基础加固设计方法，获得了不同加固方法既有建筑地基基础再加荷时的荷载分担及变形特性，并提出了直接增层、扩大基础增层、原基础内增加桩、原基础外扩大基础增加桩、原桩基础外扩大基础增加桩、复合地基加固等地基基础加固设计方法。

图 6　基础托换

（五）岩土工程全寿命周期监测

城市更新中各种隐患的存在是必不可免的，特别是城市地下空间，地面上既有建筑物、地下浅层管网以及管道的长期渗漏等诸多不利因素，更加剧了综合灾害的危险性。2019 年地质灾害（塌陷）发生频次增多，成为仅次于施工事故的地下空间灾害与事故的主要类型，主要原因是城市岩土工程地质探测不到位、老城地区地下管线老化现象越发严重引起的渗漏与侵蚀、施工方法不当等。为减少地质灾害对地下空间的影响，应加强城市自然灾害的综合风险评价研究与地下工程塌陷防治工作。因此针对各区段可能存在的灾害因素，包括既有基础、施工对上部结构影响、地质构造、地震、地下水、特殊土地基等不利因素，提前进行预警预测，就可以有效避免灾害的发生，灾害发生也能及时按应急方案进行处理，使灾害减至最小。随着计算机技术和监测手段等科技手段的发展，这些已成为可能（图7）。收集涉及区域的所有灾害不利因素的资料，建立地下工程所涉及区域的灾害数据库尤其重要。

图 7　岩土工程监测

（六）建筑垃圾减量及利用（整治改善）

城市更新与改造过程中的一个现实问题是既有建筑拆除产生的建筑垃圾处理与循环化再利用（图 8）。

现场垃圾减量与资源化的主要技术有：

1. 对钢筋采用优化下料技术，提高钢筋利用率；对钢筋余料采用再利用技术，如将钢筋余料用于加工马凳筋、预埋件与安全围栏等。

2. 对模板的使用应进行优化拼接，减少裁剪量；对木模板应通过合理的设计和加工制作提高重复使用率；对短木方采用指接接长技术，提高木方利用率。

3. 对混凝土浇筑施工中的混凝土余料做好回收利用，用于制作小过梁、混凝土砖等。

4. 在二次结构的加气混凝土砌块隔墙施工中，做好加气块的排块设计，在加工车间进行机械切割，减少工地加气混凝土砌块的废料。

5. 废塑料、废木材、钢筋头与废混凝土的机械分拣技术；利用废旧砖瓦、废旧混凝土为原料的再生骨料就地加工与分级技术。

6. 现场直接利用再生骨料和微细粉料作为骨料和填充料，生产混凝土砌块、混凝土砖、透水砖等制品的技术。

7. 利用再生细骨料制备砂浆及其使用的综合技术。

城市更新中建构筑物下的废弃桩通常需要拔除或就地原位破碎。这些废弃桩不仅包括木桩、小截面桩，还有可能是强度高、直径大的混凝土或钢管桩。对旧桩及各种障碍物，目前可以采用振动拔除法、全套管回转清障法、全回转切割钻进法等多种新技术，且整体拔除埋深 52～55m 的钻孔灌注桩（图 9）。

图 8　废弃的建筑垃圾

图 9　既有建筑桩基清除

（七）污染土治理与生态修复

土壤修复是指利用物理、化学和生物的方法转移、吸收、降解和转化土壤中的污染物，使其浓度降低到可接受水平，或将有毒有害的污染物转化为无害的物质。从根本上说，污染土壤修复的技术原理可概括为：改变污染物在土壤中的存在形态或同土壤的结合方式，降低其在环境中的可迁移性与生物可利用性；降低土壤中有害物质的浓度。

我国城市更新面临较多污染土治理与生态修复问题。全国受重金属污染土地达 2000 万 hm^2，其中严重污染土地超过 70 万 hm^2，其中 13 万 hm^2 土地因镉含量超标而被迫弃耕。伴随城市更新进程加快，中国的污染土壤修复研究，正经历着由实验室研究向实用阶段的过渡，即将进入一个快速、全面的治理时期。

我国土壤修复技术研究起步较晚，加之区域发展不均衡性、土壤类型多样性、污染场地特征变异性、污染类型复杂性、技术需求多样性等因素，主要以植物修复为主，已建立许多示范基地、示范区和试验区，并取得许多植物修复技术成果，以及修复植物资源化利用技术成果。

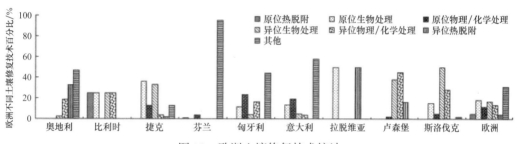

图 10　欧洲土壤修复技术统计

（八）地下水治理及保护

为了保护地下水资源，国内大中城市先后通过立法或颁布相关规定等对施工相关情况进行了限制。截水帷幕是用以阻隔或减少地下水通过基坑侧壁与坑底流入基坑，控制基坑外地下水位下降的幕墙状竖向截水体，可有效避免地下水降低。目前岩土工程常用高压喷射注浆、地下连续墙、小齿口钢板桩、深层水泥土搅拌桩等。截水帷幕在个别土层施工困难，帷幕漏水时有发生；截水帷幕造价较高，有的中小基坑，其帷幕截水造价甚至高于围护费用。因此，开发高效环保又价格低廉的截水帷幕材料与方法迫在眉睫。与此同时，随着城市更新对地下水资源保护的日益加强，以及受极端天气影响，城市地下水位普遍升高，引起建（构）筑物浮起，进而引发事故。国内外已有因水浮力处置不当而引起的各类事故，建筑物的抗浮问题引起各方面的重视。通过对很多类似工程事故的分析，可以得出以下结论：应高度重视地质和水文的勘察，特别是容易引起工程事故的区域，应作详细的勘察。在施工阶段应做好基坑排水和池体外回填土，以及池顶及时覆土，池顶覆土对池体抗浮起到很大作用，可避免地下水上浮；抗拔锚杆以其施工便捷且造价低廉的优势，在地下车库、人防工程、清水池等工程中得到越来越广泛的应用。

二、城市更新中岩土工程面临的主要问题

（一）城市更新中岩土工程与地下空间开发利用面临的宏观政策及管理层面的问题

1.城市更新与地下空间资源开发利用强度不够，缺少顶层设计、统筹规划，地

下空间开发缺乏合理的分层分区规划；综合管廊规划、设计和管理模式不衔接、不协调、不系统，入廊率低、浪费大

城市更新和地下空间开发是一项系统工程，既要进行现状调查和需求分析，又要统筹地下地上协调发展，并考虑投融资和回报的可能，是一项需要综合决策的工作。然而，目前大多数城市对地下空间开发利用基本现状掌握不足，缺乏科学的整体发展战略和全面规划，地面、地下一体化的立体综合空间整体规划缺失。许多城市地下空间规划只是概念性的规划，只有少数城市编制了全市的地下空间规划，但在编制内容、深度和方法上尚无统一的认识和规定，在实践中常出现"先建设、后协调"的情况，导致地下空间相互独立，难以互联互通。

2. 地下空间产权划分不明晰、法规不健全，一些法规、条例落后于科技进步

充分开发城市地下空间，需要制定完善的法规体系，需要对城市地下空间的所有权、规划权、建设权、管理权、经营权、使用权以及有偿使用费的收取原则等做出明确完善的具体规定。目前，地下空间管理法律法规与政策支持不足，城市地下空间资源的上位法缺失，《中华人民共和国城市规划法》《中华人民共和国人民防空法》《中华人民共和国矿产资源法》《中华人民共和国建筑法》和《中华人民共和国军事设施保护法》等单行法不协调、不衔接，缺乏专门的地下空间开发利用方面的法律。地下空间权属不明确，管理体制不畅通，直接导致了社会资本投资积极性不高、规划设计施工须多方交涉、综合管廊只建不用等一系列问题。

3. 城市更新、老旧小区改造、地下空间基础信息数据存储利用缺少统一管理，已建工程资源信息缺乏共享和共用

已建工程资源信息涉及多个管理部门，诸如发改委、规划、国土、人防、住建和交通等。目前，大多数城市尚未完全建立多部门统筹协调的联动机制，地下空间综合管理体系不够系统化和精细化。多数城市地下空间管理部门各自为政，协同机制难以发挥作用，各方的职能和职责尚不够明确，难以形成"汇、融、通、达"的地下空间资源治理格局。在地下空间信息化建设方面，由于信息综合管理部门的缺失以及标准体系不统一，信息化建设面临着信息化管理的主体和职责不明确，基本现状掌握不足，地下空间信息数据资源分散、数据共享不足，沟通不畅，统计口径和标准不一致等问题，导致地下空间信息资源共享困难重重，信息化建设面临"先建设，后协调"的尴尬局面。

4. 标准体系需要完善，所涉及的不同行业标准规范亟待统一

城市更新和地下空间开发方面的标准已经严重滞后于工程建设，尤其是在不同行业之间标准不能较好地统一和衔接。如已经颁布实施的《城市综合管廊工程技术规范》GB 50838—2015虽然经过了2015年的修编，但是在很多方面实施起来还是非常困难，特别是原来环境下的各自管线施工验收规范在综合管廊环境下是否适合值得推敲。另外断面设计标准化、节点设计标准化、附属设施标准化、防水设计标准化，在综合管廊的建设中极其重要，但此项工作任重而道远，它需要大量的工程

设计实践和人力投入。目前综合管廊后期运营管理的热点问题就是智慧管理,虽然《城镇综合管廊监控与报警系统工程技术标准》GB/T 51274—2017已经颁布,但是对于智慧管理的理解没有一个统一的认识,使得各地政府对管廊监控运维标准的要求各不相同,给PPP项目公司决策带来困难,也使得下游的软硬件企业都无所适从。

5. 地下空间安全运维条例与措施不健全、智能化管理水平亟待提高

虽然我国地下空间建设规模居世界前列,但是在运营管理方面尚无成熟的经验可供借鉴。另外,各级政府没有投入更多的精力研究运营管理,以及运营管理专业人员的极大缺口都给运营管理带来极大的困难。建设的蓬勃发展,需要更加智慧的管理平台。经过多年的市场考验,国内逐渐出现了几个大的智慧平台研发公司,但或多或少地存在这样或那样的问题,实现智慧化运行管理的技术手段有待突破。

以上问题都亟待政府从法律法规、标准规范、技术层面以及城市综合管理角度来提升。

(二)城市更新中岩土工程与地下空间开发利用面临的技术层面的具体问题

1. 城市更新中既有岩土工程评价与利用

城市更新中岩土工程必须要调查收集的资料,诸如既有地下建(构)筑物、地下管线及工程设施等的空间分布及其他与岩土体有关的资料存储在不同的行业和部门,工程需要时难以准确有效地取得,目前尚无统一协调机制,今后应由政府有关部门负责,以有偿查找和使用为原则,建立查找调用的有效机制。此外,在对既有岩土工程(包括建有建筑基础、地下围护结构、空间结构等)再利用的检测与评估方面也缺少统一的基本原则,目前受限空间和环境条件下,缺少相应的检测技术和方法。政府应组织专家编制既有岩土工程的再利用评估统一标准(或导则),开展研发针对具体检测指标参数的新技术与新方法。

2. 城市更新中勘察、设计、施工的有效衔接和统一

已有勘察资料存储管理分散(各个勘察、设计单位),不能为城市更新工程需要所充分利用,造成不必要的重复勘察而带来资金与时间浪费。今后由建设行业行政主管部门牵头,以有偿获取和使用为原则,组织协调建立已有勘察资料的数据库或数据中心。城市更新中的岩土工程种类和功能复杂多样,相应的标准分门别类,缺少统一的基本规定和原则,应组织编制城市更新中岩土工程设计统一标准(或导则)。受限空间和环境条件下,目前城市更新中的岩土工程施工缺少相应的有效设备和工法。今后应针对具体工程施工条件和要求加强定制化设备研制,提高设备操作的智能化水平,形成针对性强的工法。

三、城市更新中岩土工程发展设想与建议

展望城市更新中的岩土工程发展前景,要从岩土工程技术方面来共同推动和提升城市地下空间开发与利用的效能、绿色、节材、环保、安全、科学、防灾、统筹

协调等。在规划、建设、运维上应从以下几方面着力：

（1）城市更新中科学合理地开发利用城市地下空间，是缓解用地紧张、提高城市空间资源利用效率、缓解城市交通拥堵、促进土地节约集约利用的重要手段。

（2）城市更新应从全局考虑，不能被条块化与行业化分割，应统筹规划，实现标准与规范统一。需进一步加强三维立体规划，并为未来留有一定空间，地下空间开发与利用中浅层以生活为主，中深层地下空间以交通和地下非居住功能为主。

（3）促进城市更新的产业布局，应加强特色化调控，提升其利用率和价值。加强制度与管理的创新与引导，包括管理体制的创新、投融资及参与投资对象的创新、多方联动集成发展，形成理念的创新。

（4）加强地层、地质参数、地下管线、地下建构筑物等方面的研究与技术提升和数据共享。地下空间的开发利用首先受到地层条件的制约，地下工程的规划选址、设计施工、运营维护等无不依赖对地质状况的准确认识，应建立完善的地下工程及地理信息系统数据库。

（5）地下综合管廊是未来城市更新的重要方向。在规划与实施方面应注意加强规划，尤其是成网规划及管廊与其他地下空间的共建共荣，不能只满足目前的需要，应为未来营运与维修留出空间，并为未来发展留有余地，提升地下空间开发的韧性。

（6）以数字化、智慧化、绿色化为特征的创新技术应广泛应用在城市更新及地下空间开发的全过程中，推动城市地下工程规划、施工和运营水平的整体提升。绿色化的城市更新和地下空间开发体现在建造过程中，采用经济环保的绿色建筑材料和绿色施工技术。绿色建筑材料包括透水混凝土、再生混凝土、高性能混凝土、高强度钢筋和多功能一体化墙体材料等。绿色施工技术包括封闭降水及水收集综合利用、新型支护桩、柔性复合基坑支护、可回收式锚杆、临时结构优化替代、综合管廊智能化移动模架和预制装配式等技术。其中，地下结构预制装配式技术尤其符合工业化建造发展的趋势，包括明挖结构中节段预制装配、分块预制装配和叠合预制装配等技术，暗挖结构中初期支护、二次衬砌、临时支护的预制装配技术，内部二次结构中轨顶风道、站台板、中隔墙和楼梯等的预制装配技术。地下空间结构全寿命周期的可靠性、可修复性和韧性是安全运维的核心，土地资源立体高效利用的地下空间建设与运维需要从静态走向动态和生态、从人工走向智能。

（7）结合我国现实国情，进一步加强城市更新及地下空间开发新形式和新技术的理论研究与实践，尤其是施工机械化，设备小型化、精细化等，以满足未来城市更新与地下空间开发的新趋势。倡导我国城市地下空间开发采取全面、科学、合理综合规划，有序开发利用城市地下空间资源。

参考文献

［1］高文生，梅国雄，周同和，等．基础工程技术创新与发展［J］．土木工程学报，2020，53（6）：97-121．

［2］高文生，王涛．地基基础技术创新与发展［J］．建筑科学，2018，34（9）：66-75．

［3］高文生．城市地下空间结构设计施工关键问题探析［J］．地下空间与工程学报，2010，6（增刊1）：1438-1443．

［4］中国工程院战略咨询中心等．2020中国城市地下空间发展蓝皮书［M］．2020，12．

我国建筑幕墙发展、创新与工程实践

刘军进 李建辉 王 超 李 滇 刘 强 张声军 宋新宇
（中国建筑科学研究院有限公司　建研科技股份有限公司
北京建筑机械化研究院有限公司　建筑安全与环境国家重点实验室）

我国城市发展已经从增量规划转向存量规划，城市更新成为关乎国计民生的重大需求，而建筑幕墙是城市更新的重要组成部分，同时，建筑幕墙的发展、创新符合人民对于改善居住环境的迫切愿望，满足人民日益增长的美好生活需求。随着我国城市更新建设的稳步推进，建筑幕墙行业面临新的机遇和挑战。本文首先介绍了建筑幕墙的技术特点，然后阐述了我国建筑幕墙发展现状和工程应用，最后给出了我国建筑幕墙发展建议和未来技术展望。

一、建筑幕墙技术特点

建筑幕墙是由面板与支撑结构体系组成，具有规定的承载能力、变形能力和适应主体结构位移能力，不分担主体结构所受作用的建筑外围护墙体结构或装饰性结构[1]。它不仅是近代科学发展的产物，也是现代建筑的显著特征。我国建筑幕墙始于 20 世纪 80 年代，较欧洲国家晚近 70 余年。随着改革开放后国民经济的飞速发展和城镇化进程的稳步推进，我国建筑幕墙实现了从无到有、从有到强的跨越式发展[2]，我国已成为世界建筑幕墙生产和使用第一大国。

我国建筑幕墙行业具有以下技术特点：

1. 多学科多领域综合应用

建筑幕墙行业涵盖内容量大，包括专业学科多，涉及建筑、结构、材料、机械、建筑物理（热工、声学、光学等）、防火、防雷、信息化等各个领域，是综合性较强的行业之一。各个专业之间联系紧密，相互配合，不可分割。建筑幕墙不仅仅是建筑物的"外衣"，在兼具美观性和使用功能的同时，也起到了传递荷载、保温隔热、节能减耗的重要作用。

2. 新技术新材料更新迅速

建筑幕墙是一个完整的综合体系，具有极高的产业关联度。幕墙行业的迅猛发展带动了建筑材料业、进出口业、机械加工业、绿化、新能源、电子产业以及交通运输业等的发展，而相关产业的发展创新也为建筑幕墙新材料、新技术的更新提供了原动力。

据统计资料，2000 年以来，我国建筑幕墙行业技术开始快速发展，尤其是在

2008 年后，我国建筑幕墙行业技术专利申请数量增长迅速，进入专利申请活跃期，2017 年我国建筑幕墙技术专利申请数量为 4126 项，达到历史最高值，2018 年技术专利申请数量稍有回落，为 2786 项（图 1）。

图 1　2008～2018 年我国建筑幕墙行业技术专利申请数量统计情况（单位：项）

3. 基础理论研究相对薄弱

幕墙行业综合性较强，涉及领域众多，专业化程度不集中，且我国设立幕墙专业的高等院校也极少，专业性研究人才欠缺，工程中建设单位也往往不重视，资金支持不到位，因此对幕墙设计理论缺乏较为系统全面的研究，导致实际工程中遇到很多复杂问题往往选择保守处理，合理性、科学性和经济性较差。随着建筑形态的复杂化，现有幕墙系统设计理论越来越难以支撑设计需求，技术复杂化与专业离散化之间的矛盾日趋明显。

二、我国建筑幕墙发展现状和工程应用

（一）行业规模的发展现状

根据中国建筑金属结构协会的调查统计，我国建筑幕墙 2018 年的年产量为 4.76 亿 m²，而累计产量已经达到 22.38 亿 m²，如图 2 所示，在这些建筑幕墙中，玻璃幕墙占 60%～70%、金属幕墙和石材幕墙分别各占 10%～15%、其他幕墙占不到 10%。

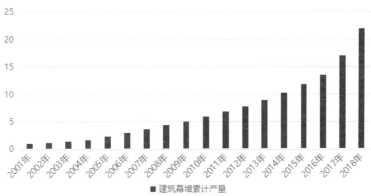

图 2　2001～2018 年我国建筑幕墙累计产量（单位：亿 m²）

在迅猛发展的建筑业拉动下，我国建筑幕墙工程总产值已从 2010 年的 1500 亿元增长至 2018 年的 4100 亿元左右，且仍在持续快速增长，预计 2020 年达到 5500 亿元，如图 3 所示 [3]。

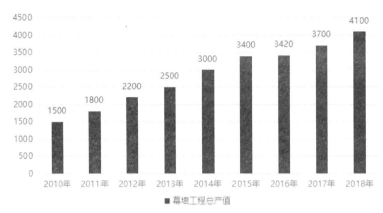

图 3　2010 ～ 2018 年我国建筑幕墙工程总产值（单位：亿元）

（二）标准规范的发展现状

我国建筑幕墙的标准化开始于 20 世纪 80 年代，始于我国的建筑门窗幕墙检测技术标准化。1991～2001 年，《玻璃幕墙工程技术规范》JGJ 102—96、《金属与石材幕墙工程技术规范》JGJ 133—2001、《玻璃幕墙工程质量检验标准》JGJ/T 139—2001、《建筑幕墙》JG/T 3035—96 的颁布实施，规范了我国玻璃幕墙、金属幕墙和石材幕墙的设计、加工、制作、安装、验收等过程，促进了建筑幕墙的快速健康发展。2001 年后，幕墙标准快速发展和完善，《建筑玻璃采光顶》JG/T 231—2007、《采光顶与金属屋面技术规程》JGJ 255—2012、《人造板材幕墙工程技术规范》JGJ 336—2016等标准陆续颁布实施。

标准管理和行业管理方面，我国 2004 年成立了建设部建筑制品与构配件标准化技术委员会建筑幕墙门窗标准化分技术委员会。2008 年，经国家标准化技术委员会批准成立了全国建筑幕墙门窗标准化技术委员会（SAC/TC448）。全国幕墙门窗标委会成立后，完成了国家标准清理整顿、国标整合、新标准申报、标准体系编制等工作，并与 ISO/TC162 积极合作，进行幕墙行业 ISO 标准的编制工作。

2017 年编制的《建筑幕墙工程咨询导则》RISN-TG 027—2017 对幕墙工程咨询服务的工作内容、深度、取费都给出了建议，有助于促进建筑幕墙工程咨询行业可持续健康发展，并提升设计质量。

（三）科研水平的发展现状

近年来，一批专家学者逐渐开始关注建筑幕墙，并开展了一系列研究工作。但总体上，我国开设幕墙专业的高校和从事系统技术研究的科研主体依旧较少，研究成果相对匮乏，在研究型人才培养方面也非常欠缺。据统计，中国知网 2005～2020年间的博硕士论文中，结构工程和机械工程学科共计有 57965 篇，而与幕墙工程相关的仅 183 篇。此外，幕墙行业也缺少技术水平高的核心期刊，建筑幕墙相关杂志《门窗幕墙信息》《门窗》《建筑幕墙》《幕墙门窗标准化》《幕墙设计》等均未入选中文核心期刊，限制了高水平技术研究成果的出现。

（四）我国建筑幕墙创新与工程应用现状

1. 新材料的创新与工程应用

建筑幕墙上常见的新材料大多用于面板，包括新型金属面板（如不锈钢、彩钢、钛锌合金、铜、耐候钢等非铝金属板（图 4）、新型玻璃面板（图 5）以及其他众多种类的人造板材料（图 6）。

天津鼓楼商业街（钛金属板）

成都博物馆（铜板）

图 4　非铝金属板幕墙

上海东方艺术中心（离子性中间层 SGP 玻璃）

桂林万达城展示中心（彩釉玻璃）

图 5　新型玻璃面板幕墙

水立方（ETFE 薄膜气枕式幕墙）

深圳悦彩城（UHPC 幕墙）

图 6　新型人造板材建筑幕墙（一）

中科大先进技术研究院　　　　　　　　　南京青奥中心
（金属面聚氨酯夹芯复合板幕墙）　　　　（玻璃纤维增强水泥 GRC 幕墙）

图 6　新型人造板材建筑幕墙（二）

新型材料通常需要经过材料力学性能试验、耐久性试验、热工性能指标试验、抗震性能试验等，并需提出相应的面板应力和变形计算公式或分析方法。

2. 新技术的创新与工程应用

建筑幕墙的新技术主要体现为对传统材料的创新应用，以及开创性地运用新的构造形式提升幕墙系统的性能或观感。在传统材料方面，陶土瓦片、红砖、木板、竹木板、木瓦等在建筑幕墙工程中的应用案例逐渐增多，如图 7 所示；在构造层面，传统石材幕墙的短槽、桶槽式连接节点逐步被背栓式连接节点淘汰；近年来流行的风铃幕墙、LED 幕墙、变色玻璃幕墙等，将机械、光电等学科与传统幕墙技术相结合，丰富了建筑幕墙的使用功能和表现形式，如图 8 所示。

在我国实施创新驱动发展战略的强力推进下，建筑幕墙新技术的更新迭代速度逐渐加快，一大批"敢想、敢做、敢实现"的幕墙工程应运而生。新技术造就的幕墙，其可靠性仍需进一步求证，而新技术本身的良性发展仍需基础性研究的支撑和标准规范的指引。

泰康楚园项目（立面装饰叠层陶瓦）

图 7　传统材料在幕墙工程中的新应用（一）

北京城建设计发展集团股份有限公司办公楼　　　　　　　上海青浦平和学校

（既有幕墙改造，红砖幕墙）　　　　　　　　　　　（竹木板幕墙）

图 7　传统材料在幕墙工程中的新应用（二）

武汉花山图书馆（风铃幕墙）　　　　融创国宾壹号院（金属网幕墙）

图 8　与其他学科相结合的幕墙应用

此外，建筑的节能与环保也是全世界建筑行业面临的重要挑战之一。作为建筑外围护系统的主要形式，幕墙承担着建筑物 65% 以上的节能任务。目前建筑幕墙在节能环保方面的技术主要在材料学和结构学领域，如中空玻璃特别是 Low-E 中空玻璃技术，可以把玻璃传热系数降低到普通单片玻璃的 1/3 甚至更低。其他幕墙节能与环保技术还包括隔热断桥铝型材技术、双层幕墙技术、幕墙遮阳技术和光伏幕墙技术等（图 9）[2]。

上海中心（双层幕墙）　　　　　中国河北电谷国际酒店（光伏幕墙）

图 9　幕墙节能与环保技术

3. 新结构体系的创新与工程应用

近年来，随着设计师对建筑外观造型要求的日益提高，产生了一批具有代表性的新结构体系幕墙工程。例如苹果店无肋玻璃幕墙、浙商财富中心 28m 全玻幕墙、北京朝阳站折线形全玻幕墙等，以及近年来遍地开花的玻璃结构、玻璃栈道、玻璃观景平台等，如图 10 和图 11 所示。

浙商财富中心（跨度 28m 全玻幕墙）　　　　　　北京朝阳站（折线形全玻幕墙）

图 10　新型面板形态

上海苹果店玻璃结构　　　　　　　430m 跨张家界悬索桥桥面

图 11　新型玻璃结构

在支承结构方面，主要向通透性佳、异型、大跨度等方向发展。包括大跨度玻璃肋支承结构、张弦索杆支承结构、索网结构、单索结构、隐索结构、单层钢网壳采光顶结构等。建筑幕墙最大跨度也由几米向几十米发展（图 12）。

4. 新型擦窗机械的创新与工程应用

为满足快速发展的幕墙行业的需求，近年来擦窗机械行业发展迅猛，大高度、大跨度的擦窗机吊装技术以及擦窗机远程智能化监控系统等开始广泛应用于工程中，例如香港黄竹坑业发街 4 号商厦配备了具有激光防撞系统的擦窗机械，长沙国金大厦擦窗机工作高度达 460m 为国内最高。

天津美术馆（玻璃肋支承）

重庆江北机场（单向竖索）

图 12　新型支承结构

三、我国建筑幕墙发展建议

（一）政策导向的建议

2015 年 3 月住房与城乡建设部、国家安全监管总局下发了《关于进一步加强玻璃幕墙安全防护工作的通知》（建标〔2015〕38 号），上海市、浙江省、江苏省、四川省、广东省等地方主管部门也先后下发相应的政策指令，从面板材料、建筑类别、使用部位等方面对玻璃幕墙的应用提出了限制。然而，建筑幕墙作为一种轻质、美观、工业化程度高的围护结构，几乎是高层、超高层建筑，以及其他大型公共建筑唯一可以选择的外围护体系[4]。另外有数据指出，在国内的住宅、别墅、公寓建筑中，玻璃幕墙的容量为 400 万～600 万 m^2。可知，政策的限制与工程应用的需求之间存在着一定的矛盾性。

近年来，在个别城市中偶发的建筑幕墙玻璃自爆或面板脱落造成人员、财产安全损失的事件，对建筑幕墙的应用造成了负面影响。究其原因，除早期玻璃材质缺陷、设计施工技术不成熟、结构胶老化等因素外，对于人员密集、特定建筑的安全防护工作重视不够，既有幕墙管养责任不明确，定期维护工作落实不到位等，也是重要的原因。

另外，仅仅对玻璃幕墙在特定使用场景下采取"一刀切"的政策限制，并不能解决和降低量大面广的既有建筑幕墙中存在的安全隐患。因此建议政策的导向应该向着引导玻璃幕墙行业健康发展的方向转变。督促各地、各有关部门高度重视玻璃幕墙安全防护工作，在工程规划、设计、施工及既有玻璃幕墙使用、维护、管理等环节，切实加强监管，明确建养责任主体，落实日常维护工作；加大科研力量投入，鼓励相关机构开展幕墙学科基础性研究工作，促进幕墙行业高水平发展。

（二）标准规范的建议

建筑幕墙行业的健康、有序、可持续发展，离不开标准规范的指导和约束。根据《国务院关于印发深化标准化工作改革方案的通知》（国发〔2015〕13号）和《住房和城乡建设部关于深化工程建设标准化工作改革的意见》（建标〔2016〕166号）的要求，针对幕墙行业的新型标准体系亟待建立。

1. 第一代幕墙设计标准亟需修编

我国的第一代幕墙行业标准《金属与石材幕墙工程技术规范》JGJ 133—2001和《玻璃幕墙工程技术规范》JGJ 102—2003多年来作为幕墙行业的基础性指导标准，具有很强的影响力，目前，这两部标准已经严重超期服役。随着幕墙行业的迅速发展，尽快更新这两部标准的呼声日渐强烈，建议尽快完成修编工作。

2. 既有建筑幕墙安全性评价标准体系仍需完善

近年来，我国已由中国建筑科学研究院有限公司牵头组织编制行业标准《既有建筑幕墙可靠性鉴定及加固规程》，另外，上海、江苏、四川、广东和山东等地也相继出台了既有建筑幕墙安全性评估的地方标准。然而，基于可靠性理论的既有建筑幕墙安全性能评估和寿命预测方法还很不完善，各部标准中检测内容、抽样数量以及评价方法等大多参考主体结构检测鉴定标准，在实际工程中实施难度较大。

3. 标准质量管理需要加强

为建立以强制性标准为核心、推荐性标准和团体标准相配套的标准体系，我国采取了强化强制性标准、优化推荐性标准、培育发展团体标准、搞活企业标准，增加标准供给的标准规范发展策略，因此近年来团体标准和企业标准大规模颁布。建议团体和企业标准应严格把控质量，注意强制性标准、推荐性标准、团体标准，以及各层级标准间的衔接配套和协调管理。

（三）科研方向的建议

建议从安全性和适用性两个方向展开研究：

（1）安全性方向：研究新材料、新工艺建筑幕墙的可靠性和耐久性；研究既有幕墙性能评估理论与寿命预测方法；研发既有幕墙智能检测技术、装备与快速评估方法；建立幕墙安全事故应急措施和机制；研究幕墙安全性能和抗震性能提升技术体系；构建城镇建筑幕墙风险评估、监测、预警、管控一体化信息平台。

（2）适用性方向：研究建筑幕墙舒适性评估方法和舒适性能提升技术；研究既有幕墙节能性能改造技术；研发幕墙用新型节能材料和构件。[6]

四、建筑幕墙技术展望

"十四五"期间，智能化、绿色化与信息化将是建筑幕墙行业的主流发展方向。

（一）智能化：包括新型智能化幕墙、幕墙自洁技术等

传统的智能玻璃幕墙（Intelligent glass facade）是指幕墙以一种动态的形式，根据外界气候环境的变化，自动调节幕墙的保温、遮阳通风设备系统，以最大限度降低建筑物所需的一次性能源[7]。双层玻璃幕墙就是一种典型的传统智能化建筑幕墙。随着计算机技术的不断发展和太阳能光电技术的应用，在双层幕墙（呼吸式幕墙）

基础上逐渐延伸出了新型智能化玻璃幕墙。该类幕墙通过对建筑配套的技术进行合理控制，对幕墙材料、太阳能的有效利用，通过强大的计算机系统对室内空气、温湿度和光线照度进行合理的调控，节省了建筑在使用过程中所消耗的大量能源，降低了建筑全生命周期的费用[8]。如智能控制双层玻璃幕墙、光电幕墙和智能控制幕墙通风器等。

建筑幕墙清洁耗费大量的人力、物力，清洁周期也很长。随着人力费用的提升，必然对幕墙智能化清洁设备和幕墙自洁技术提出需求。近年来，幕墙智能自洁技术逐渐发展，自动爬壁清洁机器装置已有尝试应用。雨水适度地区，还可以采用自洁或者易洁幕墙面板材料。如镀有 TiO_2 膜或其他半导体膜的玻璃面板，可和空气、雨水、阳光一起分解空气中的有机物（灰尘），实现自洁。幕墙雨水利用技术通过对幕墙表面雨水的回收和管理，可将其再用于清洗幕墙、植物浇灌、坐便器冲洗等。

（二）绿色化：包括绿色材料、工艺、构造、施工技术等

1. 新建幕墙绿色化将稳步提升

在"十三五"期间，建筑节能标准稳步提高。全国城镇新建民用建筑节能设计标准全部修订完成并颁布实施，节能标准进一步提高。城镇新建建筑执行节能强制性标准比例基本达到100%，累计增加节能建筑面积 70 亿 m^2，节能建筑占城镇民用建筑面积比重超过40%[9]。绿色建筑幕墙将在新建建筑中广泛应用。

"十四五"期间，适用于超低能耗建筑、近零能耗建筑和零能耗建筑的幕墙系统研究将成为热点；超强热工性能的玻璃面板、人造复合板将大面积应用于新建幕墙工程之中；主动节能型光电幕墙的效率将大幅提升；遮阳装置多设置于建筑透光围护结构部位，以最大限度地降低直接进入室内的太阳辐射，活动遮阳产品与建筑幕墙一体化设计研究既符合建筑节能与绿色化的趋势，也符合国家建筑工业化产业政策导向。

2. 既有幕墙绿色改造将全面推进

2017 年，住建部发布的《关于印发建筑节能与绿色建筑发展"十三五"规划的通知》中指出，我国建筑节能与绿色建筑发展还面临不少困难和问题，城镇既有建筑中仍有约60%的不节能建筑，能源利用效率低，居住舒适度较差[9]。这部分建筑幕墙在城市更新的进程中，将通过绿色改造与功能提升，满足绿色建筑幕墙的要求。

（三）信息化：BIM、大数据、云技术、物联网、5G、AI 等技术集成应用

我国在《2016—2020 年建筑业信息化发展纲要》[10]中明确提出要在"十三五"时期增强 BIM 与云计算、大数据、物联网等技术的集成应用能力。习近平总书记在党的十九大报告中也指出，要"推动互联网、大数据、人工智能和实体经济深度融合"[11]。

BIM、大数据、云技术、物联网、5G、AI 等技术的综合集成应用可以在工程建设的设计、施工、运维全生寿命周期中，对海量工程数据进行收集、存储、传输、整理与挖掘，彼此各取所长[12]，实现基于数据的前瞻性智慧决策和智慧管理。

建筑业的信息化发展也必然包含建筑幕墙信息化技术的进步，包含建筑幕墙智能建造与智慧运维、风险识别与监测预警的综合信息化平台亟待建立。

参考文献

［1］建筑幕墙术语：GB/T 34327—2017［S］. 北京：中国建筑工业出版社，2017.

［2］黄小坤，赵西安，刘军进，刘刚. 我国建筑幕墙技术 30 年发展［J］. 建筑科学，2013，29（11）：80-88.

［3］2018 年全球建筑幕墙行业市场现状与发展前景分析［R］. website：https://www.qianzhan.com/analyst/detail/220/190228-89476571.html.

［4］世界高层建筑与都市人居学会（CTBUH）. 2019 高层建筑年度报告［R］. website：https://www.skyscrapercenter.com/year-in-review/2019.

［5］中国幕墙网. 玻璃幕墙在"住宅类"建筑中的应用调研［EB/OL］.（2020-12-04）［2020-12-04］. https://www.sohu.com/a/436274055_222758.

［6］董宏，孙立新，潘振.《建筑业 10 项新技术（2017 版）》围护结构节能综述［J］. 建筑技术，2018，49（3）：281-284.

［7］卢求. 欧洲智能办公建筑与智能玻璃幕墙［J］. 世界建筑，2004（5）：76-79.

［8］姜禾. 新型智能化玻璃幕墙浅析［J］. 科技经济导刊，2016（17）：60.

［9］中华人民共和国住房和城乡建设部. 建筑节能与绿色建筑发展"十三五"规划［EB/OL］.（2017-03-01）［2017-03-01］. http://www.mohurd.gov.cn/wjfb/201703/t20170314_230978.html.

［10］中华人民共和国住房和城乡建设部. 2016-2020 年建筑业信息化发展纲要［EB/OL］.（2016-08-09）［2018-03-14］. http://www.mohurd.gov.cn/wjfb/201609/t20160918_228929.htm.

［11］中国网. 中共十九大开幕，习近平代表十八届中央委员会作报告［EB/OL］.［2018-03-14］. http://www.china.com.cn/cppcc/2017-10/18/content_41752399.htm.

［12］张云翼，林佳瑞，张建平. BIM 与云、大数据、物联网等技术的集成应用现状与未来［J］. 图学学报，2018，39（5）：806-816.

韧性城市篇

建设韧性城市为理解城市复杂系统运作和可持续发展，尤其是系统防灾减灾方面提供了新的方向。一个具有韧性的城市，不仅对灾害有着充分的抵抗能力，而且在遭受破坏后还能够迅速恢复其主要功能，实现城市的持续运转，并能通过学习，进一步提高对未来不确定性的适应能力。在当前我国新型城镇化建设稳步推进过程中，建设韧性城市具有重要的意义。

城市韧性涉及范围广泛，包括基础设施韧性、制度韧性、经济韧性、社会韧性等。本篇中，既有关于城市安全韧性和复杂高层建筑结构抗震安全进展介绍，又有涉及大型公共建筑和应急避难场所的大跨结构创新发展与思考，也有在疫情防控背景下，空气净化和生物防控技术在公共卫生领域的应用与发展介绍；同时，对第一次全国自然灾害综合风险普查中房屋调查技术导则的研编和既有居住建筑小区海绵化改造关键策略与应用等现阶段热点工作进行了介绍。

城市安全韧性研究进展与实践综述

范 乐 张靖岩 王燕语 郭 颖

（中国建筑科学研究院有限公司 国家建筑工程技术研究中心）

"建设更高水平的平安中国"是以习近平总书记为核心的党中央作出的战略擘画，是国家防范应对各类风险新挑战的制胜之道；同时，合理统筹发展和安全的关系，也是保证我国经济快速发展、社会长期稳定的必然要求。党的十九届五中全会通过的《中共中央关于制定国民经济和社会发展第十四个五年规划和二〇三五年远景目标的建议》对建设更高水平的平安中国做出重要部署，首次将"韧性城市"的概念纳入国家战略规划之中，提出要加强特大城市治理中的风险防控，推进以人为核心的新型城镇化，增强城市防洪排涝能力，建设海绵城市、韧性城市。本文重点梳理了安全韧性理论的动态发展趋势，分析了快速城镇化进程下以社区为单位的实践研究，针对我国安全韧性城市构建、研究等提出建议。

一、发展现状

（一）城市安全与韧性缘起

传统上防灾学研究致力于探索大型灾害的触发机制及其致灾机理，通过城市承灾体的脆弱性分析，提高城市建筑工程的灾害抵御水平。城市灾害的发展演变往往是不可逆过程，灾害破坏性超过一定阈值，不仅会造成城市空间的直接破坏，次生灾害和连锁效应还将引发城市系统崩溃[1]。韧性概念的产生改变了城市安全建设中单纯提高灾害抵抗力的应对观念，凸显了城市各项机能维持平衡、快速恢复的重要性（表1）[2-4]。

不同学科领域的韧性定义 表1

来源	学科领域	韧性定义
霍林（1973）	生态系统	系统遭受到干扰和冲击时，仍能维持各变量之间相同关系的能力[2]
沃克等（2004）	社会—生态系统	系统遭受到干扰时再更新或再组织的能力[5]
卢森斯等（2006）	心理学	从逆境中反弹的发展能力
布鲁诺等（2003）	灾害管理	自我复原、随机应变和成长的活动过程[6]
谢菲（2005）	组织领域	系统保持或恢复稳定状态的固有能力，使其在发生破坏性事件下能够继续正常运营

为了推动城市安全韧性内涵与特征的深入研究，国际标准化组织于 2015 年将安全标准化技术委员会（ISO-TC292）的名称拓展为"安全与韧性"（Security and Resilience）。联合国第三届世界减灾大会将"韧性"纳入重要主题[7]，美国、英国、日本、墨西哥等国家也相继提出构建韧性城市的战略[8]。在未来城市可持续发展的建设中，安全韧性理论将更加全面、系统地应用于城市安全领域，以应对自然灾害与人为灾害等不确定性风险问题。

（二）韧性类型与内涵延伸

学界对韧性概念的认知经历了平衡、多样平衡到动态平衡的转变过程，逐渐形成了工程韧性、生态韧性和演进韧性三种主要类型[9]。工程韧性重点关注既定平衡状态的稳定性，通过系统的抵抗能力与恢复到稳态的速度衡量系统韧性。生态学领域的研究提出了韧性系统多稳态的存在，带动了各界学者对韧性认知的转变，促进了对系统构成与内在演变机制的研究[10]。基于适应性循环理论（Adaptive cycle）的韧性概念，强调系统在受到扰动时功能恢复、不断适应不确定性环境的能力[11]。表 2 基于平衡状态、理论支撑与稳态特点总结了三种韧性观点的特征和差异。

三种类型韧性观点的对比 　　　　　　　　　　　　　　　　　　　　表 2

韧性观点	平衡状态	理论支撑	稳态特点
工程韧性	临近单一平衡状态	有序的、线性的工程思维	恢复时间、恢复速度
生态韧性	多个平衡状态	复杂的非线性生态学思维	缓冲能力、抗扰动能力
演进韧性	持续、不断适应、富于创新性的动态交互	多维度的适应性系统论思维	适应能力、持续变换能力、创新能力

（三）研究热点与动态更新

通过中国知网数据平台检索城市韧性相关文献，检索条件为"主题 % ＝'韧性城市'or 题名 % ＝'韧性城市'or title ＝ xls（'韧性城市'）or v_subject ＝ xls（'韧性城市'）"。总库显示发文量共计 947 篇，主要来源于《城市发展研究》《国际城市规划》等期刊。通过发文年度趋势分析可以看出，2012 年开始，对于城市韧性的学术关注度逐渐增加，2014 年以来，国内外学者对城市韧性的研究呈直线上升趋势（图 1）。

根据文献检索主题分布来看，以城市韧性、生态韧性、韧性评价、社区韧性、城市安全、气候变化为主题的文献占比较大[12]，目前韧性的概念被不断发展到城市规划、城市防灾减灾、城市应急管理、气候变化与城市韧性、自然资源可持续管理等领域[13]，广泛应用于城市韧性评估与决策、灾害影响模拟、城市基础设施风险评估、城市风险识别、城市安全防灾可视化管理等方面[14]（图 2）。由此可见，城市安全韧性的理论研究、量化研究、实践研究成了当下公共安全科学领域发展的重要方向。

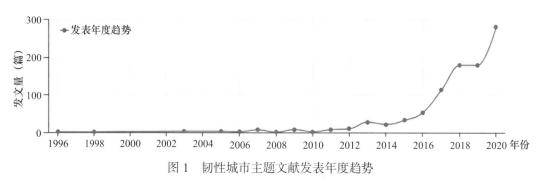

图 1　韧性城市主题文献发表年度趋势

数据来源：https：//kns.cnki.net/KNS8/Visual/Center

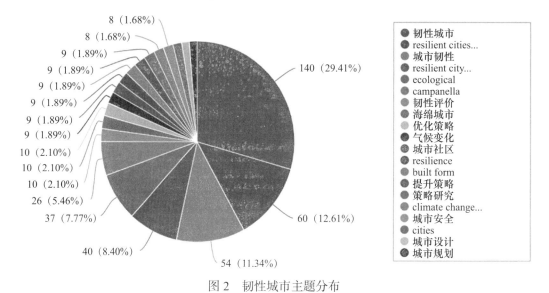

图 2　韧性城市主题分布

数据来源：https：//kns.cnki.net/KNS8/Visual/Center

二、趋势分析

（一）安全韧性系统框架多元化

1.安全韧性认知观点演变

随着对韧性理论认知程度的逐渐加深，韧性探索领域出现了突破边界、相互融合的趋势[15]。城市安全韧性在上述三类韧性概念的动态发展下，认知观点从早期"快速恢复至灾前状态的能力"，融入了"城市系统吸收灾害、功能重组、维持运转"的发展需求，再结合"城市面对灾害正确响应、自组织、快速恢复"的观点，形成了抵抗、适应、恢复三者并重的发展目标。

2.理论系统多元架构

在"万物互联"的时代，科技的创新迅速拉近了城市居民生活的紧密程度，新事物的不断涌现为社会带来了前所未有的改变，城市在获取共享便利、数据服务的同时，也增加了城市遭受未知风险的可能性[16]。因此，城市安全韧性在灾害类型、承灾对象、韧性特征等方面进行了深入探索，试图通过理论体系的多元化架构，提高城市安全韧性评判的准确性和整体性。

在灾害类型方面，现有研究多集中于自然灾害对城市系统的影响，但在当前疫情难以控制、社会环境复杂的背景下，安全卫生事件、人为蓄意破坏等灾害类型逐渐进入研究视野[17]。除建筑、道路、基础设施等城市直接承灾空间类型以外，城市韧性承灾对象拓展到了经济、社会、文化等领域，在体现城市安全韧性完整性的同时，也强调了多学科融合的研究需求。另外，现有研究尚未对城市安全韧性特征形成统一表述，在鲁棒性（Robustness）、冗余性（Redundancy）、快速性（Rapidity）等韧性需求的基础上，自省性（Reflexivity）、偶然性（Contingency）、多声性（Polyvocality）等特征的提出凸显了城市安全韧性多机构参与、多要素评判的发展趋势[18-19]。

（二）安全韧性测度方法平台化

1. 韧性指标的体系化研究

为了实现城市灾害环境下多元空间要素、复杂响应机制的综合统筹，采用建立韧性指标体系的方法实现定性和定量指标的整体评判，成为城市安全韧性量化研究的主要方法之一（表3）。问卷调查、专家咨询、文献研究、政策梳理等方法构成了指标选取的主要依据。该方法主要应用于城市、社区等区域性空间的安全韧性研究。但随着安全韧性概念的发展，城市空间构成元素与经济、环境、文化等多方要素的关联性逐渐得到了重视。其中，以城市绿色设施为研究对象，将绿色设施提升环境感受的社会因素以及建造成本的经济因素纳入指标体系[24]。孟俊林等以医疗体系为研究对象，将韧性指标研究落实到专项建筑类型的层面，考虑了防灾、抗灾、救灾的灾害全过程信息[25]。

韧性指标的体系化研究   表3

研究对象	指标构成	研究方法
城市[20]	基础设施、经济、社区、组织	熵值法
城市[21]	经济、社会、生态、基础设施	专家咨询 多变量统计分析
社区[22]	环境及自然资源管理、居民健康、可持续居住环境、 社会安全、经济机构、结构保护、区域规划	专家咨询 层次分析
社区[23]	物理，社会，经济，制度，环境	问卷调差 焦点小组讨论
基础设施[24]	环境、经济、社会	模糊综合评价
医疗系统[25]	强制性指标、防灾风险性、抗灾安全性、救灾可靠性	韧性特征分析

2. 从数学建模到数字化测度

虽然韧性概念在学界保持了较高的关注度，但由于数据获取、精确性要求、韧性认知差异等因素，对城市安全韧性的有效测度仍然是研究的难点。国内外学者采用数学建模的方法，选取基础设施、生命线工程、路网结构等城市空间构成要素，进行了安全韧性量化研究的尝试。其中，利用数学模型实现对韧性特征和韧性曲线的量化转译成为主要的研究思路。在韧性特征表述方面，Chen 将城市应对灾害的抵抗力、适应力和恢复力转化为数学公式，体现城市吸收灾害、显著受损和完全摧毁的三种承灾状态[26]。在韧性曲线转译方面，Kong 根据基础设施在多灾害侵扰下的韧性曲线特征，建立了韧性曲线的表达模型[27]。

　　基于城市安全韧性内涵丰富、尺度广泛、测度阶段多样的特点，多层次、多维度、多情景的动态轨迹分析和空间可视化成了城市安全韧性研究发展的趋势。受数据采集、量化模型等条件制约，当前城市韧性数学模拟研究大多集中于单一扰动或低维度分析。现有城市灾害相关数字平台仅能实现城市空间构成元素破坏阶段的模拟，或对灾害侵袭过程的还原，韧性概念尚未融入平台架构逻辑[28]。如何将城市安全韧性量化方法与数字化技术、平台相结合，实现韧性特征的动态表达、数据提取，降低城市安全韧性判定难度，成了该领域研究的重点和难点。

（三）城市韧性实践社区化

1.城市韧性建设的宏观愿景

　　以全灾害发展全周期为考量尺度的城市安全韧性概念一经提出，便被广泛采纳和应用。安全韧性城市的建设近年来逐步形成了各级政府宏观政策先导，基金会、国际大型企业百家争鸣的格局，促进了城市安全韧性的理论丰富和实施落地（图 3）。表 4 所示为联合国人居规划署（The United Nations Human Settlements Programme，UN-Habitat）、联合国国际减灾战略署（The United Nations International Strategy for Disaster Reduction，UNISDR）和联合国开发计划署（The United Nations Development Programme，UNDP）引领开展的一系列城市韧性建设实践的合作架构。

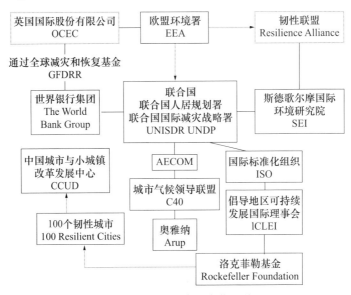

图 3　城市韧性建设合作网络

图片来源：作者根据 Un Habitat，2017-Un Habitat，2020 等文献改绘

韧性建设活动 表 4

组织	主题	目标与愿景
联合国	《联合国气候变化框架公约》会议，1992	减缓气候变化，增强生态系统适应性
	《哥本哈根议定书》，2007	加强《公约》实施
	德国波恩，第二届城市气候变化适应会议，2011	针对气候变化提出适应性策略
	第三次联合国住房和城市可持续大会，2016	制定能够增强城市韧性的措施
联合国国际减灾战略署	"让城市更具韧性活动"，2010	城市居民减灾工作
	开启亚洲气候变化韧性网络项目，2012	加强亚洲城市应对、抵御灾难的能力
联合国人居规划署	实施城市韧性研究方案，2012	制定全面、综合性的城市规划管理办法
	发布《城市适应气候变化行动方案指导原则》，2015	建立了城市适应气候行动变化的标准
	开展"针对边缘化领域气候韧性规划"项目，2017	增强社区和城市应对气候挑战的能力
美国洛克菲勒基金会	"100 个韧性城市"发展项目，2013	世界范围内选拔 100 个城市进行韧性建设，提高抵抗灾害的能力
欧盟环境署	发布《欧盟气候变迁调试平台概况》，2015	向民众传递欧盟各国在气候调试政策方面的进展
	《欧洲环境状况与展望 2020》，2019	评估了欧盟的环境，以支持环境治理和向公众提供信息

2. 韧性推行实施的自下而上

2013 年，纽约市制定了《一个更强大、更有韧性的纽约》（*A Stronger, More Resilient New York*），从预防、准备、响应及快速恢复等维度提高城市应对灾害等风险的能力，从而巩固城市可持续发展的核心力量。鹿特丹市通过鹿特丹气候行动计划（Rotterdam Climate Initiative）组织提出了《鹿特丹气候防护规划》（*Rotterdam Climate Proof*），以及由市政府发布了《鹿特丹水计划 2》（*Water plan 2 Rotterdam*）等文件 [29]，提高鹿特丹适应气候变化的能力。此外，日本、新加坡等国针对法制建设与防灾减灾措施等相继出台文件，以推进韧性城市理念的落实。

我国也开展了一些安全韧性城乡规划实践的有益探索。2011 年，成都发布了《成都行动宣言》，加入"让城市更具韧性"运动，将减灾韧性指标与城市发展规划相结合，通过城市韧性的提升改造改善城市适灾应灾能力。2015 年国务院办公厅出台的《关于推进海绵城市建设的指导意见》，提出了基于韧性理论提升城市应对洪涝灾害能力的倡议。安全韧性城市理念也在北京、上海及国内其他城市逐步推广（表 5）。

部分韧性城市发展建设文件 表5

国家	城市	相关政策文件	内容
美国	纽约	《一个更强大、更有韧性的纽约》	建立一个强大、可持续、有韧性的、公平公正的城市
	波士顿	《波士顿气候变化应对策略》	引导波士顿做出具有抗灾力的发展策略
	奥斯汀	《迈向气候韧性的奥斯汀》	实现减排，城市在应对气候的过程中，更有韧性
	新奥尔良	《韧性策略——塑造未来城市的战略行动》	建设一个更加公平、更有韧性、更加繁荣的城市
	芝加哥	《芝加哥气候行动计划》	将芝加哥改造成一个绿色化城市
法国	巴黎	《迈向一个更具韧性的城市》	适应巴黎的气候变化和资源短缺，使城市更具韧性
英国	伦敦	《伦敦规划》	成为一个安全、韧性的城市
加拿大	多伦多	《在风暴来临之前：多伦多城极端天气韧性》	降低气候变化对城市的威胁，实现韧性城市建设
丹麦	瓦埃勒	《瓦埃勒市的韧性战略》	一个有凝聚力、强大的、可持续的城市
荷兰	鹿特丹	《鹿特丹气候防护规划》	建设有韧性的、有良好基础设施的港口城市
澳大利亚	墨尔本	《韧性墨尔本》	建设可持续、宜居的、繁荣的社区
	珀斯	《成为一个能源韧性城市——战略指导》	提高城市能源韧性
日本	东京	《创造未来——东京长期战略报告》	完善经济、设施、社会、制度等方面韧性建设
新加坡		《总体规划草案2019》	面向未来可持续和韧性城市，改善资源利用，适应气候变化
中国	北京	《北京城市总体规划（2017-2035）》	提高城市治理水平、让城市更宜居
	上海	《上海城市总体规划（2017-2035）》	可持续的韧性生态之城
		《上海市海绵城市专项规划》	更具韧性的海绵城市
	雄安	《雄安新区发展规划纲要》	构建现代化城市安全体系
	广州	《广州国土空间总体规划（2018-2035年）》	安全韧性城市：能源安全、海绵城市、水资源保障

　　相关政策的合理引导，有利于城市安全韧性在认知、管理、实施、评估层面的快速推进。我国在安全韧性城市方面的理论和实践，探索韧性城市的维度由初期的专题研究为主，逐渐过渡到系统性理论更新和体系架构。区别于传统灾害学研究，城市安全韧性体系建设不局限于对建筑工程脆弱性的探讨，而是将城市经济与社会要素、自然与人工环境、组织机制等多项软硬件条件整合起来，从城市系统的

整体性和灾害发展的周期特征出发，提升城市对于不确定风险的抵御、吸收和恢复能力。

当下城市层面的韧性规划实践形成了自下而上的推行机制，以社区为基本单元，结合韧性理念探讨其面对不确定风险的抵抗、适应、恢复等能力。突发事件中社区建设暴露的短板，推动各国开展韧性社区建设实践的积极性，以打造灾害承受力强、快速恢复健康的韧性社区[30]。2015年第三届世界减灾大会强调了优先建设韧性社区的重要性。我国积极开展建设韧性社区的实践项目，结合社区安全韧性评价研究成果，促进相关政策的有效落实。目前"全国综合减灾示范社区"活动已开展10年，形成了常态运维与灾时应急并重的管理机制，并根据相关规定制定了《全国综合减灾示范社区标准》。未来基于城市社区的空间韧性、组织韧性、设施韧性、网络韧性与服务韧性等方面的建设将更加完善[31]。

三、发展建议

（一）基于韧性思想的传统理论实践再创新

现有城市安全韧性理论研究成果与实践措施落实程度存在较大差距，需要通过再创新实现城市各项要素的广泛协调和多样成果的相互适应[32]。宏观层面，雄安新区在规划实践中通过空间留白的手法，实现紧急情况下城市空间及功能组织模式的快速转变。局部空间层面，目前有案例实施了防洪缓冲带、溢流堤、绿化引流等空间优化措施，虽然仅对局部空间进行了改造，但以小见大地实现了生态景观、人文互动、空间规划、灾害防御等功能的有效连接，促进了韧性概念在城市建设中的逐渐渗透，为传统对策提供了创新模式（表6）。

韧性思想下空间创新措施示例　　　　　　　　　　　　　　　　表6

区域	地点	措施	特征
区域规划	中国雄安[33]	空间留白	宏观调控
海岸规划	美国波士顿[34]	结合洪水入侵路径，营造缓慢抬升地势，创造景观的同时避免洪水入侵	局部改造
河道改造	荷兰奈梅亨[35]	河道拓展、溢流堤	局部改造

（二）多领域融合与新技术综合应用

韧性城市研究涉及领域众多，多学科交叉与新技术应用始终贯穿于韧性城市建设的探索中，并通过信息化平台实现跨域集成和深度共享。借助物联网、大数据、云计算等新技术研发的韧性城市建设管理平台有效提升了监测监控、预测预警、综合研判等关键环节的精确性和及时性，可为城市规划建设、安全风险防控和应急预案制定提供定量参考和数据支撑。集"人－事－地－物－组织"等多元数据和风险识别、评估、监测、预警、处置等功能于一体的风险智能防范平台的研发应用，实现了风险治理的全流程覆盖和信息的全方位获取，通过动态监测预警和协同处置，提高了风险监测及响应水平。

基于韧性视角推进多领域融合与新技术综合应用，将促进城市韧性由"部门管理"向"综合管理"，由"灾后反应"向"灾前预防"，由"减少损失"向"减轻风险"的转变，全面提升城市安全韧性水平。

（三）政策引导与社区实践的联合推动

当前推出的社区安全韧性建设相关政策需要具体实践手段使之得到有效落实，因此有必要改变以往单纯依靠政府和社会力量的方式，转而以社区居民为主体，建立由居民、政府和专家团队等多方参与的协同机制。通过宏观层面的政策引导与社区实践的联合，推动自下而上的自我管理与系统化管理相结合的建设方式，为安全韧性社区的理论创新与实践创新提供借鉴。同时将安全韧性理念落实到空间建设、技术应用等角度，形成"居民—空间—设施"相互协同的联动整体，实现城市基本单元功能构成的完整性和多样性。

四、结语

安全韧性理论的动态发展为城市防灾理念带来了全新的观察视角及思考方式，推动了研究方法、城市建设、应急管理等领域的更新。在理论研究方面，城市安全问题的灾害类型、参与学科、影响因子得到了扩展，并且形成了区域韧性指标评价，系统韧性数学建模的量化研究趋势明显。同时得到了国家政策的宏观引导，以社区为单位进行了一定的实践研究，体现了理论多元化、量化研究数字化和实践社区化的发展趋势。如何落实韧性理论下的城市防灾策略、推动城市安全韧性量化研究的数字转变、从政策和措施两方面提高社区安全韧性建设的可操作性成了未来主要的研究方向。

参考文献

［1］黄弘，李瑞奇，范维澄，闪淳昌．安全韧性城市特征分析及对雄安新区安全发展的启示［J］．中国安全生产科学技术，2018，14（7）：5-11.

［2］Holling C S.Resilience and stability of ecological systems[J]. Annual Review of Ecology and Systematics, 1973, 4(4): 1-23.

［3］Maria Koliou, John W van de Lindt, Therese P McAllister, Bruce R Ellingwood, Maria Dillard and Harvey Cutler. State of the research in community resilience: progress and challenges, 2020(5)3: 131-151.

［4］Bhamra R, Dani S, Burnard K.Resilience: the concept, a literature review and future directions[J]. International Journal of Production Research, 2011, 49(18): 5375-5393.

［5］Folke C.Resilience: the emergence of a perspective for social-Ecological systems analyses[J]. Global Environmental Change, 2006, 16(3): 253-267.

［6］Lexander D E. resilience and disaster risk reduction: an etymological journey[J]. Natural Hazards and Earth System Science, 2013, 13(11): 2707-2716.

［7］邵亦文，徐江. 城市韧性：基于国际文献综述的概念解析［J］. 国际城市规划，2015，30（2）：48-54.

［8］Bloomberg M. A stonger, more resilient New York [R]. PlaNYC Repon. New York, USA, 2013.

［9］范维澄. 安全韧性城市发展趋势［J］. 劳动保护，2020（3）：20-23.

［10］陈安，师钰. 韧性城市的概念演化及评价方法研究综述［J］. 生态城市与绿色建筑，2018（1）：14-19.

［11］MILETI D. Disasters by design: a reassessment of natural hazards in the United States[M]. Washington D C: Joseph Henry Press, 1999: 4.

［12］MEEROW S, NEWELL J P, STULTS M. Defining urban resilience: a review[J]. Landscape & Urban Planning, 2016(147): 38-49.

［13］Ahern J. Urban landscape sustainability and resilience: The promise and challenges of integrating ecology with urban planning and design[J]. Landscape Ecology.

［14］赵瑞东，方创琳，刘海猛. 城市韧性研究进展与展望［J］. 地理科学进展，2020，39（10）：1717-1731.

［15］Nunes D M, Pinheiro M D, Tome A . Does a review of urban resilience allow for the support of an evolutionary concept?[J]. Journal of Environmental Management, 2019, 244(AUG. 15): 422-430.

［16］仇保兴. 基于复杂适应系统理论的韧性城市设计方法及原则［J］. 景观设计学，2018，6（4）：42-47.

［17］A L H, A X Z, A Z C, et al. Assessing resilience of urban lifeline networks to intentional attacks[J]. Reliability Engineering & System Safety, 2020.

［18］Bruneau M, Chang S E, Eguchi R T, et al. A Framework to quantitatively assess and enhance the seismic resilience of communities[J]. Earthquake Spectra, 2003, 19(4): 733-752.

［19］Godschalk, David R. Urban Hazard Mitigation: Creating Resilient Cities[J]. Natural Hazards Review, 2003, 4(3): 136-143.

［20］李刚，徐波. 中国城市韧性水平的测度及提升路径［J］. 山东科技大学学报（社会科学版），2018，20（2）：83-89＋116.

［21］Yan Z, Xin-Lu X, Chen-Zhen L, et al. Development as adaptation: Framing and measuring urban resilience in Beijing[J]. 气候变化研究进展（英文版），2018, 9(004): P.234-242.

［22］Orencio P M, Fujii M. A localized disaster-resilience index to assess coastal communities based on an analytic hierarchy process (AHP)[J]. International Journal of Disaster Risk Reduction, 2013, 3: 62-75.

［23］Jonas Joerin, Rajib Shaw, Yukiko Takeuchi and Ramasamy Krishnamurthy. Assessing community resilience to climate-related disasters in Chennai, India[J]. International Journal of Disaster Risk Reduction, 2012.

［24］Xin Fu, Matthew E Hopton, Xinhao Wang. Assessment of green infrastructure performance through an urban resilience lens[J]. Journal of Cleaner Production, 2020, 125-146.

［25］孟俊林，王志涛，马东辉. 城市医疗系统防灾韧性指标体系研究［A］. 中国城市规划学会、重庆市人民政府. 活力城乡 美好人居——2019 中国城市规划年会论文集（01 城市安全与防灾规划）［C］. 中国城市规划学会、重庆市人民政府：中国城市规划学会，2019：10.

［26］Chen C, Xu L, Zhao D, et al. A new model for describing the urban resilience considering adaptability, resistance and recovery[J]. Safety ence, 2020, 128: 104756.

［27］Kong J, Simonovic S P. Probabilistic multiple hazard resilience model of an interdependent infrastructure system[J]. Risk Analysis, 2019, 39(8).

［28］Charlotte Heinzlef, Vincent Becue, Damien Serre. Operationalizing urban resilience to floods in embanked territories-application in Avignon, Provence Alpes Côte d'azur region [J]. Safety Science, 2019, 181-193.

［29］Cutter S. The landscape of disaster resilience indicators in the USA[J]. Natural Hazards, 2015, 80(2): 1-18.

［30］SHARIFI A. A critical review of selected tools for assessing community resilience[J]. Ecological Indicators, 2016, 69: 629-647.

［31］彭翀，郭祖源，彭仲仁. 国外社区韧性的理论与实践进展［J］. 国际城市规划，2017，32（4）：60-66.

［32］Lorenzo Chelleri, Aliaksandra Baravikova. Understandings of urban resilience meanings and principles across Europe [J]. Cities, 2021, 108.

［33］王凯，闫岩，朱碧瑶. 新理念下的国家战略地区规划［J］. 城市规划学刊，2020（6）：49-56.

［34］美国东波士顿与查尔斯顿地区韧性海岸规划方案［J］. 景观设计学，2018，6（4）：76-85.

［35］荷兰奈梅亨市瓦尔河河道拓展项目［J］. 景观设计学，2018，6（4）：86-97.

复杂高层建筑结构抗震设计与性能评价方法发展与展望

肖从真　李建辉　魏　越　李寅斌　孙　超

（中国建筑科学研究院有限公司　建筑安全与环境国家重点实验室）

高层建筑为解决大城市中心区用地紧张问题提供了一种有效解决途径，同时也为建筑行业多学科交叉技术融合、发挥经济综合聚集效应等提供了良好的载体，可以说在城市建设与经济发展过程中，发展高层建筑已经成为一种必然选择，目前，高层建筑已成为我国最量大面广的建筑形式。近年来新技术、新材料和新工艺在高层建筑领域得到快速和广泛应用，新型建筑和结构形式不断涌现，同时，因其体量巨大、功能复杂、人员密集等原因，给结构抗震、抗风设计与施工等带来了一系列全新挑战。保障复杂高层建筑的安全已成为关乎国计民生的重大需求。本文首先介绍了我国复杂高层建筑发展现状，然后阐述了复杂高层建筑结构抗震设计和性能评价方法，最后对其未来发展做出展望。

一、我国复杂高层建筑发展现状

（一）发展历程

我国高层建筑的发展可以追溯到千年以前，例如山西应县木塔、浙江杭州保俶塔、河北石家庄正定古塔等。由于经济技术等原因的限制，这些古建筑主要采用砖石木等材料，构件尺寸往往过大，使用面积相对较小，造型也比较单一。

19世纪末到20世纪初，工业技术的进步为近代高层建筑的发展创造了有利条件，出现了钢框架和钢筋混凝土框架结构的高层建筑。在美国、欧洲等地区出现了一批高层建筑。直到20世纪50年代，由于轻质高强材料的研究成功，抗风抗震结构体系得到了发展，进一步推动了高层建筑的迅速发展。

我国近代高层建筑是1955年之后才逐渐发展起来的，先后在二十几个大中城市修建了一批高层旅馆、办公楼、公寓、住宅等，如广州白云宾馆、北京前三门高层建筑群等。从20世纪90年代开始，我国高层建筑进入了快速发展的阶段，建筑高度不断被刷新，结构体型日趋复杂。最近十余年来发展势头则更为迅猛，目前已位居世界前列。已建成的典型高层建筑包括上海中心（高632m）、深圳平安国际金融大厦（高599m）、广州东塔（高530m）、中国尊（高528m）等，它们作为标志性建筑已经成为一个城市乃至国家的名片，彰显国家经济实力[1-3]。然而随着计算分析方法的不断进步，经济的快速发展以及学科的不断完善，复杂高层建筑发展迅速，近期出现的高层建筑诸如成都来福士、CCTV 新台址楼、丽泽 SOHO 等复杂高层结构（图 1），造型往往突破传统，别具一格。

成都来福士广场　　　　　　　CCTV 新台址楼　　　　　　丽泽 SOHO

图 1　典型复杂高层结构

（二）复杂高层建筑的复杂性

常见的复杂结构形式有以下几种：（1）体型收进结构；（2）悬挑结构；（3）连体结构；（4）带转换层的结构；（5）带加强层的结构；（6）错层结构等。复杂性主要体现在三个方面：高度超限、结构平面布置不规则、结构竖向布置不规则。复杂高层建筑结构包括带转换层高层建筑结构、巨型结构、连体结构、悬挂结构、带加强层的超高层建筑结构、超大悬挑结构、新型结构体系等。

二、复杂高层建筑结构抗震设计方法

（一）传统高层建筑结构抗震设计方法

在水平荷载作用下，高层建筑所产生的效应不是线性分布而是随着结构高度的升高而急剧增加的。例如在风荷载作用下，结构的倾覆力矩和高度的平方成正比，而位移则和高度的四次方成正比，地震作用下高层结构效应随高度的增幅则更为显著。根据大量震害统计，地震作用作为破坏性巨大的自然灾害之一，往往是建筑结构的控制荷载。复杂高层建筑结构由于其造型新颖独特，在地震作用下受力更为不均匀，更容易形成薄弱部位从而发生薄弱部位破坏甚至整体倒塌。所以对于复杂高层建筑的抗震设计而言，难度将进一步提升，须通过承载力、刚度和延性相统一的概念设计来保证此类结构的安全。

在经历了 20 世纪初期的几场大地震后，美国和日本率先开始对建筑结构抗震设计方法进行研究。经过将近一个世纪的研究和发展，建筑结构抗震设计在理论层面得到逐步完善。相应的设计方法可归纳为静力侧力法、反应谱设计法、基于性能的抗震设计方法三个发展阶段[4-5]。我国有关建筑结构抗震设计的研究虽然起步较晚，但是发展迅速，主要发展历程如表 1 所示，目前已属于世界先进水平[6-13]。

建筑结构抗震设计发展历程　　　　　　　　　　　　　　　表 1

时间	抗震设计方法	主要加改内容
1974 年	《工业与民用建筑抗震设计规范》TJ 11—74	振型分解反应谱法
1978 年	《工业与民用建筑抗震设计规范》TJ 11—78	
1989 年	《建筑抗震设计规范》GBJ 11—89	明确"三水准"及其性能目标
2001 年	《建筑抗震设计规范》GB 50011—2001	1. 反应谱周期由 3.5s 延长至 6s 2. 针对不规则结构提出规定 3. 针对时程分析及弹塑性分析提出规定
2010 年	《建筑抗震设计规范》GB 50011—2010	抗震性能化设计方法

　　现阶段我国的高层建筑抗震设计依据的是"小震不坏、中震可修、大震不倒"的"三水准"设防目标，主要采用"两阶段设计"来实现上述三个水准的设防目标。第一阶段设计是承载力验算，根据多遇地震的地震动参数计算结构的弹性地震作用标准值和相应的地震作用效应，然后根据可靠度理论采用分项系数设计表达式进行结构构件截面承载力抗震验算，满足"小震不坏"的设防目标。第二阶段设计是弹塑性变形验算，对有薄弱层的不规则结构或有专门要求的结构，通过弹塑性层间变形验算保证结构的最大层间位移角小于表 2 限值并采用相应的构造措施，满足"大震不倒"的设防目标。"中震可修"的设防目标则通过概念设计和若干抗震措施来实现，主要体现在第一阶段设计中。概念设计则包括结构选型、限制房屋高度、最小地震剪力等。抗震措施则通过不同抗震等级来实现，包括强柱弱梁、强剪弱弯等内力调整和构造措施。"三水准、两阶段"的设计思路与 R. Park 等在 20 世纪 70 年代提出的能力设计法的核心思想一致，即通过控制构件正截面和斜截面的承载力差值和不同构件间的屈服承载力差值保证结构屈服模式的合理性。

弹塑性层间位移角限值[13]　　　　　　　　　　　　　　　表 2

结构类型	弹塑性层间位移角限值
单层钢筋混凝土柱排架	1/30
钢筋混凝土框架	1/50
底部框架砌体房屋中的框架—抗震墙	1/100
钢筋混凝土框架—抗震墙、板柱抗震墙，框架—核心筒	1/100
钢筋混凝土抗震墙、筒中筒	1/120
多、高层钢结构	1/50

　　注：高度大于 150m 或高宽比大于 6 的高层建筑可扣除由于整体弯曲变形导致的水平位移。如未扣除，可对表中限值加以放宽。

（二）基于性能的抗震设计方法

"三水准设防、两阶段设计"的设计思想是以生命安全为首要目标的，大震不倒的性能目标可以防止结构倒塌，保证生命安全，但是震后的巨额修复费用以及非结构构件破坏也会造成不可估量的损失。现阶段高层建筑蓬勃发展，抗震设计不仅要防止结构倒塌、保证生命安全，还要考虑经济财产损失及其造成的影响。

20世纪末期的几次大地震造成了巨大的经济损失，说明传统抗震设计方法已不能满足经济社会发展的需要，国内外专家开始重新审视现有的建筑结构抗震设计方法，抗震性能化的研究也就此拉开了帷幕。基于性能的抗震设计思想和方法首先出现在20世纪90年代的美国，其主要发展历程如表3所示[14-23]。抗震性能化设计的本质是通过更加丰富的性能目标为不同类型结构抗震提供"个性化"的需求。根据性能目标的不同，工程师和业主可从工程实际情况出发，制定比规范更为有效的方案措施，也可以与当下研究前沿的新体系、新技术、新材料相结合，最终保证结构在不同水准地震作用下实现预期的性能目标。

基于性能的抗震设计思想和方法发展历程 表3

时间	国家	文件
1996年	美国	ATC40
1997年	美国	FEMA237
1995年	美国	SEAOC
1996年	澳大利亚	BCA1996
1998年、2000年	美国	FEMA302、FEMA368、FEMA355、FEMA356
2003年	美国	建筑物及设施的性能规范
	欧洲	钢筋混凝土建筑结构基于位移的抗震设计

目前，抗震性能化的设计方法及理论已经在很多国家被采用且正在逐渐完善为相应的设计规范。2010年，美国太平洋地震工程研究中心发布了《高层建筑基于性能设计方法指南》（PEER—2010），高层建筑结构抗震性能化设计方法被正式写入其中。我国也将抗震性能化设计的性能目标、性能水准以及相应的评价标准等内容正式写入《建筑抗震设计规范》GB 50011—2010[13]和《高层建筑混凝土结构技术规程》JGJ 3—2010。以《高层建筑混凝土结构技术规程》JGJ 3—2010为例，其将性能目标分为A、B、C、D四个等级（表4），性能水准分为1、2、3、4、5五个水准（表5），其中关键构件和普通竖向构件的区别为构件破坏是否会引起连续的破坏或危及生命安全，耗能构件为剪力墙连梁、框架梁以及耗能支撑等；地震水准分为多遇地震（50年一遇）、设防烈度地震（475年一遇）、罕遇地震（2475年一遇），50年超越概率分别为63%、10%、2%。

性能目标[14]　　表4

地震水准	性能目标及性能水准			
	A	B	C	D
多遇地震	1	1	1	1
设防烈度地震	1	2	3	4
预估的罕遇地震	2	3	4	5

性能水准[14]　　表5

结构抗震性能水准	宏观损坏程度	损坏部位			继续使用的可能性
		关键构件	普通竖向构件	耗能构件	
1	完好、无损坏	无损坏	无损坏	无损坏	不需修理即可继续使用
2	基本完好、轻微损坏	无损坏	无损坏	轻微损坏	稍加修理即可继续使用
3	轻度损坏	轻微损坏	轻微损坏	轻度损坏、部分中度损坏	一般修理后可继续使用
4	中度损坏	轻度损坏	部分构件中度损坏	中度损坏、部分比较严重损坏	修复或加固后可继续使用
5	比较严重损坏	中度损坏	部分构件比较严重损坏	比较严重损坏	需排险大修

（三）现行抗震设计方法存在的问题

现阶段，我国抗震设计采用的"三水准两阶段"设计方法延续了89规范的设防思想，该设计方法综合考虑了抗震设防的经济性、科学性等因素，为我国近年来的防灾减灾工作打下了坚实的基础。通过近些年经历的地震也可以发现：按照规范要求进行正规设计、施工、使用的建筑，大部分可以保证安全。这表明我国防灾减灾工作取得了显著的成绩，但不可否认的是，现行抗震设计方法仍然存在问题而有待进一步研究[24-25]。包括：（1）不同设防烈度下，罕遇地震的50年超越概率不相同，进而造成不同烈度区建筑的抗倒塌能力不同；（2）"大震不倒"的性能目标缺乏量化的标准进行衡量；（3）对复杂结构而言，限制多遇地震下的弹性变形能否自动满足"中震可修"的性能目标有待验证；（4）基于多遇地震的弹性设计阶段未考虑不同构件延性的差异并不经济。

如今高层建筑的蓬勃发展给抗震设计带来了新的挑战[26-28]，包括：（1）"强柱弱梁、强剪弱弯、强节点弱构件"的原则有时无法满足；（2）地震波的选取对罕遇地震作用下的弹塑性时程分析结果影响较大，有必要在规范反应谱的基础上提供设计地震波，结合地震作用的随机性和设计反应谱的统一性；（3）剪重比以及剪重比的调整方式是否合理有待商榷；（4）超高层建筑往往不符合刚重比限值的计算时采用的假定；（5）扭转位移比的控制限制并不适用于所有结构；（6）层抗剪承载力的计算没有考虑不同构件间变形能力和延性的不同；（7）薄弱层的产生是由地震作用和楼层抗剪承载力共同决定的，仅考虑相邻楼层之间的抗剪承载力之比不能确定为薄弱部位；（8）风和地震作用下的层间位移角限制宜有所区别；（9）底部竖向构件在中大震下的拉应力问题有待解决；（10）适合长周期超高层建筑，准确反映地震动特性的反应谱有待研究；（11）框筒结构中框架部分在剪力墙破坏后的二道防线作用往往无法实现。

抗震性能化设计的出现为设计人员和业主提供了更多的选择，促进了新技术、材料、结构形式等的发展，但是，抗震性能化设计仍然存在有待研究的问题[29-30]。主要问题包括：（1）在性能目标的选取上，对各个性能目标缺乏定量的描述，选择合适的性能目标存在一定难度；（2）缺乏定量的损伤标准来评价结构在不同水准地震下所达到的性能目标；（3）在设计方法上，缺乏统一高效的方法；（4）在计算参数上，缺少一致准确的依据。

（四）基于预设屈服模式的抗震性能化设计方法 [31-32]

针对当前我国规范抗震设计思路主要是基于规则结构，要求耗能构件在罕遇地震作用下均匀进入塑性，这对于存在明显薄弱部位的结构并不适用的问题，肖从真等人提出了一种基于预设屈服模式的抗震性能化设计方法。图2给出了预设屈服模式的抗震设计方法的基本流程。考虑到"三水准"设防目标是结构抗震设计最基本的要求，所以预设的屈服模式也应以"小震不坏、中震可修、大震不倒"为最低标准。小震下所有结构构件应保持弹性、无损坏，设计时可采用弹性分析方法。与"三水准两阶段"方法不同的是，基于小震弹性的构件设计无需考虑内力调整，中、大震下的抗震性能水准由后续步骤保证。中震设计阶段，应首先预设中震屈服模式，该模式应以"中震可修"为最低标准，但可根据设计要求适当提高。对允许屈服的构件，应首先确定刚度退化程度，通过对整体结构进行中震弹塑性分析，获得这些可屈服构件的刚度折减系数，再对整体结构进行中震的反应谱法设计，直接确定需要保持弹性构件的配筋。在保持弹性和通过小震配筋进行耗能的两种构件之外，还可以直接指定部分构件的刚度折减系数，也就是指定这些构件的损伤情况，这部分构件在中震反应谱分析后，可以根据得到的内力进行配筋。与以往规范推荐的性能化设计方法不同，此时进行的中震弹性反应谱分析，是考虑了部分构件进入塑性后刚度的折减和阻尼的增加，更能真实反映结构在中震下的受力情况。与中震设计阶段类似，大震设计阶段也应首先预设屈服模式，该模式应以"大震不倒"为最低标准，但可适当提高。同理，先确定允许屈服的构件的刚度退化程度，从而准确判断不允许屈服的构件的承载力能否满足需求。该方法是在确定损伤构件的刚度折减系数后进行整体结构的反应谱法分析，既便于设计人员理解和应用，也可以避免直接进行弹塑性时程设计必须面对的选波难题。

图 2　预设屈服模式的抗震设计方法流程 [32]

三、复杂高层建筑结构抗震性能评价方法

基于性能的抗震设计目前已获得我国抗震工程界的普遍认可，但我国的结构抗震性能的分析及评价方法基本采用美、日等国家的研究成果，如 ATC-40、FEMA-356 等。但是，由于上述国外标准在制定时，其研究对象基本为高度不大且结构布置规则的框架结构，加之我国工程建设条件具体差异，使得在将其所述理论及方法推广应用于复杂高层建筑结构的抗震性能分析及评价过程中，出现了一些理论及技术上的真空。

（一）基于构件正截面承载力冗余的结构抗震性能评价方法 [33]

目前国内外规范中对于结构构件承载力设计大多采用正截面与斜截面分别进行验算的方法进行。而且，为了实现结构（构件）在罕遇地震作用下延性破坏的构想，在构件设计中还增加了诸如"强剪弱弯""强梁弱柱""强节点弱构件"等验算与校核要求来保证结构（构件）受弯屈服先于受剪脆性破坏的目的。

基于上述原理，结合图 3、图 4 所示，针对我国抗震设计的第一阶段，构件正截面承载力冗余分析方法的基本思路如下：

（1）基于平截面假定，采用材料的单轴应力—应变非线性关系曲线，通过变化弯矩作用轴角度、对构件截面进行不同轴力作用下的弯矩曲率分析，得到构件截面在轴力及双向弯矩作用下的空间承载力特征，即 P-M-M 曲面；

（2）考虑到构件的重力荷载效应伴随着其施工成形即自动生成的客观事实，将其重力荷载效应（N_g，M_{xg}，M_{yg}）以向量形式标示于构件的正截面承载力空间；

（3）进一步将地震造成的效应（N_{eq}，M_{xeq}，M_{yeq}）叠加至其重力荷载效应之上。

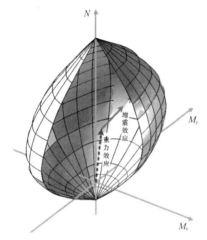

图 3　构件正截面承载力空间形态示意　　　图 4　正截面承载力冗余分析（平面受力状态）

（4）逐步放大设计地震效应，并与重力荷载效应进行组合，直至构件受力状态线与轴力—弯矩相关曲线相交（即此时构件截面受力达到截面承载力）。考虑到反应谱分析中构件内力本不带正负符号，因此上述过程应采用两种情况考虑，即：

第一种情况：$(N^*, M^*) = (N_g + \lambda_1 N_{eq}, \ M_{xg} + \lambda_1 M_{xeq}, \ M_{yg} + \lambda_1 M_{yeq})$

第二种情况：$(N^*, M^*) = (N_g - \lambda_2 N_{eq}, \ M_{xg} + \lambda_2 M_{xeq}, \ M_{yg} + \lambda_2 M_{yeq})$ （式1）

式中：(N^*, M^*)——构件内力状态；λ_1、λ_2——设计地震效应放大系数，其他符号意义参见图4。

（5）采用如下公式，计算放大地震效应的等效长度指标 L'_{eq}：

$$L'_{eq} = \sqrt{((N^*_{int} - N_g)^2 + (M^*_{int} - M_g)^2)} \qquad （式2）$$

（6）构件承载力冗余系数即可采用如下公式得到：

$$\rho = \frac{L'_{eq}}{L_{eq}} \qquad （式3）$$

值得说明的是，当仅考虑单向地震作用且构件为对称截面、对称配筋时，上述方法中设计地震效应可采用绝对值，且仅需在正弯矩象限内进行；而当构件受力为空间受力（即轴力＋双向弯矩作用）或是构件正截面轴力—弯矩相关曲线不具有对称性（即构件截面不对称或不对称配筋时），在求解放大地震效应的等效长度指标时须采用内力放大线与截面承载力曲面的空间交点予以确定。

总体来看，构件正截面承载力冗余分析方法的关键是构件正截面承载力空间曲面的求解及地震效应的等效长度指标的确定。

（二）基于弹塑性分析的结构抗震性能评价方法

目前在工程实践中应用较多的弹塑性分析方法主要有静力弹塑性分析（Nonlinear Static Analysis）和动力弹塑性分析（Nonlinear Dynamic Analysis）两类。

静力弹塑性分析能提供结构在侧向力作用下的能力或性能数据，符合当前正在研究发展的基于性能抗震设计的需要，因此该方法在近年得到普遍重视和广泛研究。目前，国内外对于静力推覆分析研究的重点主要包括结构构件模型的计算假定、水平加载方式的改进、目标位移的确定、结构破坏准则的确定、与真实动力荷载作用的差别等。

结构弹塑性时程分析方法是直接动力计算方法，可以同时考虑地面震动的主要特性（主要是幅值、频率、持时三要素）以及结构的动力弹塑性特性，被认为是到目前为止进行抗震变形验算和震害分析最为精确、可靠的方法。通过动力弹塑性分析，可以研究构件屈服次序和结构的破坏过程，便于设计者对结构在大震下的性能进行直观评价。动力弹塑性分析的三个关键问题是分析模型、地震波的选择以及时域积分算法。

（三）FEMA P-58 新一代建筑抗震性能评估 [34]

1. 性能指标与评估方法

FEMA P-58 引入五个性能指标来评价建筑结构因地震引起的损失及后果：伤亡人数、修缮费用、修复耗时、环境影响、危险警示。其中维修成本、维修时间、人员伤亡、危险性是性能评估计算工具的直接输出，而伤亡率、可修复性和环境影响则是通过对输出数据的后处理得到的。由地震引起的特定规模损失的概率统计分布由性能函数表示（图5），其中横坐标表示地震影响的程度，纵坐标表示该影响的累计概率。地震损失概率按下式确定：

$$地震损失概率 = \iiint \{PM/DS\}\{DS/EDP\}\{EDP/I\}\,\mathrm{d}z \qquad （式4）$$

式中：PM 表示性能指标（Performance Measure），如对应于某一损伤状态（DS）的修复造价等；EDP 表示工程需求参数（Engineering Demand Parameter），如对于某一地震动强度（I）。

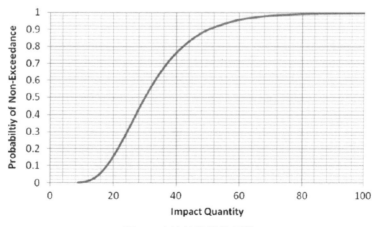

图5　建筑结构性能函数

FEMA P-58 采用的建筑抗震性能评估包括三种类型：基于地震强度的性能评估、基于地震场景的性能评估和基于时间的性能评估。基于地震强度的性能评估用来评价在特定地震动强度下建筑的抗震性能；基于地震场景的性能评估用于评价某个场地的建筑在特定地点、特定强度的地震作用下的抗震性能，它用来评价当历史地震再次发生或者预测的未来某个地震发生时建筑结构的抗震性能；基于时间的性能评估通过考虑一定时期内可能发生的地震及其概率来评价建筑在该时期内可能的抗震性能，它考虑了未来地震的大小与发生位置的不确定性，也考虑了这些地震引起的地面运动强度。三种评估类型拟解决的问题详细列于表 6 。

三种评估类型拟解决的问题 表 6

评估类型	拟解决问题 1	拟解决问题 2
基于地震强度的性能评估	如果某一房屋遭遇相当于其设计地震强度的地震，所需要的平均修复费用为多少？修复费用超过某一值（如 100 万元）的概率是多少？	如果某一房屋遭遇相当于其罕遇烈度地震强度的地震，平均而言，需要多长时间修复？
基于地震场景的性能评估	如果距离某一房屋 x km 处发生 M 级地震，该房屋所需的平均修复费用为多少？修复费用超过某一值（如 100 万元）的概率为多少？	若某断层发生 M 级地震，位于某地的某一建筑受损，死亡人数超过 y 人的概率为多少？
基于时间的性能评估	位于某市某一地点的房屋，其每年因为地震破坏所需花费的平均修复费用为多少？修复费用超过某一数值的年超越概率为多少？	某一办公大楼，在未来 30 年内，因地震而需停工超过一个月的概率为多少？

2. 评估过程

FEMA P-58 中实现性能评估过程包括五个步骤：① 集成建筑物性能模型；② 定义地震危险性；③ 分析结构响应；④ 分析结构倒塌易损性；⑤ 性能计算。各个步骤之间关系如图 6 所示。

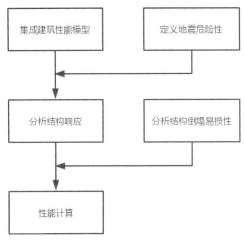

图 6 性能评估方法流程图

76

四、复杂高层建筑结构抗震设计与性能评估方法发展展望

目前，复杂高层建筑结构抗震设计方法仍需在以下方面开展深入研究：

（1）精确地考虑结构弹塑性损伤对结构抗震性能的影响，从而更加有效地实现对结构破坏模式的控制。

（2）对复杂高层建筑进行连续倒塌研究，避免局部破坏引起的整体结构的倒塌。

（3）基于全寿命周期的复杂高层建筑结构抗震性能化设计方法，即在保证结构正常服役性能的前提下，以全寿命周期内总成本最小为目标对复杂高层建筑结构进行基于性能的抗震设计。

（4）适用于复杂高层建筑结构的新材料、新体系及相应的设计理论与方法研究。

复杂高层建筑结构抗震性能评估方法未来需要从以下方面进一步开展研究：

（1）建立合理的复杂高层建筑结构抗震性能评价指标和体系，重视非结构构件和设施等破坏造成的损伤，尽可能量化各项评价指标。

（2）BIM 技术与抗震性能评估的有效结合，BIM 完善的建筑信息可以有效地提高地震损失评估准确性。

参考文献

［1］徐培福，傅学怡，王翠坤，肖从真. 复杂高层建筑结构设计［M］. 北京：中国建筑工业出版社，2005.

［2］吕西林，程明. 超高层建筑结构体系的新发展［J］. 结构工程师，2008（2）：99-106.

［3］徐培福，王翠坤，肖从真. 中国高层建筑结构发展与展望［J］. 建筑结构，2009，39（9）：28-32.

［4］马千里. 钢筋混凝土框架结构基于能量抗震设计方法研究［D］. 清华大学，2009.

［5］王森，孙仁范，韦承基，魏琏. 建筑结构抗震性能设计方法研讨［J］. 建筑结构，2014，378（6）：18-22.

［6］魏琏，王森. 中国建筑结构抗震设计方法发展及若干问题分析［J］. 建筑结构，2017，445（1）：1-9.

［7］王亚勇，戴国莹.《建筑抗震设计规范》的发展沿革和最新修订［J］. 建筑结构学报，2010，31（6）：7-16.

［8］罗开海，黄世敏.《建筑抗震设计规范》发展历程及展望［J］. 工程建设标准化，2015，200（7）：73-78.

［9］工业与民用建筑抗震设计规范：TJ 11—74.

［10］工业与民用建筑抗震设计规范：TJ 11—78.

［11］建筑抗震设计规范：GBJ 11—89.

［12］建筑抗震设计规范：GB 50011—2001.

［13］建筑抗震设计规范：GB 50011—2010.

［14］徐培福，戴国莹. 超限高层建筑结构基于性能抗震设计的研究［J］. 土木工程学报，2005（1）：1-10.

［15］ATC40 Seismic Evaluation and Retrofit of Concrete Buildings[R]. Applied Technology Council. 1996.

［16］FEMA 273 NEHRP Guidelines for seismic Rehabilitation of buildings[R]. Federal Emergency Management Agency. 1997.

［17］SEAOC Vision 2000 a Framework for Performance based Engineering[R]. Structural Engineering Association of California. 1995.

［18］BSSC (1998) NEHRP Recommended provisions for seismic regulation of new buildings and other structures[R]. Report NO：FEMA302, Washington, D.C.

［19］FEMA 368 (2000) NEHRP Recommended provisions for Seismic Regulations for New Buildings and Other Structures[R]. Federal Emergency Management Agency, Washington, D.C.

［20］FEMA 355 (2000) State of the art report on connection performance[R]. Federal Emergency Management Agency, Washington, D.C.

［21］FEMA 356 (2000) Prestandard and commentary for the seismic rehabilitation for buildings[R]. Federal Emergency Management Agency, Washington, D.C.

［22］ICC (2003) Performance Code for Buildings and Facilities, International code council, 2003.

［23］白绍良译. 钢筋混凝土建筑结构基于位移的抗震设计［R］. 国际结构混凝土联合会（FIB）（原欧洲混凝土学会 CEB）综合报告，2003.

［24］罗开海. 建筑抗震设防思想发展动态及展望［J］. 工程抗震与加固改造，2017，39（S1）：99-105.

［25］罗开海. 建筑抗震设防标准和性能设计方法研究：中美欧抗震设计规范比较分析［D］. 中国建筑科学研究院，2005.

［26］魏琏，王森，王志远，周清晓. 静力弹塑性分析方法的修正及其在抗震设计中的应用［J］. 建筑结构，2006（8）：97-102.

［27］王森，魏琏，孙仁范，刘跃伟. 动力弹塑性分析在建筑抗震设计中应用的若干问题［J］. 建筑结构，2014，378（6）：14-17.

［28］魏琏，韦承基，王森. 高层建筑结构抗震设计中的剪重比问题［J］. 建筑结构，2014，378（6）：10-13.

［29］侯晓武，金新阳，杨志勇. 高层建筑结构性能化设计中存在的问题和解决方案［J］. 建筑结构，2017，47（S2）：1-5.

［30］侯晓武，王莹，杨志勇. 弹塑性分析确定连梁刚度折减系数方法的应用［J］. 建筑结构，2018，477（9）：28-33＋27.

［31］肖从真，邓飞. 框架 - 核心筒结构连梁抗弯刚度折减系数取值方法研究［J］. 建筑结构学报，2018，39（10）：164-173.

［32］肖从真，李建辉，陈才华等. 基于预设屈服模式的复杂结构抗震计方法［J］. 建筑结构学

报，2019，40（3）：92-99.

［33］徐自国. 高层建筑钢筋混凝土框架-核心筒结构楼层层高变化对结构抗震性能的影响研究［D］. 中国建筑科学研究院，2013.

［34］FEMA P-58 (2018) Seisimic Performance Assesssment of Buildings[R]. Federal Emergency Management Agency, Washington, D.C.

大跨度建筑结构创新发展与思考

宋 涛 刘 枫 唐 意

（中国建筑科学研究院有限公司）

大跨度建筑是城市和社会生活的重要汇聚场所，是实现城市功能不可或缺的载体。现存最早、最著名的大跨度建筑是兴建于公元前 27 年的罗马万神殿拱券顶盖，它是人们聚会敬天的建筑。现代大跨度建筑在社会和城市生活各方面扮演着重要作用，如人民大会堂之于议政、国家大剧院之于文化、奥运场馆之于体育健身、机场和火车站之于交通等。随着人们对城市宜居性和韧性功能的要求不断提高，大跨度建筑结构也在创新中不断发展。

一、我国大跨度建筑结构现状

（一）市场与技术良性互动

大跨度结构是土木工程门类中最有可能实现现代工业化生产条件的分支之一，其中以网架为代表的网格结构更是从一开始就以工业化分工生产为目标进行发展。我国大跨度结构以大面积工程应用与规模化市场为依托，基础性理论和应用性技术研究均非常活跃，已达到国际先进水平，某些方面有所领先。大跨度结构应用领域不断扩大，形式日趋多样化，新体系创新、新材料应用得到很大发展。设计、制造与施工安装技术不断改进，形成设计精细化、生产工业化、施工安装专业化的格局。近年大跨度结构以企业为主体，还陆续走出国门，参与世界范围的市场竞争。

得益于多年来技术和生产能力的积累，我国大跨度结构不但在平时能满足人们对公共建筑日常功能的要求，在发生地震等自然灾害、疫情等突发公共安全事件时，有能力快速建设或改装成特殊用途的生命拯救工程。在 2008 年汶川地震和 2020 年新冠疫情等灾难面前，大跨度建筑结构在灾后重建和疫情防控阻击战中均发挥了重要作用。

（二）全链条均衡发展

经过产、学、研、用各环节多年的相互促进和共同发展，我国在大跨度结构的理论研究、设计、制造、施工、运维、改造等全链条均具有很强的自主研究和应用能力。20 世纪五六十年代起我国空间结构界就开始自主研究焊接球网架，从国外引进螺栓球网架，结合工程应用陆续研究了网架、网壳、折板、薄壳、悬索、膜结构、管桁架等多种大跨度结构体系，至今仍在推陈出新。在国内目前约六百家教授土木工程的高校中，相当一部分开设有大跨度结构方面的课程，为行业持续不断地输送后备人才。相关的科研院所、高校、设计院以市场为导向，在大跨度结构体系开发、分析理论、关键技术研究方面引领着行业的进步。近年以企业为主体的应用技术研究和智能化制造也相当活跃。

全链条发展均衡、无明显弱项，这一方面使我们能够合理配置各环节的生产要素，提高质量和效率，另一方面使产业链具有相当强的内生韧性，能够抵御国际上政策波动和突发事件对国内生产的消极作用。在当前单边主义和逆全球化杂音不断的国际背景下，保持大跨度结构产业链条自主可控尤其具有现实意义。

（三）技术标准体系初步建立

我国一直很重视大跨度空间结构技术标准体系的规划和建设。技术标准既是对现有技术水平的总结，同时又对本领域的技术进步起着重要的引领作用。从 20 世纪六七十年代至今，针对不同大跨度结构形式和关键性技术问题，我国陆续制订了《空间网格结构技术规程》《钢网架螺栓球节点用高强度螺栓》《索结构技术规程》《钢筋混凝土薄壳结构设计规程》《膜结构技术规程》《开合屋盖结构技术标准》《屋盖结构风荷载标准》《铝合金空间网格结构技术规程》等一系列的工程标准和《钢网架螺栓球节点》《钢网架焊接空心球节点》等若干产品标准，多地也根据具体情况制订了一些地方标准。这些标准随着研究的深入和经验的积累不断地修订。与大跨度结构关系密切的《铸钢节点应用技术规程》《铸钢结构技术规程》等标准也已陆续制订。这使我国初步建立了比较系统的大跨度空间结构技术标准体系，在世界上处于领先地位。

二、大跨度建筑结构前沿问题

（一）大跨度结构体系创新

大跨度结构体系创新的目的是在材料利用效率、经济性、功能性、美学价值之间追求和谐统一，创新往往伴随着新材料的应用，而且与建筑形式的创新紧密相关。新型大跨度结构体系的研究与应用取得了很好的成效，除传统的网架、网壳结构外，曲线型立体桁架、开合结构、张弦结构、膜结构、索网及单索幕墙结构、斜拉或悬索网格组合结构等方面均取得了较大的进展。近年建成的代表性工程有采用张弦结构的上海浦东机场、北京奥运会国家体育馆，索膜结构的上海世博会世博轴、北京冬奥会速滑馆，开合式屋盖的上海旗忠网球中心、北京国家网球中心等。尤其值得一提的是，人称"天眼"的 500m 口径球面大射电望远镜 FAST 采用了大跨度结构技术，其自主创新的主动式反射面采用了索网结构，索网上支承了 4600 多个反射面单元，总面积达到 20 多万平方米。每个单元采用的背架结构是专门开发的、小型化了的铝合金螺栓球节点网架，同时满足了轻量化、耐腐蚀、高精度、小变形的要求，通过重新认识，老结构体系焕发了新的生命力。

（二）抗风、抗震与结构安全

大跨度结构安全一直是工程界最重视的问题，至今仍在不断投入力量研究。大跨度结构体系安全包括强度、刚度、稳定性、冗余度等诸多方面，涉及一系列的基础理论、计算分析方法、构造措施、质量管理、试验检验技术等，已经有了大量的研究成果和技术积累。大跨度结构抗风、抗震专题尤其得到众多关注。

在抗风方面，风荷载很多情况下都是大跨结构的控制荷载。但大跨结构的表面风压非常特殊，且其结构振型密集、受风节点众多，导致风致振动也非常复杂，这些因素给大跨结构的抗风分析造成很大困难。以前大跨度结构的抗风设计是在静风荷载上乘以调整系数施加到结构上，在结构复杂时这样做并不能得到准确的风效应。基于上述问题，根据大量风洞测压试验研究的成果，总结了典型大跨结构的风压分布特征，提出了高效进行风振计算的广义坐标合成法，研究了基于响应时程的等效静风荷载分析方法，探索了直接用风荷载效应包络值进行抗风设计的新思路。

在抗震方面，基于近年来超长、复杂大跨度空间结构工程的迫切需要，对抗震理论进行了深入研究，总结出科学可行的分析设计方法。研究了地震动传播过程中的时滞效应对大跨度结构产生的影响，提出了适用于建筑结构的多维多点地震输入时程分析方法，解决了长度超300m的大跨度建筑结构抗震设计难题，同时开展了多点反应谱法的研究工作，探索建立实用的多维多点反应谱法分析公式。在研究工作基础上，国内率先在单体长750m的首都机场T3航站楼设计中对多维多点地震反应分析进行了工程实践，随后又在多个大跨度结构项目中进行了多维多点地震反应研究，形成了较成熟的分析设计方法，这一成果已经纳入《建筑抗震设计规范》。随着对大跨度结构减隔震和性能化设计的新需求，开展了减隔震机理、性能化目标及计算方法等一系列研究，构建了大跨度屋盖结构隔震体系，应用于全球最大隔震建筑——昆明机场航站楼。

（三）智能化制造安装技术

自2008年北京奥运会以后，以体育场馆、机场车站、剧院、会展设施为代表的大跨度建筑结构迎来又一波建设高潮。大跨度结构体系形式更加多样化，单体体量不断扩大，结构形态越来越复杂，制造安装技术难度越来越大。以前建立在经验基础上的粗放式土木工程生产模式已经不能适应新型大跨度结构的建设要求，必须从新工业革命的角度思考，转变为现代化制造业生产方式，研究以数字化为基础的大跨度结构智能化制造安装技术。

在大跨度结构设计、制造、安装、运维全链条上，运用建筑信息模型（BIM）技术，材料、产品与节点都按标准化、部品化、专业化要求建立数据模型，对全过程实现信息管理，在提高效率的同时提升质量，从而达到安全、经济、合理的目标。将人工智能、云计算等当下前沿的研究方向与大跨度结构的智能化制造安装、健康监测等相结合，提高智能化水平，解放人力并减少人工操作失误的风险。

（四）规划走出去战略

在"一带一路"倡议的引领下，我国大跨度结构以企业为主体逐渐走出去参与国际市场的竞争。如参与制造沙特吉达机场屋盖结构、麦加轻轨车站、美国拉斯维加斯豪客摩天轮结构，参与设计卡塔尔世界杯鲁塞尔体育场等。相比于国内的大跨度结构市场规模和技术实力，我们参与的国际项目数量很少，与我国空间结构大国的地位极不相称。这其中有以下几个问题值得思考：（1）对国际项目管理和实施模式有一个了解和适应过程，国内企业参与的大跨度结构项目大多是作为外方的局部分包商进入的，还缺乏整体打包承接项目的经验。（2）技术标准缺乏互认机制以及政策性技术壁垒的存在，使我们往往不能直接采用熟悉的国内标准，而需要去适应国外标准的要求，造成了要走一些弯路。（3）缺乏产业的国际布局，现在的模式还是在国内生产、运输过去再安装，这就带来了时间损失和效率低下。以后应该规划在国外就近具有生产能力，才能更好地布局国际市场。

（五）既有大跨度结构的评估及改造利用

我国有大量老旧大跨度建筑的存量资产，对它们的合理改造利用对节约社会资源有重要意义。建于20世纪50年代的北京火车站屋盖薄壳结构至今仍在发挥作用。20世纪八九十年代我国体育场馆建设达到了一个高潮，这些场馆服役至今已近40多年，有延寿使用需求。按当时条件进行的建设往往不能达到现行技术标准的要求。同时从建设节约型社会与环境保护要求出发，在大跨度结构完成其使命后仍面临长时间的利用问题，如奥运会场馆的赛后利用问题。针对上述问题，我国已陆续开展了既有大跨度公共建筑的可持续利用研究，结构性能评估与加固技术等研究工作。同时，考虑到大跨度结构建设、使用过程受各种自然和人为因素的影响，开展了大跨度结构的健康监测技术研究，以便对安全不利条件提前作出预警，并及时作出应对，实现健康服役。目前大跨度结构的健康监测在北京奥运会国家体育场鸟巢、北京冬奥会国家速滑馆、杭州东站等重大项目中应用，但要想在大跨度结构中普遍推广还需要解决技术、成本等方面的问题。

三、大跨度建筑结构发展展望

（一）原创理念及核心技术

要加强大跨度结构体系自主创新能力建设，为建筑设计提供更多、更好的创意，打破目前国内有影响的大跨度建筑大多由国外提出创意的局面，把原创性概念和核心技术把握在自己手里。大跨度结构创新可以从以下几方面着手：（1）从传统文化中汲取营养，借鉴国际上先进的理念，活跃创意思路。（2）开发创意设计工具软件，丰富作品的数字化表现形式。（3）密切注意工程、材料学科的前沿进展，加强建筑和结构的合作与配合。

（二）安全和质量

大跨度结构在向更大尺寸、更复杂形态发展的过程中，安全和质量始终是第一位的，对设计理论、分析方法、制造安装质量提出了更高的要求。针对结构体系的合理性问题，需要研究形态优化理论和实现方法；结构层面形状的传力效率总是高于构件层面材料的抗力效率，应对此进行很好的利用。针对结构抗风、抗震、防连续倒塌等具体安全性问题，应继续加强大跨度结构的风荷载特点、风致振动、流固耦合等课题研究，建立模型试验与计算分析手段结合的设计分析方法，对围护结构风荷载和抗风揭安全性的研究也要高度重视。要开展大跨度结构的抗震性能化设计研究，加强减隔震技术研究，开展超大跨度、超长结构的多维多点分析方法的研究，提高大跨度空间结构的抗震性能与防灾减灾能力。要研究大跨度结构在遭遇偶然作用时的防连续倒塌机理，提高结构可靠性，使大跨度建筑发挥应急避难场所作用。在质量控制方面，需改变以前仅关注施工质量的局面，在全生产链条进行质量控制，打破前后的条状关系，将设计、制造、安装环节围绕质量形成环状关系，协调影响成本、质量、效率的各种因素。

（三）数字技术与生产结合

我国发展数字经济具有后发优势，大跨度结构领域在跨越数字鸿沟中受益良多。大型体育场馆、机场、高铁站等重大项目的规划、设计、制造已经基本都在或至少局部环节在数字模型平台上安排生产。未来应在所有项目中推广全链条的数字化模型，贯穿规划、设计、制造安装、检验、运维、改造、拆除等环节，并考虑避难和应急建设的调度管理。进一步将建筑信息模型技术与制造业数字孪生技术结合，建立大跨度建筑结构统一的数字模型，广泛用于生产、优化、运维、预测等各方面。

（四）行业的全球化布局

我国大跨度空间结构界有一个共识：要从空间结构大国向空间结构强国迈进。这就必须要走出去，积极参与国际市场竞争，扎实进行行业的全球化布局。要利用好国内、国际两个市场、两种资源，加强国际学术交往、技术融合，开展技术标准互认、逐步消化政策性和技术性贸易壁垒。要学会利用国外的材料、技术、人才、生产线，推动生产要素和规则的互联互通，进行项目和先进生产能力的当地化布局，打造中国制造的品牌。

（五）既有大跨度结构改造和特殊用途体系研究

目前对既有大跨度建筑结构的评估和改造处于就事论事的散发状态，尚未总结形成系统的理论和技术，不足之处也正是未来的研究方向。对于需延寿利用、使用功能改变、出现安全隐患等情形，需从服役历史评估、预期使用要求方面研究相应的理论、原则、操作规范、技术要点。除了永久性结构，还有一类临时性的大跨度结构类型，在体育赛事、灾害安置救援、疫情防控等情况下能发挥重要作用。这类结构要求快速装拆、模块化生产、可灵活组合，国内在这方面的技术储备还比较欠缺，需加强研究。

综上所述，我国大跨度结构行业在人才资源、市场规模、创新能力、生产基础等方面均有自身的优势，未来立足国内、放眼世界，在基础理论、应用技术研究引领下，期待厚积薄发，逐步迈进大跨度空间结构强国之列。

参考文献

［1］国务院办公厅关于促进建筑业持续健康发展的意见. 国办发〔2017〕19 号.

［2］王俊，宋涛，赵基达等. 中国空间结构的创新与实践［J］. 建筑科学，2018，34（9）：1-11.

［3］蓝天. 中国空间结构 60 年［J］. 建筑结构，2009，39（9）：25-27.

［4］董石麟，罗尧治，赵阳. 新型空间结构分析、设计与施工［M］. 北京：人民交通出版社，2006.

［5］赵基达，蓝天. 空间网格结构技术规程的编制及其重点内容［J］. 建筑结构，2009，39（S1）：11-15.

第一次全国自然灾害综合风险普查中
房屋调查技术导则的研编

王翠坤 史铁花 朱立新 程小燕 张 谦 周硕文

黄 颖 张立峰 魏志栋 杨 光 毋剑平

（中国建筑科学研究院有限公司 建筑安全与环境国家重点实验室）

　　"第一次全国自然灾害综合风险普查"是习总书记2018年10月10日在中央财经委员会第三次会议上提出的大力提高我国自然灾害防治能力九大工程的第一项大工程，主要任务是摸清全国灾害风险隐患底数，查明重点区域抗灾能力，客观认识全国和各地区灾害综合风险水平，为中央和地方各级人民政府有效开展自然灾害防治和应急管理工作、切实保障社会经济可持续发展提供权威的灾害风险信息和科学决策依据。该项工作从国办发〔2020〕12号"第一次全国自然灾害综合风险普查的通知"开始正式启动，其中作为重要承灾体的全国房屋建筑需进行相关信息调查，以掌握翔实准确的全国房屋建筑的空间分布、数量及属性特征，建立房屋调查成果地理信息系统数据库，为防灾减灾等工作提供基础数据和科学决策依据，本文即解决房屋调查时调查技术标准的研编问题。

一、相关背景

　　近年来，全球进入地震活跃期，我国地处世界两大地震带——环太平洋地震带与欧亚地震带之间，地震活动频度高、强度大、震源浅、分布广，整体地震灾害形势更为严峻，继2008年汶川地震后，我国虽已开始重视房屋防灾减灾能力，但在随后的雅安地震、玉树地震等多次严重破坏性地震发生后，还是出现了相当程度的人员伤亡和经济损失，目前我国经济高速发展水平与部分房屋的防灾减灾能力存在明显不协调，提升房屋建筑的防灾减灾能力刻不容缓。2018年10月10日，习近平总书记主持召开中央财经委员会第三次会议，对提高自然灾害防治能力进行专门部署，针对关键领域和薄弱环节，明确提出要推动建设九项重点工程，其中第一项就是"灾害风险调查和重点隐患排查工程"。自然灾害综合风险普查是一项重大的国情国力调查，是提升自然灾害防治能力的基础性工作，地震灾害风险更是重中之重。按照党中央、国务院决策部署，为全面掌握我国自然灾害风险隐患情况，提升自然灾害综合防治能力，定于2020年至2022年开展第一次全国自然灾害综合风险普查。

房屋建筑调查是第一次全国自然灾害综合风险普查中的重要组成部分，摸清我国房屋底数及抗震设防总体情况是降低地震灾害风险的先决条件，只有在充分掌握我国房屋现状的前提下才能精准施策，有效提高我国防震减灾水平，解决我国部分房屋的防灾减灾能力薄弱与我国经济高速发展水平不协调的矛盾。第一次全国自然灾害综合风险普查由应急部牵头负责，住房和城乡建筑部负责房屋建筑和市政设施的普查任务的技术支撑。中国建筑科学研究院有限公司作为住房和城乡建筑部房屋建筑调查的技术支撑单位，负责了本次房屋建筑普查工作的技术导则的研编工作。

二、研编房屋建筑调查技术导则

（一）国内外相关资料调研

1. 国内相关资料

目前我国还没有覆盖全国范围房屋属性信息的调查，以往有关房屋信息调查的资料有：部分地区震后对房屋灾后情况或抗震能力进行的抽查，如"江油地区汶川震害房屋调查与分析"[1]、"延边地区城镇房屋抗震性能调查与设计"[2]等；一些城市对家庭住房消费情况进行的调查，这与房屋建筑灾害信息差距较远；地籍方面的调查，涉及房屋权属问题，房屋建筑面积情况，但数据保密难以获取；相关调查标准有中华人民共和国国土资源部《地籍调查规程》TD/T 1001—2012[3]。

2. 国外相关资料

国外未发现有针对房屋抗震设防情况方面的调查，相近的有关于房屋建筑存量、权属、房屋交易市场、房屋质量、住房条件、家庭组成、收入等方面的调查，主要在美国[4]、英国、日本[5]、韩国、法国、荷兰、澳大利亚等国开展。以美国的相关调查为例，美国住房调查（American Housing Survey for the United States，AHC）由美国住房与城市发展部和美国统计局联合开展，始于1973年，全面调查2年一次，重点大都市地区深入调查6年一次，重点调查全国住房实体质量情况；美国另有针对低收入者获得存量住房问题的市场房屋调查，由国家低收入联盟组织；哈佛大学联合住房研究中心有针对房地产市场运行方面的调查。这些调查的目的和内容均与本次全国自然灾害综合风险普查中房屋建筑的调查有较大差距。

（二）研编房屋调查技术导则

房屋建筑调查技术导则，国内外均无类似标准，建筑结构领域尚无调查类标准，故需考虑多种因素进行编制，为第一次全国自然灾害综合风险普查中的房屋承灾体调查提供技术支撑，用于指导地方各级政府相关部门开展房屋属性信息调查。

首先要解决标准架构问题。导则需涵盖房屋调查所涉及的所有问题。经过多次讨论和分析，最后确定为总则、规范性引用文件、术语、基本规定、组织实施、调查内容以及相关附录等几部分内容。总则明确导则编制的目的、使用范围及主要内容，术语定义了新生名词或专有名词的含义，基本规定明确了调查目标、责任主体与分工、调查对象、人员要求、成果要求等，组织实施规定了调查流程及保障措施，调查内容涵盖了本次房屋调查的所有相关内容，并制定了相应调查表。

1. 明确调查目标与任务

调查目标即按照统一标准，在含有全国城镇房屋建筑空间位置和面矢量数据的工作底图上，通过软件系统（电脑端或移动端）填报全国城镇房屋承灾体灾害属性信息和空间信息，建立互联共享的覆盖全国各类房屋建筑调查成果的地理信息系统数据库。

主要任务包括明确调查内容，建立调查工作机制，组建专业技术团队，明确各部门职责和任务，实现房屋建筑调查数据采集、审核汇总等。

2. 人员要求

因房屋调查在我国尚属首次，故参与房屋建筑调查工作的所有人员，均需参加相关培训。调查和审核人员经培训合格后，方能开展调查工作。

房屋调查优先由专业队伍实施。房屋建筑调查数据质量的审核由专业技术队伍实施。

调查及数据质量审核机构和从业人员应真实、准确、完整地填报或审核调查数据，不得伪造、篡改调查资料，不得以任何方式要求任何单位和个人提供虚假的资料。调查资料与成果，应按照国家有关规定保存，任何单位和个人不得对外提供、泄露，不得用于全国自然灾害综合风险普查以外的目的。

3. 调查对象与工作机制

调查对象为中华人民共和国境内（不含港、澳、台）地上所有现存各类房屋的属性信息和抗震设防基本信息以及使用状况等，明确调查时点为2020年12月31日。

调查工作机制非常重要，是调查能否顺利实施的关键。根据调查工作责任主体与行业职责分工，参与调查的行政单位从上到下分为国家级、省级、地市级和县级四级，各级政府都需成立第一次自然灾害风险普查办公室，在各级工作流程中分别负责相关工作。国家层面由住建部负责调查实施方案和技术导则编制、软件系统建设、对各地的技术支持和指导、调查数据质量审核等工作，汇总形成全国房屋建筑调查成果并按要求向国务院普查办汇交。省级相关责任部门作为落实本地区房屋承灾体调查工作的责任主体，按照国家统一编制的《第一次全国自然灾害综合风险普查总体方案》《第一次全国自然灾害综合风险普查实施方案》，结合本地区实际，编制调查总体方案和实施细则；组织开展本地区房屋调查工作；负责本地区调查数据成果审核汇集，形成省级房屋建筑承灾体调查成果。地市级相关部门单位依据国家和省级实施方案要求，编制本地区房屋调查任务落实方案；组织和指导县（区）级人民政府具体实施调查；负责地市级调查数据成果审核汇集，形成地市级房屋建筑承灾体调查成果。县（区）级相关部门负责落实本行政区域内具体调查工作，负责本行政区内调查数据采集上报。街道（镇）基层政府为普查工作的依托单位，可承担或协助开展普查工作。

4. 调查成果

包括数据成果和图件成果。其中数据成果是建立互联共享的覆盖全国的集房屋建筑各种要素信息为一体，反映房屋数量、属性与设防水平及空间分布的调查成果地理信息系统数据库。图件成果是全国房屋建筑承灾体分布图。

5. 房屋建筑调查

（1）房屋建筑调查内容

调查时将房屋按照土地性质划分为城镇房屋和农村房屋。

考虑到后续防灾减灾执行问题，将城镇房屋又分为住宅类和非住宅两大类。房屋的信息很多，如何从众多信息中确定需调查的信息也是编制组需思考的问题。经过反复筛选和论证，最后从评估房屋抗震设防情况的角度确定了调查内容，主要调查基本信息、建筑信息、使用情况以及房屋抗震设防基本信息等。其中基本信息包括建筑名称、小区名称（单位名称）、建筑地址、户数（仅住宅）、单位名称（仅非住宅）、产权单位、户数（仅住宅）、是否进行产权登记等；建筑信息包括建筑层数（地上、地下分别统计）、建筑面积、建筑高度、建造时间、结构类型、房屋用途分类、是否采用减隔震、是否为保护性建筑等；使用情况则包括是否进行过改造、改造时间、是否进行过抗震加固、抗震加固时间，以及房屋有无明显可见的裂缝、变形、倾斜等缺陷。房屋建筑的抗震设防基本信息包括房屋建造时原设防烈度、原设防类别、现设防烈度、现设防类别以及与房屋建造时相比的变化情况。各调查内容的具体定义在以往相关规范[6-9]以及根据此次普查特点配套编制的技术导则与教材中各有说明。值得留意的是，房屋的基本信息和部分建筑信息属于一般调查信息，可由非结构专业但经过相关培训的一般从业人员填写，而房屋的使用情况，尤其裂缝、变形等损伤情况的判别，结构类型的判断等属于专业调查信息，最好由结构专业人员填写，或在后期自查过程中重点核准，此部分也是抽查审核的关键。

同理，农村房屋调查也分为住宅类和非住宅类，内容也经过多次讨论和研究，最终确定包括基本信息、建筑信息、抗震设防信息和使用情况四部分。住宅分为独立住宅、集合住宅和住宅辅助用房，非住宅类主要为公共服务建筑、商业建筑、工业仓储建筑等。调查原则上以独立的一栋房屋为单位，当为连片建造的住房但属于不同农户，且有明显分界时，应分别填写，并在底图上标出。基本信息包括地址和户主姓名、身份证号、常住人口数、产权单位（非住宅），建筑信息包括建设概况、建筑层数、建筑高度、建筑面积、建成时间、结构类型、设计方式、建造方式、安全鉴定情况等信息。抗震设防信息与使用情况的调查与城镇房屋的类似。

（2）房屋建筑调查流程及技术要求

工作进程分为三个阶段，分别为调查准备、数据调查、数据汇交和数据质量审核。

1）调查准备阶段

各级政府主管部门需成立不同层级、对应分工的工作组，开展前期准备的各项工作。国家层面组织编制相关技术指导文件，组织技术培训。省级按照国家级方案的相关要求，结合本地区实际，统筹考虑地市级、县级各项普查任务，编制本地区调查方案和实施细则。市县级组织制定市县级实施方案，细化工作计划，预估调查工作量，落实技术队伍和专家团队，进行调查人员调配、组织，并开展培训。街道（镇）政府负责调查工作的实施或协助开展调查工作。基层调查人员准备阶段应完成房屋建筑调查相关培训，明确调查范围、调查内容、调查进度。调查区域的划分坚持地域原则，做到不重不漏，完整覆盖所有调查范围，保证调查成果完整、准确。

2）基础数据收集和调查阶段

包括内业收集数据、现场调查核实补充数据以及现场调查后整理和自查数据等步骤。先通过各种途径（如房屋主管部门、产权单位、物业公司等）获取建筑基本信息，在含有全国房屋建筑空间位置和面矢量数据的工作底图上，通过软件系统内业填报基础数据，再外业现场核对及采集缺失信息，最后内业整理完成填报与自检并上传。外业信息采集时，利用调查软件移动端现场采集房屋建筑信息。具体流程为：首先，核对建筑位置和范围。提供的底图只标绘投影面积大于 $20m^2$ 的房屋建筑轮廓，对于投影面积小于 $20m^2$ 的房屋建筑以及连片建筑，要在已有底图上进行改动（绘制或拆分）；底图未标绘但实际存在的房屋建筑，要现场绘制。其次，进行基本信息核实、修改、补充、完善、拍照，经确认无误后上传。影像资料应包含至少一张房屋建筑整体外观图片，如有裂缝、倾斜、变形等情况，应采集上传能反映相关情况的图片，每栋建筑上传的图片数量原则上不超过 4 张。现场调查的基础数据要准确、完整且格式符合调查要求，调查工作结束转往下一个调查对象前，调查人员应进行调查数据完整性及合规性自查。每个调查区域结束后，要利用内业软件在电脑端进行核查。对于存疑的数据资料，应二次现场调查进行核实，并将有误或缺项部分数据进行修改覆盖、补充。调查人员应当实事求是，恪守职业道德，拒绝、抵制调查工作中的违法行为。任何单位和个人不得伪造、篡改、对外提供或泄露调查资料或用于调查以外的目的。不得以任何方式要求任何单位和个人提供虚假的普查资料。

3）数据汇交和审核阶段

各级政府相关主导部门负责对本地区房屋建筑调查数据进行层层质量审核。国家层面的主导部门负责对各省上报的房屋调查数据进行质量审核。房屋建筑调查数据的质量审核，按照第一次全国自然灾害综合风险普查房屋建筑和市政设施普查数据汇交与质量审核相关规定进行。房屋建筑调查数据质量审核工作应由专业技术队伍进行，并应遵循避让原则，不得审核本机构或本人参与调查的数据。数据质量审核应覆盖内业基础数据和外业采集信息的所有内容，质量审核过程不覆盖原始数据，形成独立的质量审核成果。质量审核成果应同原始调查结果进行比对，如出现差异大于 10% 的情况，应责令整改，并在整改完成后，对该地区按之前 2 倍的抽样数量进行第二次抽样调查，直至比对结果符合要求为止。各级人民政府承担房屋调查任务的部门应在信息采集、数据质量审核、数据汇总等各环节实行全过程质量控制。上级部门对上报的调查数据，有质量核准的责任。

三、结论

第一次全国自然灾害综合风险普查之房屋建筑的调查在政府的统一部署下紧张有序地进行着，普查的依据就是课题组研编的《城镇房屋建筑调查技术导则》与《农村房屋建筑调查技术导则》。目前，北京房山和山东岚山的两个普查试点大会战已在 2020 年底结束，相关资料正在完善，调查导则在试点调查中起了举足轻重的作用，同时也根据试点地区的反馈对导则进行适时完善。

房屋抗震设防普查是涉及国计民生、千家万户安全的重点工作，通过调查摸清全国房屋灾害风险隐患底数，查明重点区域抗灾能力，客观认识全国范围内房屋抗震设防总体水平，为九大工程的落地实施及提高我国整体防灾减灾水平提供重要的科学的数据支撑和决策依据。

参考文献

［1］张继文，祁冰，夏树威. 江油地区汶川震害房屋调查与分析［J］. 河南科学，2009，27（12）：1579-1582.

［2］周伟军. 延边地区城镇房屋抗震性能调查与设计［D］. 吉林建筑大学，2014.

［3］中华人民共和国国土资源部. 地籍调查规程：TD/T 1001—2012［S］. 北京：中国标准出版社，2012.

［4］American Housing Survey for the United States: 2001.

［5］NKR 昭和 57 年総理府令第 41 号 -2013 统计法（昭和二十二年法律第十八号）住宅、土地统计调查规则.

［6］建筑抗震设计规范：GB 50011—2010（2016 年版）［S］. 北京：中国建筑工业出版社，2016.

［7］建筑工程抗震设防分类标准：GB 50223—2008［S］. 北京：中国建筑工业出版社，2008.

［8］民用建筑设计统一标准：GB 50352—2019［S］. 北京：中国建筑工业出版社，2019.

［9］建筑抗震鉴定标准：GB 50023—2009［S］. 北京：中国建筑工业出版社，2009.

室内空气净化和生物防控技术在公共卫生领域的应用和发展

张彦国 曹国庆 梁 磊 冯 昕

（中国建筑科学研究院有限公司 建筑安全与环境国家重点实验室）

空气净化技术始于 20 世纪中叶，其初衷是实现早期核工业设施的安全可靠运行以及安全排放，但 20 世纪下半叶电子及生物制药等技术领域的飞速发展，也带动了空气净化技术的飞速发展。如今，空气净化技术已是微电子、制药、医疗卫生、疫病防控以及航空航天等领域环境营造的关键核心技术，对于确保上述领域生产等各项活动的安全可靠进行，确保产品质量、生产人员职业健康以及周边环境安全具有重要意义。而始于 2019 年底，由中国率先报告、至今仍快速传播的新冠疫情（COVID-19）已导致全球超过 1 亿人被传染，超过 200 万人死亡，是一场前所未有的全球公共卫生危机。危机中，建筑领域应用的空气净化及生物防控技术获得了前所未有的广泛社会关注。

一、概述

我国对于空气净化技术的研究开始于 20 世纪 60 年代初。1965 年，我国第一台采用玻璃纤维滤材的高效空气过滤器由中国建筑科学研究院研发成功，标志着我国空气净化行业的开端。1974 年，我国自主知识产权的光散射式粒子计数器以及标准粒子研发成功，标志着我国空气净化技术在建筑领域成功应用的空气净化设备、环境测试技术以及相关仪器设备标定技术等关键环节得到系统解决，我国空气净化行业的整体技术蓝图初步建立。

进入 21 世纪以来，现代科学实验研究以及制造工业的发展对空气净化技术提出了新的要求，这主要体现在以下几个方面：

（1）以电子行业为代表的现代精密加工控制精度已经进入 5nm 以下的纳米尺度范围，空气净化设备的颗粒物净化效率评价尺度也降低至了 3nm，而另一方面，高等级洁净工艺环境中，所需控制的气载污染物也不再局限于颗粒物，分子态污染物的控制同样至关重要。

（2）20 世纪 70 年代至今爆发了多次烈性传染病疫情，如非洲埃博拉疫情、"SARS"疫情、"H1N1"流感疫情以及当前肆虐全球的新冠疫情，都以巨大的代价让我们了解到了常规建筑中的科学防控手段，以及病原微生物的科研保障条件及科研设施对于处理重大新发、突发疫情的关键作用。如何科学处理一般民用建筑中的微生物污染，如何让建筑本身不再成为疾病传播的载体，成为工程建设领域的一个重要议题。

（3）在科研设施方面，我国于20世纪90年代开始了高级别生物安全实验室的建设。"SARS"疫情期间，我国开始规模推进高级别生物安全设施建设以及相应的生物安全技术研究。十余年的努力成果在当前新冠疫情防控中发挥了巨大作用。病毒分离鉴定、特性研究、疫苗研发等多项工作得以高速有效开展，且至今没有报告任何实验室泄漏或因环境设施导致的人员感染事件，表明我国生物安全设施，尤其是高级别生物安全实验室的建设及运行经受住了科学考验。

（4）现代的生物疫苗生产工艺，往往涉及对高致病风险生物因子的大量繁殖培养，一旦处理不当，所引起的泄漏风险以及相应的社会与环境后果远非科研设施内的实验室泄漏所能比拟。如何确保这类高防护等级生物疫苗生产设施的科学建设、安全高效运行也成为工程建设领域的关注重点。

针对上述新问题、新要求，我国空气净化以及生物防控技术领域在近年来通过开展多项科学研究以及实际工程建设，积累了较多经验，本报告的这一部分将着重从民用建筑微生物污染防控、高级别生物安全实验室建设以及高防护等级生物疫苗生产设施建设三个方面进行介绍。

二、室内空气净化和生物防控技术在公共卫生领域的应用现状与存在问题

（一）民用建筑微生物污染防控技术

空气作为人类最为依赖的自然资源，其品质严重影响着人们的生活质量以及我们的健康。随着我们生活水平的不断提高，室内的空气质量也逐渐引起了人们的关注。微生物污染作为室内污染的重要组成成分，已经成为各国研究的热点问题。

近年来，欧美日等发达国家一直致力于民用建筑室内微生物污染控制方面的研究，取得了一定的成果。我国虽然对室内微生物污染的研究起步较晚，但发展速度较快，尤其"十一五"以来，国家持续加大对室内环境保障领域的科研投入，取得了相应进展。当前国内外主要研究成果包括：

（1）在基础理论方面，国外发达国家对室内微生物污染源、种类、传播机理、暴露水平及健康危害等进行了研究，拥有翔实的资料和数据。由于微生物污染与地域、气候区、生活方式等相关，国内缺乏大规模调研及大数据分析，研究成果不够全面、系统。

（2）在技术、产品、工程实践方面，国外发达国家在室内微生物污染检测、监测、控制等领域的技术和产品不断创新，持续推进工程实践，建立了较为完备的建筑内部环境安全保障技术体系。国内对室内微生物污染检测、监测和控制技术进行了专项研究，成果在奥运场馆、APEC会议等重大国家项目中已成功应用。

（3）在室内环境标准及评价体系方面，国外发达国家建立了较为完善的室内环境标准及评价体系，提升了人居环境功能，推动了建筑的可持续发展，随着对室内微生物污染的认识不断加深，相关标准仍在不断完善。我国制定了《室内空气质量标准》《绿色建筑评价标准》《健康建筑评价标准》等一系列标准，起到了一定的指导作用，但涉及室内微生物污染控制的内容较少（大多是一些控制指标及建设要求、卫生要求）且不够详细。

（二）高等级生物安全实验室技术

生物安全实验室是从事病原微生物实验活动的必备场所。按照实验室处理的有害生物因子的风险，国际上将生物安全实验室分为四级，一级风险最低，四级最高，三、四级生物安全实验室定义为高级别生物安全实验室。目前有能力开展高等级生物安全实验室建设的通常是发达国家。2011 年，在美国 CDC 及代理机构注册的三级实验室，从 2004 年的 415 个增加到 1495 个，增长很快。国际上已经公布了的四级实验室约有 50 个，建设最多的是美国，约有 12 个；其次是英国，约有 9 个；此外，德国有 5 个，法国 3 个，澳大利亚 3 个，瑞士 3 个，印度 3 个，日本 2 个；阿根廷、俄罗斯、加拿大、中国台湾等各有 1 个，我国已建成并投入使用的四级实验室位于中国科学院武汉病毒所。

我国的高级别生物安全实验室建设，历经十余年，从几乎一片空白，到今天已经初具规模和体系。截至目前，我国已有近百个高级别生物安全实验室建成，通过 CNAS 认可的约 70 个，其中疾控系统约有 30 个，科研机构或院校约有 10 个，出入境检验检疫系统也有一些。这些高级别生物安全实验室分布在不到 20 个省市中，地域分布不均，大部分集中在东部南部地区，中部和西部省份很少甚至没有，说明我国生物安全实验室建设和运行维护管理工作还有很长的路要走。

（三）疫苗车间生物安全技术

疫苗的使用是国家疾病和动物疫病防控的重要手段之一，2017 年 8 月 31 日，我国农业农村部发布《兽用疫苗生产企业生物安全三级防护标准》，首次对兽用疫苗生产车间提出相关生物安全技术要求。自 2020 年新冠疫情暴发以来，我国开展了多家大规模工业化、高生物安全风险的新冠病毒灭活疫苗车间建设，截至目前已有五家企业疫苗车间通过多部委组织的生物安全联合检查。然而，新冠疫情之前，我国人用疫苗生产领域均采用减毒株生产技术，车间生产以控制产品质量为主要目标，缺乏高生物安全风险疫苗生产车间的建设标准以及建设运行经验。针对这一问题，2020 年 6 月 18 日，由国家卫健委牵头并联合多部委编写、发布《疫苗生产车间生物安全通用要求》，为国内高生物安全风险人用疫苗生产车间的建设及检查提供了初步的指引。

生物安全一直都是疫苗生产车间的重要环节，2019 年底的兰州布病事件已足以说明生物安全对疫苗安全生产的重要性。新冠灭活疫苗车间建设之初正值疫情暴发高峰期，在没有明确建设标准情况下，各家企业仅能参照实验室建设标准，根据自已的理解进行生物安全防控，尺度不一，难免出现纰漏。国外标准体系同样偏重实验室，缺乏对大规模生产车间的规定，参考意义有限。因此，对于大规模工业化疫苗生产车间，不论是工程设计、项目施工、调试、检测验证还是认证认可，都需要更加明确的标准要求来指导项目的实施。研发适合我国国情的重大疾病疫苗生产设施的高级别生物安全技术和标准体系具有重要的现实意义。

三、室内空气净化和生物防控技术在公共卫生领域的发展趋势分析

（一）民用建筑微生物污染防控技术

我国幅员辽阔，不同气候区、不同类型建筑室内微生物污染特征不同，如我国多雨、沿海、潮湿地区建筑潮湿，霉菌污染严重，缺乏合理长效的解决办法。另外，室内微生物污染种类繁杂、来源多样，目前对室内微生物污染来源和污染途径的认识仍不够全面。对室内微生物二次污染机理仍需继续开展深入研究。随着人们生活水平的不断提高以及对健康的关注，微生物污染逐渐被纳入室内空气质量考量范畴，如何制定控制指标，研发匹配的产品及工程技术体系，成为未来发展方向。

新冠疫情不仅是对全人类卫生健康体系的重大考验，也给全球治理结构和世界格局带来新的冲击。这次疫情让人们看到了疫情早期预警方面存在的不足，加强我国重大疫情监测及预警能力建设需要有新的突破。

（二）高等级生物安全实验室技术

WHO 的《实验室生物安全手册》（以下简称《手册》）是国际上生物安全实验室建设的基本文件，指导世界各国建立生物安全观念、制定实施生物安全程序和制度。目前，《手册》第 4 版已经出版发行，最大的变动是取消生物安全水平分级，以第 3 版中介绍的风险评估框架为基础，强调风险评估的重要性，对生物安全进行彻底、透明、以循证为基础的风险评估，其目的是使生物安全措施和不同个案的生物安全风险实现平衡，使国际上不同国家实施的生物安全政策和措施符合其经济发展状况，具有可持续性。

美国 CDC 和 NIH 等组织发布的《微生物和生物医学实验室的生物安全》（简称 BMBL）于 2009 年发布了第 5 版（BMBL-5）。美国是高级别生物安全实验室建设最早、最多的国家，经验丰富，因此 BMBL-5 受到很多国家的重视，中国建筑科学研究院有限公司主编的《生物安全实验室建筑技术规范》GB 50346 也借鉴了相关内容。2020 年 6 月，BMBL 发布了第 6 版。BMBL-6 仍然延续生物安全的 4 级分级制度，但也有一些重要变化：1.更加注重风险评估；2.增加大规模（操作）、可持续性、临床实验室等新附录；3.在第四节"实验室生物安全分级标准"中，删除"应该"和"必须"，而采用"推荐"和"建议"的方式；4.在 BSL-2 及以上风险级别中，增加呼吸防护；5.增加了 C 型安全柜；6.对于高级别的 BSL-3 和 BSL-4 增加检测要求，每年或在重大改造后要对设施进行测试，以确保满足运行参数。

生物安全 4 级分级制度是取消还是延续，还不得而知，但从 WHO 的《手册》和美国的 BMBL-6 这两个最具影响力的文件来看，新的基于风险评估的理念，会对实验室建设产生积极影响，建设理念更加灵活和贴近实际需求，建成的实验室会有可持续性的应用。

（三）疫苗车间生物安全技术

生物洁净及生物安全环境的工程建设作为现代生物科技发展的基础配套设施，越来越受到世界各国的关注。从国内近年来尤其是新冠疫情暴发后的建设情况来看，高等级生物安全实验室、高大空间生物安全生产设施的建设体量已在我国呈放大趋势。服务于疫苗研发及生产的高大空间生物安全生产设施，与常规高级别生物安全实验室相比，不论在布局的复杂性、生产及实验活动的多样性、空间高度、大规模病毒原液处理量风险、工艺罐体排放方式、活毒废水处理方式等众多环节均存在较大差异，作为新生事物，应受到高度重视。

疫苗生产车间的生物安全建设及管理规定一直是我国相关行业主管部门的关注重点。在兽用疫苗行业，除已发布的生物安全三级防护标准外，农业农村部于 2020 年 6 月新发布的新版兽药 GMP，增加了对布氏杆菌疫苗生产车间的相关生物安全要求，当前，农业农村部也正在组织专家，对非洲猪瘟疫苗生产车间的生物安全技术要求进行确认。在人用疫苗行业，依据疫情期间发布的《疫苗生产车间生物安全通用要求》，目前国内已有 12 个新冠灭活疫苗车间处于建设或投产阶段。但与之不相适应的是涵盖工程设计、建设、运行维护等全生命周期技术标准体系的不足，技术标准体系的健全与完善必然是本技术领域未来的一个重要发展方向。

四、室内空气净化和生物防控技术在公共卫生领域的发展建议

（一）民用建筑微生物污染防控技术

（1）基于我国不同气候区的大样本调研分析，完善室内微生物污染来源、传播机理、群落特征等基础理论研究；

（2）研发基于"更高目标"的建筑室内微生物污染监测、控制关键技术和产品设备，从专项技术走向绿色建筑、健康建筑适用综合技术；

（3）建立基于监测、预测及全过程控制的室内微生物污染控制技术保障体系及运营管理平台；

（4）完善强制性与推荐性相结合的室内微生物污染控制标准规范体系；

（5）系统梳理城市发热门诊、负压隔离病房等防控救治设施建设现状、存在问题及功能提升的路径与需求；

（6）按照平战结合要求，全面梳理城市可用于改建方舱医院的公共建筑设施，研究编制现有公共建筑改造方舱医院建设指南；

（7）对当前及未来一段时期我国公共卫生防控救治能力建设进行全面部署，补足防疫短板，总结切实可行、兼顾成本效果的实操路径。

（二）高等级生物安全实验室技术

（1）在高级别生物安全实验室工程设计、建设方面，可以完全依靠国内技术力量实现国产化，虽然和发达国家在细节上还会有一定差距，但技术指标已经能够完全达到国际和国内各种标准的要求，后续仍需加大政策支持和产品研发力度，持续开展品牌建设、客户认可度等方面的工作。

（2）国产生物安全设备的技术水平和可靠性还需进一步提升，如生物安全柜、独立通风笼具和动物饲养笼架等，虽然已经可以国产，但仍需进一步提高质量；一些大型设备，如符合生物安全要求的大型灭菌设备、动物尸体处理设备、污水处理设备等，目前已有产品研发成功，需在使用中进一步提高。

（3）在建设理念方面，无疑需要及时吸取国际先进的生物安全建设和管理经验，结合当前"新冠肺炎"的疫情防控，重视风险评估的重要性，让生物安全实验室更加符合基于个案的实验活动需求。更加灵活的设计和建设，更加经济的运行，无疑会有利于我国生物安全实验室的建设和使用，但对于设计和运行单位，无疑提出了更高的技术要求。

（三）疫苗车间生物安全技术

（1）加强高大空间、复杂布局且使用人员众多的空间高级别生物安全技术应用的研发。

（2）加快生物安全关键防护设备国产化的研发和推进，实现高生物安全风险疫苗车间关键防护设施设备的完全国产化，不受制于人。

（3）完善配套法规的相关工程建设技术支撑性文件，如建筑技术标准等。对于以新冠灭活疫苗为代表生产过程中存在较高生物安全风险的生产设施，目前已经发布的《疫苗生产车间生物安全通用要求》对项目建设的工程指标给予了认可要求，但依然缺乏相关工程建设的措施类技术指导。应尽快建立完善设计、建设、验收、运行维护的全生命周期技术标准体系，确保疫苗生产、试验等各相关环节的产品质量、职业健康以及环境安全。

（4）对于药品生产、测试、运输、存储等各类设施所涉及的新设备、新产品，应尽快建立相应产品标准，促进相关产业的科学有序发展。

五、结论

新冠疫情期间我国抗疫的成功经验表明，切断传染病在城市建筑内的传播链条，科学高效地开展病原微生物相关研究以及安全有效的疫苗生产对于未来可能面对的新发、突发传染病防治，提升城市在突发公共卫生危机中的韧性具有重要意义。本文针对空气净化和生物防控技术近年来在公共卫生领域的发展情况以及当前的疫情控制需求，重点对民用建筑微生物污染防控、高级别生物安全实验室建设以及高防护等级生物疫苗生产设施建设三个方面的进展进行了介绍，并对相关领域的未来发展方向提出了相应建议，希望这些关系百姓生活和疫情防控的室内环境控制技术能够得到行业技术人员与专家学者的关注、讨论和认可，最终促进相关行业科学健康发展。

参考文献

［1］贺福初，高福锁. 生物安全：国防战略制高点［N］. 求是，2014-01-02.

［2］张彦国. 国内外高级别生物安全实验室标准和建设概况［J］. 暖通空调，2018，48（1）：2-6.

［3］中国合格评定国家认可中心. 实验室生物安全通用要求：GB 19489—2008［S］. 北京：中国标准出版社，2008.

［4］中国建筑科学研究院. 生物安全实验室建筑技术规范：GB 50346—2011［S］. 北京：中国建筑工业出版社，2012.

［5］曹国庆，张彦国，翟培军，等. 生物安全实验室关键防护设备性能现场检测与评价［M］. 北京：中国建筑工业出版社，2018.

［6］曹国庆，王君玮，翟培军，等. 生物安全实验室设施设备风险评估技术指南［M］. 北京：中国建筑工业出版社，2018.

［7］曹国庆，唐江山，王栋，等. 生物安全实验室设计与建设［M］. 北京：中国建筑工业出版社，2019.

既有居住建筑小区海绵化改造关键策略与应用

黄 欣 曾 捷 李建琳 曾 宇 师晓洁 桑 敏

（中国建筑科学研究院有限公司）

一、我国既有居住建筑小区海绵化改造现状

我国既有建筑存量巨大，面积达 600 亿 m^2。在过去的几十年，由于受技术及经济水平限制，建设标准较低，伴随着城市发展进程的加快，既有居住建筑小区的诸多矛盾逐渐暴露出来，普遍存在设施设备陈旧、建设标准不高、配套设施不足、景观品质低下、安全存在隐患等问题。当前城镇化发展进入第二个拐点，城市发展已从增量扩张转向存量发展，倒逼城市转型更新，对既有居住建筑小区持续有效的更新改造变得越来越重要（图 1 ）。

活动场地铺装陈旧破损　　　　　　　　道路沉降引发积水

图 1　既有居住建筑小区现状

2013 年 12 月，习近平总书记在中央城镇化工作会议上讲话强调："提升城市排水系统时要优先考虑把有限的雨水留下来，优先考虑更多利用自然力量排水，建设自然存积、自然渗透、自然净化的海绵城市。"

2015 年 10 月，国务院办公厅印发《关于推进海绵城市建设的指导意见》，部署推进海绵城市建设工作。《指导意见》明确，通过海绵城市建设最大限度地减少城市开发建设对生态环境的影响，将 70% 的降水就地消纳和利用。到 2020 年，城市建成区 20% 以上的面积达到目标要求；到 2030 年，城市建成区 80% 以上的面积达到目标要求。

2020 年 4 月，国务院常务会议指出，推进城镇老旧小区改造，是改善居民居住条件，扩大内需的重要举措。各地要统筹负责，按照居民意愿，重点改造完善小区配套和市政基础设施，提升社区养老、托育、医疗等公共服务水平。

城市中的居住建筑小区占据了近 60% 的面积，作为人们生活的必要场所，是城市占地最多的功能区域，是城市更新的主要内容，也是城市雨污水排水系统的源头，我国既有居住建筑雨水控制与利用系统普遍不完善，实施海绵化改造面临诸多现实问题和技术困难，在海绵城市建设快速推进的过程中，由于对海绵城市开发理念理解不到位、对居民的改造意向调研环节缺失，出现了改造理论片面化、改造目标单一化、改造策略同质化、改造措施碎片化等问题。

二、既有居住建筑小区海绵化改造关键策略

我国各地区在气候、环境、资源、经济、文化等方面差异巨大，既有居住建筑小区海绵化改造，应充分了解项目的基本条件，遵循因地制宜的原则，科学布局多样化的雨水措施，有效提高小区的雨水积存和滞蓄能力，改变雨水快排、直排的传统做法，形成以问题为导向，有效落地的改造流程（图 2）。

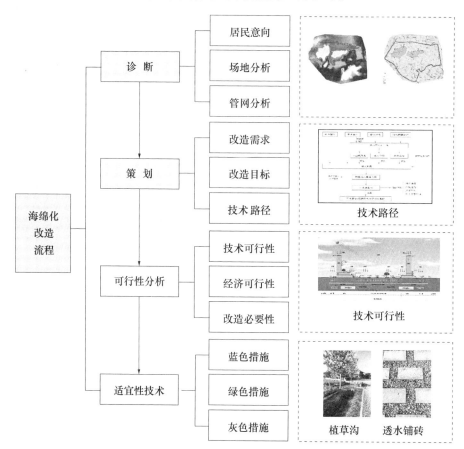

图 2　既有居住建筑小区海绵化改造设计流程

（一）策划与诊断

1. 问题诊断

对既有建筑小区的问题诊断是进行海绵化改造的前提条件，对其进行准确的识别与评估，可为海绵化改造的目标、技术选择提供科学依据。主要包括居民意向、场地分析、管网分析三方面的内容。在改造之初，应广泛征集居民意见，并科学评估基地概况，识别海绵化改造中存在的关键问题。

2. 方案策划

对既有建筑小区进行海绵化改造，其核心目标是通过统筹有序的技术路线和因地制宜的技术措施，在对雨水进行源头减排、过程控制、系统治理的同时，改善小区室外环境的宜居性能、提升居民幸福感。应遵循"绿色优先、灰色优化、对比优选"的原则，并统筹小区内建筑、道路、广场、绿地、水体、管网等要素，构建低影响雨水开发系统（图3）。

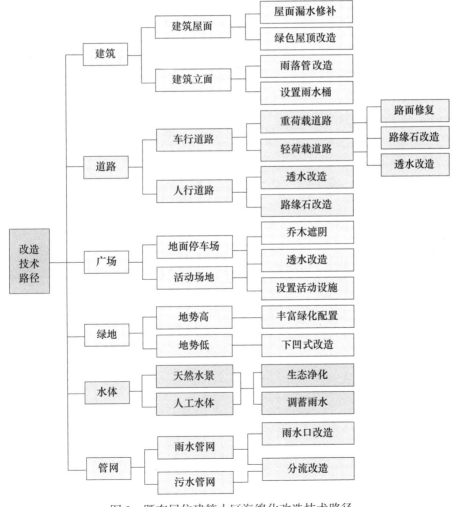

图3　既有居住建筑小区海绵化改造技术路径

101

（二）可行性分析

1. 技术可行性

在既有居住建筑小区海绵化改造过程中，应结合不同区域气候、水文地质、场地条件等特点，采用源头削减、中途转输、末端调蓄等多种手段，在满足功能和美观要求的前提下，通过渗、滞、蓄、净、用、排等多种技术，提高小区内径流雨水的渗透、调蓄、净化、利用和排放能力（表1）

改造技术措施选用一览表 表1

序号	措施名称	使用区域					
		建筑	道路	广场	绿地	水体	管网
01	绿色屋顶	●	○	○	○	○	○
02	雨水立管断接	●	○	○	○	○	●
03	下凹式绿地	○	○	○	●	○	○
04	雨水花园	○	○	○	●	○	○
05	生态树池	◎	○	○	●	○	○
06	植被缓冲带	○	○	○	●	○	○
07	植草沟	○	○	○	●	○	○
08	雨水塘	○	○	○	◎	◎	○
09	透水铺装	○	●	●	○	○	○
10	植物配置	◎	○	○	●	◎	○
11	雨水口	○	●	●	○	○	●
12	雨污分流	◎	○	○	○	○	●
13	雨水桶	●	○	○	○	○	○
14	雨水调蓄池	○	○	◎	●	○	○

注：1. ●——宜选用　◎——可选用　○——不宜选用；
　　2. 参考来源《海绵城市建设技术指南——低影响开发雨水系统构建（试行）》《城市雨水控制设计手册》。

2. 经济可行性

可持续的海绵城市建设，不仅应遵从生态的理念和自然的法则，而且应遵循以技术经济可行为主轴的建设理念。其工程造价和维护成本，也成了社会公众关注的焦点（表2）。

海绵单项技术措施造价及增量参考指标一览表　　　　　表 2

序号	技术措施	海绵技术工艺		传统技术工艺		单位	造价增量
		主要技术特征	造价	主要技术特征	造价		
1	透水铺装	彩色透水混凝土（120mm 厚）	220～260	普通混凝土道路（120mm 厚）	160～180	元 /m²	60～80
		改性透水沥青（50mm 厚）	180～200	普通沥青道路（50mm 厚）	160～180	元 /m²	20
		陶粒透水砖	280～350	普通砖	140	元 /m²	140～210
		砂基透水砖	400～600	普通砖	140	元 /m²	260～460
2	下凹式绿地	—	100～300	普通绿化	100～300	元 /m²	0
3	生物滞留设施	雨水花园	300～500	普通绿化	100～300	元 /m²	200～400
4	植草沟	—	100～300	普通绿化	100～300	元 /m²	0
5	雨水塘	湿塘	400～600		0	元 /m²	400～600
6	绿色屋顶	容器式	240～500	无绿化，普通防水卷材	30～50	元 /m²	210～470
		轻型屋面	450～680			元 /m²	420～650
7	雨水桶	—	100～500	—	0	元 / 套	100～500
8	雨水调蓄池	钢筋混凝土	800～1200		0	元 /m³	800～1200
		PP 模块式	2000～2500		0	元 /m³	2000～2500
9	雨水回收利用	绿化灌溉、道路冲洗	200000～400000		0	元 / 套（模块蓄水容积＜100m³）	200000～400000

注：数据来源《绿色建筑经济指标》(征求意见稿)。

3. 改造必要性

既有居住建筑小区的基础设施建设整体处于一种相对落后的状态，对其进行海绵化改造是一个复杂的过程。为避免千篇一律的大规模翻建、耗费大量的建设成本，应根据实际情况，综合考虑小区居民的需求，针对性地解决小区雨水问题，并与城市更新有效结合。

（三）适宜性技术

既有居住建筑小区的下垫面构成主要为建筑屋面、道路广场、绿地、水体等。传统的建设模式，主要依靠管渠快速排除雨水。海绵化改造是对传统排水的一种"减负"和补充，目的是将雨水"慢排缓释"。贯彻源头控制的理念，统筹地上地下，并充分利用自然地形，在合理的竖向下，构建蓝、绿、灰措施相结合的低影响雨水系统，解决雨水直排问题，削减径流总量和径流污染负荷，促进雨水资源化利用，保护和改善生态环境（图4、图5）。

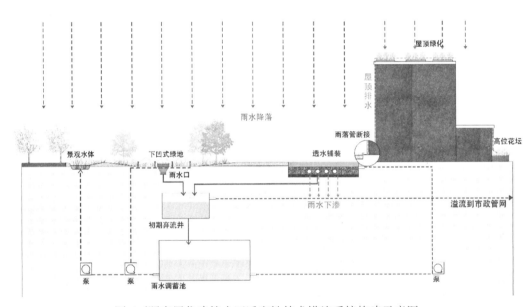

图 4　既有居住建筑小区适宜性技术措施系统构建示意图

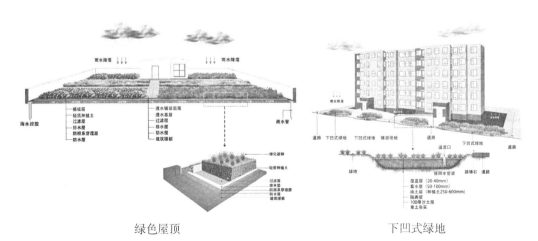

绿色屋顶　　　　　　　　　　下凹式绿地

图 5　既有居住建筑小区适宜性技术措施示意图（一）

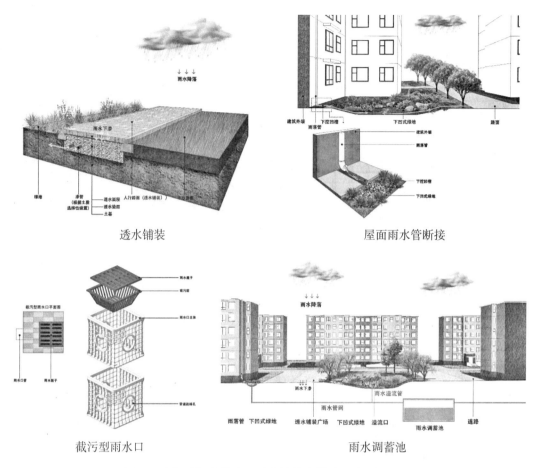

透水铺装

屋面雨水管断接

截污型雨水口

雨水调蓄池

图 5 既有居住建筑小区适宜性技术措施示意图（二）

三、不同地域海绵化改造实际工程

不同地域的既有居住建筑小区，由于建设本底不同，需要因地制宜地采取适用于当地特性的建设模式和技术措施。本次介绍的工程案例包含了严寒冻融城市白城、北方平原缺水城市北京和南方滨海高密度城市深圳。

1. 白城阳光 A 街区

白城市位于吉林省西北部，属北方寒冷缺水地区，多年平均降雨量 410mm。阳光 A 海绵街区改造项目位于白城市经开区，占地面积约 9.2 万 m²，建筑面积约 3.4 万 m²，绿地面积约 1 万 m²。改造总投资约 617 万元。

阳光 A 街区采用开放式管理，存在人车混行、无障碍缺失、道路破损严重、现状无雨水管网、污水管网堵塞严重、绿地稍高于路面等问题。本次改造将片区划分为 23 个子汇水分区，优先选择以渗透为主的技术。将路面进行恢复，改造为抗冻融的透水铺装，并严格把控竖向、坡向雨水设施；对屋面和道路汇集的雨水，通过线性排水沟进行截流，有效地将雨水引入绿地中的调蓄设施；因小区无雨水管网，超标的雨水径流通过地表漫流的形式排出小区，进入市政雨水管网。

本次共改造铺装 25700m²、沥青道路 18000m²、绿化 9152m²、楼道改造 40000m²、污水管线改造 4500m、线性排水沟 1800m、楼外路灯安装 190 个，达到 80% 的年径流总量控制率。改造完成后居民出行便捷，功能设施更加完善，生活环境舒适美观，获得小区居民的一致好评（图 6）。

雨水花园实景

下凹式绿地实景

透水铺装实景

整体鸟瞰实景

图 6　改造后实景图

2. 北京紫荆雅园小区

北京市位于华北平原西北部，属北方平原缺水地区，多年平均降水量为585mm。紫荆雅园地处北京通州区，占地面积为 116125m²，现状绿化率为 33.36%，包含 17 栋建筑。改造内容包括 LID 建设、景观修复和提升、管网改造与建设、雨水调蓄设施建设等。项目总投资为 3037.76 万元。

小区改造前有两处低洼处易形成积水，绿化种植品种单一，绿地普遍高于周边道路，雨季时存在土壤污染路面及雨水箅子堵塞等现象，现状铺装破损严重，建筑雨落管存在破损，屋面雨水经雨落管和散水后无序漫排。此外由于公共活动空间不足，居民对休憩场地需求的呼声较大。

本项目充分结合小区现状，以统筹协调、灰绿结合为原则，采用雨水花园、下凹式绿地、透水铺装、线性排水沟、雨水管道改造、污水及再生水处理装置改造为雨水处理及回用设施等技术措施。改造后，场地雨量综合径流系数由 0.6 降低为0.46，年径流总量控制率达到 84.2%，年 SS 总量去除率达到 67.3%，雨水管网满足3 年一遇的降雨排水能力要求，雨水资源化利用率达到 3%，收集的雨水经净化后回用于绿化浇灌（图 7）。

下凹式绿地实景

雨落管断接实景

透水沥青道路实景

雨水花园实景

图 7　改造后实景图

3. 深圳冈厦 1980

深圳市位于我国南部海滨，为南方高密度滨海城市，年平均降雨总量为1936mm。冈厦 1980 是一栋位于深圳市福田区的单体农民楼，属于村集体用地，建于 1980 年，硬化屋顶总面积为 $182m^2$，改造内容包括绿色屋顶建设、雨水收集回用设施，总投资约为 15 万元。

冈厦 1980 四周被楼房紧密包围，楼间距为 1～5m，房屋周边极度缺少绿化空间，暴雨时，城中村老旧的地下管道设施容易产生内涝积水的问题，给居民生活带来不便。项目结合城中村农民楼的特点，通过屋顶花园的设计，结合具有蓄水模块的种植箱，搭配原有雨水管和二楼雨水桶，形成一个屋顶雨水过滤收集系统，实现了 65% 的年径流总量控制率，有效减缓城中村周边地面排水压力，增强防灾减灾能力和水资源管理能力，探索城中村海绵城市改造环境的可行性。

本项目在改造建设过程中融合了社区居民的公众参与，在项目建成后，屋顶成为社区自然教育、居民活动的共享场所，组织了多场海绵科普、自然观察、屋顶音乐会等活动，不仅使冈厦1980公寓的住户能体会到屋顶花园带来的好处，还能让社区居民共享一片难得的绿色空间（图8）。

人视实景

鸟瞰实景

海绵科普活动实景

社区晚宴实景

图8 改造后实景图

四、思考与展望

海绵城市是城市建设和发展的新理念、新方式，更加长远地考虑城市发展需求，最大限度地减少城市开发建设对生态环境的影响，至2030年，我国80%的城市建成区，需要将70%的降水就地消纳和利用。

通过改造提升小区环境质量，是生活在既有居住建筑小区中群众的普遍愿望。对既有居住建筑小区的海绵化改造应充分评估小区现状的雨水问题，深入了解居民对改造的需求，结合相关措施的技术可行性、经济可行性以及改造必要性，并从径流总量控制、污染控制、雨水资源化利用、建设成本、公众接受度、景观效果等六个维度对技术措施进行统筹评价，以问题为导向，因地制宜地提出改造策略。

既有居住建筑小区的海绵化改造是海绵城市建设的重要部分，可消除雨水隐患、创造优美环境、完善小区功能、美化城市面貌、提高人们的生活质量、提升人民群众的获得感及幸福感。研究既有居住建筑小区海绵化改造关键技术，旨在为不同地域的既有居住建筑小区海绵化改造提供多样化的技术策略，为国家扎实推进海绵城市建设提供可复制可推广的解决方案，为城市更新提供有益借鉴。

参考文献

［1］美国水环境联合会，美国市政工程学会环境与水资源分会城市雨水控制设计任务组. 城市雨水控制设计手册［M］. 北京：中国建筑工业出版社，2018.

［2］中国建筑设计研究院有限公司. 建筑给水排水设计手册（第三版）［M］. 北京：中国建筑工业出版社，2018.

［3］住房城乡建设部. 海绵城市建设技术指南：低影响开发雨水系统构建（试行）［S］. 北京：中国建筑工业出版社，2015.

美丽乡村篇

2021年中央一号文件《中共中央 国务院关于全面推进乡村振兴加快农业农村现代化的意见》（简称《意见》）于2021年2月21日发布。《意见》紧跟"三农"工作重心的历史性转移，围绕全面推进乡村振兴、加快农业农村现代化作出系统部署，是新时代"三农"工作的行动纲领和根本遵循。"十四五"时期，要把乡村建设摆在社会主义现代化建设的重要位置，让乡村面貌看到显著变化。《意见》提出了大力实施乡村建设行动，将加快推进村庄规划工作、加强乡村公共基础设施建设、实施农村人居环境整治提升五年行动、提升农村基本公共服务水平等作为重点工作任务。

"十四五"时期，是乘势而上开启全面建设社会主义现代化国家新征程、向第二个百年奋斗目标进军的第一个五年。本篇以新时代乡村建设为出发点，围绕乡村振兴背景下的村镇建设、乡村振兴国土空间规划编制、宜居农房建设标准体系、绿色宜居村镇基础设施提档升级、农村人居环境整治等展开讨论，重点分析和论述了现阶段发展中存在的问题、发展需求以及发展方向与建议。希望通过本篇内容，为推进乡村振兴提供借鉴和支撑。

乡村振兴背景下的村镇建设思考

朱立新

（中国建筑科学研究院有限公司）

乡村振兴和实施乡村建设行动的国家战略和规划，对村镇建设提出了更高、更全面的要求。村镇建设的提质需要多方位的技术支撑，在梳理我国村镇建设发展现状和存在问题基础上，把握新时期村镇建设需求和科技发展方向，从村镇规划、防灾减灾、绿色建造体系、节能和清洁能源利用、人居环境提质以及智慧村镇管理等方面提出研究方向和重点解决的关键技术，为全面支撑安全绿色村镇建设提供坚实的基础，助力国家战略，实现乡村振兴，推进乡村建设行动的健康发展。

一、我国村镇建设发展现状和存在问题

（一）村镇建设现状

在长期以来的二元化体制下，我国城乡建设的差距是客观存在的。《国家新型城镇化规划（2014—2020）》提出，到 2020 年，我国常住人口城镇化率达到 60%，预测到 2035 年，我国城镇化率将达到 70% 以上。但从长期来看，即使以后我国人口城镇化率达到 70%，也将有 4 亿多人生活在农村，农村人口的规模仍然庞大，村镇建设需求依旧十分巨大。

根据《中国农村统计年鉴 2019》的统计数据，2018 年，我国总人口 13.96 亿人，农村人口 5.64 亿人，农村人口占比 40.4%。相比于城市化水平高、农村人口占比小的欧美和日韩等发达国家，我国是农业大国，村镇建设关乎广大农村群众的幸福感和获得感，始终是政府高度重视的民生工程。

党的十八大以来，在习近平新时代中国特色社会主义思想指引下，村镇建设发展取得历史性成就，发生了历史性变革。经过不懈奋斗和努力，全国 790 万户、2568 万贫困群众的危房得到改造；全国 2341.6 万户建档立卡贫困户全部实现住房安全有保障；同步支持 1075 万户低保户、农村分散供养特困人员、贫困残疾人家庭等边缘贫困群体改造危房，有效缓解了区域性整体贫困问题，为打赢脱贫攻坚战和全面建成小康社会奠定了坚实基础。国家加大农村基础设施投资力度，大力推进农村环境整治，农村水电路气等基础设施与农户居住条件明显改善；积极推进美丽宜居乡村建设，重视自然环境和生态保护，大力整治农村环境，农村脏乱差状况明显好转。

（二）村镇建设存在的问题

随着经济发展，农民建房量持续增长，年竣工住房面积长期保持在 4 亿～6 亿 m^2，建设速度快，增量显著，囿于管理体制、经济发展与技术水平的限制，我国大部分地区村镇建设中仍存在一些普遍性的问题，整体品质有待提升。从总体上看，村镇建设与城镇建设发展不平衡的矛盾仍较为突出。

1.村庄规划的指导作用不强

"重建设、轻规划"的倾向依然存在，村镇建设呈零散化，建设规划、执行标准缺失，管理体系薄弱。近年来，虽逐步推进村庄规划的编制和实施，但存在适应性不强的问题，用地集约程度低，很多规划编制完成后因为落地性差没有得到很好的实施。

2.农房建设总体品质有待提升

农房建造具有自主分散的特点，量大面广的自建农房仍以农村建筑工匠和小型包工队为施工主体，农户和工匠对于科学建房缺乏全面认识，同时建房成本仍是主要的限制因素，很多农户在建房时重外观、轻结构、攀比体量、轻视质量，导致房屋质量参差不齐，不同程度上存在结构安全堪忧、防灾性能低下、使用功能落后、宜居性差、绿色环保性能欠缺、风貌丧失等问题。

3.村庄基础设施建设投入大、效果差的矛盾突出

近年来，虽然国家在村庄基础设施建设方面投入大量资金，但缺乏因地制宜的指引实施，建设过程粗放且疏于监管，运营管理后继乏力，难以发挥应有的作用；村庄排水排污系统集约化不足、长效运行和循环利用水平低下，浪费严重。

4.村镇能源结构不适应低碳发展

农村地区能源供给形式单一，生活用能对于化石能源的依赖性较强，不适应绿色低碳发展方向。经济适用、节能效果好的建筑材料和围护结构体系研发与应用推广不足，照搬城市建筑节能技术的做法"水土不服"，缺乏实用性技术支撑。生物质能源、可再生能源应用相对落后，亟需因地制宜的技术指引和产品开发应用。

5.乡村健康人居环境亟待改善与提升

农村改厕、生活垃圾处理和污水治理是近年来国家着力推进的重点工程，在取得成效的同时，也暴露出一系列问题。我国幅员辽阔，地方条件差异大，采取"一刀切"的方式推进，不进行深入调研和可行性研究，导致部分人居环境改善工程流于形式，只管建设，不考虑维护和后续保障，农村卫生条件改善没有落到实处。

这一系列问题的存在，严重影响广大农民群众幸福感、获得感的提升，是全面实现乡村振兴亟待解决的问题。

二、新时期乡村建设发展的需求

（一）乡村振兴战略目标的要求

党的十九大报告指出，"实施乡村振兴战略。农业农村农民问题是关系国计民生的根本性问题，必须始终把解决好'三农'问题作为全党工作重中之重"。提出到 2035 年，乡村振兴取得决定性进展，城乡基本公共服务均等化基本实现，乡村治理体系更加完善，农村生态环境根本好转，生态宜居的美丽乡村基本实现。

为保障乡村振兴战略的有效贯彻实施，落实 2018 年中央一号文件提出的"强化乡村振兴法治保障，抓紧研究制定乡村振兴法的有关工作，把行之有效的乡村振兴政策法定化，充分发挥立法在乡村振兴中的保障和推动作用"的要求，十三届全国人大常委会将制定乡村振兴促进法列入立法规划，并明确由全国人大农业与农村委员会牵头起草。农业与农村委员会高度重视，及时组织国家发展改革委、农业农村部、财政部等成立乡村振兴促进法起草领导小组和工作小组，抓紧开展起草工作，经过深入分析研究，认真吸纳各方面意见，反复修改完善，经第十三届全国人大常委会第二十八次会议审议通过《中华人民共和国乡村振兴促进法》，指出：引导农民建设功能现代、结构安全、成本经济、绿色环保、与乡村环境相协调的宜居住房。

（二）实施乡村建设行动的要求

十九届五中全会通过的《中共中央关于制定国民经济和社会发展第十四个五年规划和二〇三五年远景目标的建议》，描绘了我国经济社会发展历史交汇点上的宏伟蓝图。

建议提出实施乡村建设行动：把乡村建设摆在社会主义现代化建设的重要位置。强化县城综合服务能力，把乡镇建成服务农民的区域中心。统筹县域城镇和村庄规划建设，保护传统村落和乡村风貌。完善乡村水、电、路、气、通信、广播电视、物流等基础设施，提升农房建设质量。因地制宜推进农村改厕、生活垃圾处理和污水治理，实施河湖水系综合整治，改善农村人居环境。提高农民科技文化素质，推动乡村人才振兴。

三、村镇建设技术发展现状和方向

（一）技术发展现状和存在问题

从"十一五"至今，科技部围绕村镇建设领域的科技需求，启动实施了一系列科研项目，包括村镇建设发展模式与技术路径、村镇防灾减灾技术、村镇建筑节能与清洁能源利用、村镇建筑室内热环境改善技术等基础性研究，初步构建了村镇建设的技术体系并应用推广，积累了一定的技术成果。但从整体上看，相关领域理论方法缺乏、提升模式不清晰、技术体系不完善、实施路径单一等技术瓶颈亟待突破，落而不实、推而难进的现状迫切需要改变。

总体上，我国在村镇建设领域的科研创新尚存在诸多薄弱环节和深层次问题，不能完全适应创新驱动发展战略下乡村振兴和小康社会发展的迫切需求，乡村建设面临由补齐短板向优化提质、高质量发展的新问题和新挑战，急需强化核心技术研究，加强集成创新，进一步提升科技供给和服务能力。

（二）村镇建设科技发展方向

新形势下村镇建设面临更新、更高的要求，工作重点逐渐由解决最贫困群众的基本住房安全保障向更高层级的安全、绿色、生态宜居村镇建设转移，对于科技支撑的需求更为全面化、多元化。

在宏观科技战略导向下，突破技术推广和实施的管理瓶颈，重点研究现行管理体制下的技术实现路径和集成化、标准化，拓展与深化并重，打造村镇建设技术创新体系。

以适用、科学的村镇规划为指引，以建设宜居型农房、综合提升村镇生态环境、推广绿色建造技术为目标，基于村镇建设规划、防灾减灾、节能环保、工业化应用、人居环境改善、基础设施提质等方面的科研成果和应用推广经验，与农民安居需求和村镇建设实际相结合，通过关键技术研究带动相关产业发展。

结合典型区域开展针对性研究，通过应用示范推动技术转化和规模化应用，注重成套技术开发和体系部品研发，提高标准化水平，开展以现代信息化为支持手段的村镇建设智慧管理研究，全面、高效、综合指导安全绿色、生态宜居村镇建设。

通过多方推进，打造村镇建设全过程、全专业、全覆盖的综合技术体系，加强技术实践和成果转化力度，为我国宜居村镇建设提供更为有力的技术支撑，服务国家战略需求。

四、村镇建设科技发展建议

一是紧抓规划龙头。重点聚焦村镇国土空间规划，传导指标、落地要素管理治理，基于科学评价的村镇要素资源分析进行研究，提出优化村镇国土空间布局的关键规划技术，逐步建立面向管理治理的规划支撑体系。以规划为带动，引领村镇建设全方位技术服务的落地和开展。

二是助力村镇建设综合防灾能力提升。准确把握村镇建筑地域化、多样化特点，紧密结合村镇建设管理法规和机制建设，厘清村镇建设防灾建设基本需求，依托多灾种研究成果，构建适用于村镇地区防灾减灾的技术标准体系；结合大数据、物联网技术，重点研发采集、汇总、分析系统平台，结合承灾体调研摸清村镇及农房基础数据底数，建立统一智慧决策平台；开展防灾安全、功能完善、宜居现代农房一体化适用技术研究，重点突破村镇建筑工业化进程中的适用性瓶颈，通过部品构件深化结合成套体系构件研发，提升防灾与宜居、节能、耐久的有机结合。

三是打造村镇绿色建造体系。在乡村建设中贯彻绿色发展理念，解决村镇绿色建筑主体结构、绿色围护结构、功能空间、室内人居环境等构成部分的关键技术问题，实现村镇建筑建设的高效率、高品质、低消耗和低环境影响等目标，形成新型村镇绿色建造技术及建造体系。充分采用绿色装饰装修材料、天然生态建材，并结合居住地的地域环境、风俗习惯等因素合理构建，从而提高居住的舒适度，实现建筑、人、家居、环境的和谐统一。

四是持续推进村镇节能与清洁能源利用。配合行业管理部门，研究制定农村建筑节能激励机制；进一步构建完善设计、检测、评估等村镇建筑节能标准体系，配套形成适用技术清单；大力发展村镇分布式能源技术及储能技术，开发村镇多能源互补发电及微电网技术与装置，积极推广生物质能、太阳能、地热能等多能互补技术，满足村镇热、电、气等多方位能源需求；构建村镇因地制宜产能、用能模式，推广适合村镇的节能和清洁能源技术，改善农村能源消费结构，实现绿色低碳发展；开展农村建筑节能改造样板工程、能源综合利用样板工程、超低能耗农房、绿色宜居低碳村庄、近零碳排放村镇等系列区域级示范工程的建设。

五是因地制宜实现村镇人居环境提质。聚焦区域差异，加强模式创新和技术攻关，积极探索寒旱地区卫生舒适、经济适用的改厕模式，加强偏远地区的垃圾污水分散治理模式开发和技术研发，重点解决"因寒、因旱、因散"所导致的技术瓶颈；聚焦农业农村核心污染源，以污水黑灰分离、垃圾分类减量和农田污染管控为导向，强化农村改厕与污水治理有效衔接，创新农业农村有机污染物协同处理模式；注重持续发展，统筹环境治理与经济效益。牢牢树立"绿水青山就是金山银山"的发展理念，充分利用农村地区生态资源优势，探索将农村环境整治与特色农产品种养有机结合，以沼气和生物天然气利用为主要处理方向，以农用有机肥和农村能源为主要利用方式，全面推进农业农村有机废弃物资源化，实现农村产业融合发展与人居环境改善互促互进。

六是以技术带动村镇建设管理提升。以 GIS、互联网、物联网、云计算、大数据等技术为核心，构建服务于农房政务、报建审批、设计管理、建造管控、农房质量监管与追溯、农房产业链资源共享与交易等方面的系统应用平台，将村镇规划信息、农房建造信息、农户权益信息、产业资源、人才储备、质量监控、交易保障、公共服务、一体化管理等要素进行数据化、智能化集成，对内实现村级事务、农户服务的自助化管理，对外实现资源融合、集成管控的智能化引导，实现智慧村镇管理。

面向实施的乡村振兴国土空间规划编制方法研究

杜明凯

（中国建筑科学研究院有限公司）

2017 年 10 月，党的十九大报告中提出实施乡村振兴战略；2018 年 9 月，中共中央、国务院印发了《乡村振兴战略规划（2018—2022 年）》，并发出通知，要求各地区各部门结合实际认真贯彻落实。2019 年 5 月，《中共中央　国务院关于建立国土空间规划体系并监督实施的若干意见》出台，掀起了新一轮国土空间规划的热潮，如何做好国土空间规划助力乡村振兴战略，成为各地政府和行业开展规划编制的新问题。国土空间规划和乡村振兴战略均是深入贯彻习近平新时代中国特色社会主义思想的重要工作内容，二者相辅相成，共同助力我国经济建设和现代化发展，二者又各有侧重、内容鲜明。空间规划作为技术手段和方法，目标是全面提升国土空间治理体系和治理能力现代化水平，而乡村振兴着眼于解决新时代我国社会的主要矛盾，是系统性的国家战略；国土空间规划应强化规划引领，成为科学有序推动乡村产业、人才、文化、生态和组织振兴的重要支撑；乡村振兴战略成果和实施过程对完善国土空间规划编制体系形成有效反馈。

本文通过研读国土空间规划与乡村振兴战略的相关内容，侧重从规划编制角度分析研究乡村振兴战略背景下，新一轮国土空间规划的编制重点和突出内容，以期通过国土空间规划技术手段和方法，更好地助力国家乡村振兴战略实施。

一、国土空间规划的分级分类及编制重点

（一）国土空间规划分级分类

按照《中共中央　国务院关于建立国土空间规划体系并监督实施的若干意见》的定义，国土空间规划是对一定区域国土空间开发保护在空间和时间上作出的安排，类型包括总体规划、详细规划和相关专项规划"三大类"。从规划层级上又分为国家、省、市、县和乡镇"五级"。

依据"五级三类"划分，国家、省、市县编制国土空间总体规划，各地结合实际编制乡镇国土空间规划。相关专项规划是指在特定区域（流域）、特定领域，为体现特定功能，对空间开发保护利用作出的专门安排，是涉及空间利用的专项规划。国土空间总体规划是详细规划的依据、相关专项规划的基础；相关专项规划要相互协同，并与详细规划做好衔接。

（二）各级国土空间总体规划编制重点

全国国土空间规划是对全国国土空间作出的全局安排，是全国国土空间保护、开发、利用、修复的政策和总纲，侧重战略性，由自然资源部会同相关部门组织编制，由党中央、国务院审定后印发。省级国土空间规划是对全国国土空间规划的落实，指导市县国土空间规划编制，侧重协调性，由省级政府组织编制，经同级人大常委会审议后报国务院审批。市县和乡镇国土空间规划是本级政府对上级国土空间规划要求的细化落实，是对本行政区域开发保护作出的具体安排，侧重实施性。各地可因地制宜，将市县与乡镇国土空间规划合并编制，也可以几个乡镇为单元编制乡镇级国土空间规划。

（三）乡镇级国土空间详细规划编制重点

详细规划是对具体地块用途和开发建设强度等作出的实施性安排，是开展国土空间开发保护活动、实施国土空间用途管制、核发城乡建设项目规划许可、进行各项建设等的法定依据。在城镇开发边界内的详细规划，由市县自然资源主管部门组织编制，报同级政府审批；在城镇开发边界外的乡村地区，以一个或几个行政村为单元，由乡镇政府组织编制"多规合一"的实用性村庄规划，作为详细规划，报上一级政府审批。

2019年5月《自然资源部办公厅关于加强村庄规划促进乡村振兴的通知》要求，各地参照已有村庄规划编制技术标准规范，结合地方实际，由省自然资源厅组织制定各省"多规合一"村庄规划编制指南，积极推动新一轮乡村规划工作。

二、《乡村振兴战略规划（2018～2022年）》[1]的规划重点

（一）乡村振兴战略目标

该《规划》以习近平总书记关于"三农"工作的重要论述为指导，按照产业兴旺、生态宜居、乡风文明、治理有效、生活富裕的总要求，对实施乡村振兴战略作出阶段性谋划。按照到2020年实现全面建成小康社会和分两个阶段实现第二个百年奋斗目标的战略部署，2018年至2022年这5年间，既要在农村实现全面小康，又要为基本实现农业农村现代化开好局、起好步、打好基础，乡村振兴的制度框架和政策体系初步健全。到2022年东部沿海地区率先基本实现农业农村现代化。到2035年基本实现农业农村现代化，聚焦攻坚区精准发力，革命老区、民族地区、边疆地区、集中连片特困地区的乡村到2050年如期实现农业农村现代化。

（二）规划重点

1.借助国土空间规划强化空间用途管制

《规划》提出，要强化国土空间规划对各专项规划的指导约束作用，统筹自然

1　2018年9月中共中央、国务院印发了《乡村振兴战略规划（2018—2022年）》，并发出通知，要求各地区各部门结合实际认真贯彻落实。本文简称《规划》。

资源开发利用、保护和修复，按照不同主体功能定位和陆海统筹原则，开展资源环境承载能力和国土空间开发适宜性评价，科学划定生态、农业、城镇等空间和生态保护红线、永久基本农田、城镇开发边界及海洋生物资源保护线、围填海控制线等主要控制线，推动主体功能区战略格局在市县层面精准落地，健全不同主体功能区差异化协同发展长效机制，实现山水林田湖草整体保护、系统修复、综合治理。

2. 推进城乡统一规划

《规划》要求，通盘考虑城镇和乡村发展，统筹谋划产业发展、基础设施、公共服务、资源能源、生态环境保护等主要布局。强化县域空间规划和各类专项规划引导约束作用，科学安排县域乡村布局、资源利用、设施配置和村庄整治，推动村庄规划管理全覆盖。按照主体功能定位，对国土空间的开发、保护和整治进行全面安排和总体布局，推进"多规合一"，加快形成城乡融合发展的空间格局。

3. 分类推进乡村发展

《规划》要求，坚持人口资源环境相均衡、经济社会生态效益相统一，打造集约高效生产空间，营造宜居适度生活空间，保护山清水秀生态空间，延续人和自然有机融合的乡村空间关系。同时，顺应村庄发展规律和演变趋势，根据不同村庄的发展现状、区位条件、资源禀赋等，按照集聚提升、城郊融合、特色保护、搬迁撤并的思路，分类推进乡村振兴，不搞一刀切。

三、国土空间规划编制过程中几点认识误区

（一）认为国土空间规划可以解决所有问题

《中共中央　国务院关于建立国土空间规划体系并监督实施的若干意见》将主体功能区规划、土地利用规划、城乡规划等空间规划融合为统一的国土空间规划。国土空间规划是为处理好经济发展与人口、资源环境之间的关系而进行的整体谋划，是综合程度较高的空间规划，是对国土资源开发、利用、治理和保护进行的全面规划。其主要任务是勾画国土开发整治的基本蓝图，进行生产力和人口、城镇总体布局，明确重点开发地区的发展方向，提出重大国土整治任务和要求。重点明确党中央精神、国家战略部署、重要区域发展战略，守住发展底线和资源底线，严控增量，盘活存量。因此，国土空间规划并不能解决所有问题，尤其是产业发展和项目实施，空间规划本质是体现国家意志，是自上而下的约束性的规划，侧重的是战略性、综合性、区域性，通过分解落实规划传导机制，通过对全要素资源的合理分配布局与管控，指导详细规划和专项规划等，形成国土空间规划的逐级传导与实施方案。而关于发展问题、宜居品质问题等还需要更多专业及后续良好的保障措施共同协调完成，在规划编制过程避免一本规划管到底的误区。

（二）认为乡村振兴仅涉及"乡镇"层面的内容

乡村振兴战略是全方位、全领域、全系统振兴，其涉及面广，包括乡村产业振兴、生态环境保护、土地集约高效利用、农田水利设施建设等多项内容。通过乡村

空间要素指引和管控，把社会各资源的投入和建设活动统一起来，从而科学指引好项目建设，管控好空间规模、要素流动、建设运营等。因此，不能单从乡镇这一个角度考虑，乡村振兴不能脱离城乡融合的大背景，不能简单按行政单位划分，"五级三类"国土空间规划都涉及乡村振兴，只是不同层面针对性不同，在镇乡层面的空间规划更关注详细实施方案，而其他层面的空间规划依旧要考虑好城乡融合与统筹。

（三）认为二者的战略目标和核心要义不同

国土空间规划作为技术方法，其战略目标通常被认为仅是我国全面提升国土空间治理体系和治理能力现代化水平的手段，其核心要义是作为"多规合一"的方法抓手；而乡村振兴战略通常也被认为仅是解决新时代我国社会主要矛盾的国家战略之一，其核心是实现我国农业农村现代化。这种认知就容易将二者简单理解为手段和目标的关系，很难从更深层次和更系统层面把握国土空间规划和乡村振兴战略的目标意义问题。其实二者的目标都由国家的百年奋斗目标的战略部署构成，其核心都是"以人为本"，都是深入贯彻习近平新时代中国特色社会主义思想的重要工作内容。

四、国土空间规划如何助力乡村振兴战略

（一）坚持以人为本的规划编制核心

在国土空间规划背景下开展乡村振兴规划编制工作，核心是"以人为本"。国土空间规划应融合生产、生活、生态去推进乡村振兴规划，融入地方特色，保护群众核心利益；同时，也要真抓实干，建立上令可下达、下情可上达的规划政策、标准与规划体系去实现国土空间治理现代化，把以人为本的认识逐步转化为实践。因此，在国土空间规划背景下的乡村振兴的伟大实践中，必须始终坚持人民至上，推动乡村发展要以提升乡村人民生产生活质量为根本目的，充分考虑人民的意愿和诉求。

（二）坚持全面统筹的规划编制协调

做好乡村振兴规划编制工作，可以借助国土空间规划统筹完善乡村空间布局，按照产业、乡村建设、自然资源条件等，划定好各类空间边界，明确各边界内的管控内容，为乡村生态、农业、基础建设等提供科学引导。全面统筹各项规划用地需求，优化乡村用地布局。在保护好生态环境的基础上，积极构建乡村空间布局、开展乡村振兴规划编制工作。规划统筹好空间控制边界划分工作，严格依据村庄建设用地规模，严格明确乡村水利、交通、基础设施等空间布局。使用多规融合分析，确保乡村功能区域划分科学、合理，并及时优化乡村用地格局，减少农村建设用地浪费，确保乡村空间协调、有序开发。

（三）坚持全过程的规划编制支撑

实施乡村振兴战略，需要调动全社会的力量，将人才、资源、战略等有效统一

起来。乡村振兴全过程规划能提供前期研究、决策及实施、运行的全生命周期的工程咨询服务，包含设计、规划在内的组织、管理、经济和技术等各个方面的内容，避免规划与实施脱节的"碎片化"模式，有助于充分发挥区域融合城乡的凝聚功能，统筹合理布局城乡生产、生活、生态空间，切实构筑城乡要素双向流动的体制机制，培育发展动能，实现农业农村高质量发展。乡村振兴全过程规划，既是实施乡村振兴战略的基础和关键，又是有力有效的工作抓手。同时，规划编制完成以后，是否可以按规划实施，产业导入与资金保障是关键，将实施保障与乡村振兴战略规划相衔接，聚焦补短板、强弱项，健全管理制度，为实施乡村振兴战略提供有力支撑。尤其是借助国土空间一张图数据库平台，运用数据信息，智慧化、科学化跟踪与服务乡村振兴工作。

（四）坚持面向实施的规划编制引导

国土空间规划要充分考虑在具体的编制工作中，坚持目标与问题导向，从村民需求出发，有针对性地规划，高效整合空间布局。乡村振兴战略应积极融入地方特色，注重生态宜居发展理念，使得乡村振兴战略通过国土空间规划，完善乡村空间布局。同时，乡村振兴应向村民普及规划编制工作内容，听取意见，时刻坚持以村庄集体利益为出发点。创新乡村规划成果的表述形式，确保规划成果简明易懂，图文并茂，便于群众理解，甚至成为村规民约，也为配合实施乡村振兴战略打好基础。确保制定针对性的规划项目实践方案和可操作性的开展方案，特别是针对文化、环境、耕地等类型的规划项目。针对村庄不同特色采用不一样的乡村振兴方式，以绣花的功夫做好农村空间规划，满足国土空间规划高标准要求。

（五）坚持研究型的规划编制探索

随着经济的发展，对于国土资源的利用要求越来越高，尤其在落实国家生态文明建设，统筹全域资源要素管理治理方面。国土空间规划作为完善治理能力现代化的重要抓手之一，前无经验可循，每个规划都必须针对实际，大胆创新，研究技术与规划编制同步开展。国家提出的乡村振兴规划更可体现出国土空间规划的科学性，可以说，国土空间规划与乡村振兴规划是密切相关的，二者相辅相成，共同助力我国经济建设的和谐发展。乡村振兴战略背景下的国土空间规划实践，是非常具有现实意义的一项研究，希望在新一轮国土空间规划过程中，探索符合我国实际的规划编制技术手段，在学科建设、理论研究、成套方法技术等方面都能进行有益的积累。

宜居农房建设标准体系构建

朱立新　于　文

（中国建筑科学研究院有限公司）

农房建设是乡村振兴战略的重要抓手，建设宜居农房，是提升广大农民群众的获得感和幸福感，打造美丽宜居乡村的重点任务。党的十八大以来，在习近平新时代中国特色社会主义思想指引下，村镇建设发展取得历史性成就，但从总体上看，我国广大村镇地区的农房建设仍具有自主、分散的特点，宜居农房建设急需完善的标准体系指引。针对宜居农房的建设目标，亟需构建全面覆盖各项要求、适应村镇建设特点、可实施性和可行性强、兼顾目标和成本的技术标准体系，同时在政策和管理措施方面探索改革，突破当前村镇建设中存在的管理不顺畅、标准不完善、落实不到位的瓶颈，实现村镇建设的提质发展。

一、宜居农房建设标准体系现状

（一）宜居农房建设标准体系初具雏形但尚未形成

随着近几年农村危房改造、美丽乡村建设等工作的推进，在村镇建筑设计、施工、抗震防灾、危房鉴定与改造、传统民居保护等方面，陆续出台了一系列国家、行业标准和地方标准、导则、指南、技术手册、图集等，同时，各地方结合自身工作需要，也形成了更为基层的县一级指导灾后重建或加固改造的技术文件等。就技术指导文件的层级、覆盖面和数量而言，可以说已经具备了标准体系的雏形，但距离能够全面指导宜居农房建设尚有差距。

（二）宜居农房建设标准体系具备自身特点

由于农房的建设监管尚未纳入基本建设程序，使用对象层级更为复杂多样，农房建设的标准体系更强调实用性和可行性，其可由工程建设标准和技术导则、指南、图集、手册以及更为普及的指导文件共同构成。专业性强、编制严谨的工程建设标准提供了基本的技术依据，在此基础上由建设行政管理部门组织编制并颁布的导则等也是重要的指导文件。与城镇建设标准体系相比，这是其独特之处。此外，宜居农房建设中，如何针对建造管理的特点充分发挥标准的作用，满足不同层次用户的要求，也是亟待解决的问题。

二、宜居农房建设标准存在问题

（一）标准技术体系不够完善

一是宜居农房标准技术体系的形成缺乏基于全面研究的有力依据。既有农房的建设水平大部分仍停留在满足基本居住需求的阶段，在建筑功能、宜居性能、建筑风貌、节能环保等方面尚无指标化、体系化的目标要求，地方层面的宜居农房设计主要参考城镇建筑的标准规范，取决于设计人员个人专业素养和对村镇建设需求的认识水平，针对性和适用性不足，缺乏统一的技术标准作为支撑。

二是相关技术标准的覆盖面不足，近年来陆续出台了一系列国家、行业标准和地方标准，但仍未构成完整的标准体系，除结构安全方面具备了一定的基础之外，在建筑设计、功能提升、配套设施和风貌改善等方面相对薄弱。有关标准体系的研究工作也有一定成果，但仍未能真正起到切实指导技术标准的规划和编制工作的引领作用。

（二）宜居农房建设需要与之适应的标准体系

我国农房建设长期以来以自主建造为主，沿袭传统做法，没有专业的设计环节，建筑质量依赖于建筑工匠的经验和水准。近年来，随着乡村经济的发展，农村房屋的更新改造日益加快，新时期乡村振兴对于农房建设也提出了更高的要求，质量参差不齐、防灾性能低下、宜居性差、建筑风貌不协调等问题亟需解决，其中技术标准的支撑至关重要。如何适应现阶段宜居农房建设的迫切需求，为其提供适用、有效的技术指导是建立标准体系的重要任务，也是提升我国村镇建设总体水平的社会责任所在。

（三）标准实施环节缺失，路径不通畅

一是管理模式的局限，城镇建设标准的落实通过规划、设计、施工等环节，由相应的专业人员来实现，把握技术要求的实施。农房建设由于管理模式的差异，在建设过程中缺乏专业技术人员的指导，单纯依靠设计下乡、定点帮扶难以解决长期需求。

二是在技术标准的落实层面，由于中间环节没有掌握标准技术要求的专业人员参与，存在标准要求与建设脱节的问题，需要标准指引的人群不了解标准，熟悉标准的人群不直接参与农房建设。要从根本上适应现阶段农房建设的管理模式，让技术标准真正发挥作用，还需要更为切合实际的顶层设计作为指引。

上述问题，在我国各地的农房建设中不同程度存在，究其原因，农房建设技术指导的落实力度不足是其中的一个主要因素。相继编制出台的一系列农房建设相关技术标准、指导文件、手册图集等，提供了技术指导依据，也取得了一定的效果。但从整体上看，技术指导的落实和实施效果还有很大的提升空间，如何面向我国自然条件、经济水平、传统文化、生产生活习惯各异的农村地区建设需求，在明确标准化基础要求的同时，为各地农房建设引领留出空间，兼顾覆盖性和针对性、技术

性和适用性、严谨性和通俗化等，需要专业技术人员做出更多努力。

三、标准体系建设情况

《中华人民共和国乡村振兴促进法》第三十八条提出："引导农民建设功能现代、结构安全、成本经济、绿色环保、与乡村环境相协调的宜居农房"，这为标准体系建设提出了指引。结合现有标准，可对应宜居、安全、经济、绿色、风貌五个方面进行梳理。

（一）宜居

宜居主要指房屋合理的功能布局和完善的配套设施，适应农民追求舒适条件、发展现代农业、承接城市功能等美好生活的需求。

标准现状：各地情况存在差异，现行规范标准中对于农村建筑的配套设施建设缺乏统一要求。目前，全文强制国家标准《住宅项目规范》在编，其中涉及农村住宅相关内容；行业标准《村镇住宅设计规范》在编；协会标准《村镇传统住宅设计规范》CECS 360：2013 现行。

（二）安全

安全是最基本的底线要求，无论新建还是改造农房，都是首先要满足的。

标准现状：农房安全方面的标准相对较为完善，结合农村危房改造工作的推进，各地也相继出台了地方标准、技术导则等多种形式的技术指导文件，对于质量安全和基本的抗震安全提出了要求。在地震高发区如云南省，多层级的相关标准及技术指导文件为农房抗震安全提供了有力的技术支撑。编制了村镇建筑防洪、农村民宿防火相关标准和导则，沿海村镇房屋抗台风标准尚未编制。

（三）经济

在以自建为主的农房建设中，经济性是技术标准制定中要考虑的重点问题之一，相关技术要求和指标不是城镇技术的简单化和低层次化，而是在适用、有效的基础上兼顾材料成本、人力成本、维护成本等成本投入，不盲目照搬城镇做法。

标准现状：通过相关标准中具体技术措施的确定环节加以把控。

（四）绿色

农房建设应用绿色节能的新技术、新产品、新工艺，探索装配式建筑、被动式阳光房等建筑应用技术，注重绿色节能技术设施与农房的一体化设计，有效利用能源，节约集约利用土地，并选用绿色建材避免造成环境污染。

标准现状：目前，国家标准《农村居住建筑节能设计标准》GB/T 50824—2013 现行，《严寒和寒冷地区农村住房节能技术导则（试行）》现行，协会标准《严寒和寒冷地区农村居住建筑节能改造技术规程》T/CECS 741—2020 和《超低能耗农宅技术规程》T/CECS 739—2020 已发布。村镇建筑节能相关的验收和评价标准还有缺位，过程控制缺乏依据，需逐步完善。现阶段农房建筑节能措施的推广更多依赖政府财政支持，对于自建农房可提供参考标准、图集以供选用，并提出不同地域、气候区的要求。

（五）风貌

建筑本体的外观应具有地方特色，传承传统文化要素，有序构建村庄院落、农房组团等空间，整体上与外部环境协调，错落有致，避免千村一面。

标准现状：现行协会标准《村镇传统住宅设计规范》CECS 360：2013 提出了相关要求，部分地区编制了传统民居设计导则或通过推荐农房设计图集加以引导。

四、标准体系建设建议

（一）以标准化视角推进体系的全过程建设

以建设功能现代、风貌乡土、结构安全、成本经济、绿色环保农房为出发点，确定标准体系框架，实现目标要求、技术导引、实施路径的全过程综合标准化。

1. 目标标准化

制定乡村振兴背景下宜居农房标准体系框架。针对不同使用对象、不同建设阶段与目标、不同村庄类型，构建目标明确、覆盖全面、层级清晰、推进有序的农房建设标准体系；以关键技术标准为重点，加强顶层设计，明确控制性底线要求；对已有农房建设标准进行梳理与完善，分解并规范相关专业方向的目标准则和应达到的具体要求，提出标准化要求，横向覆盖。

2. 技术导引标准化

明确标准的不同层级要求，规范针对不同对象的技术标准编制原则和细化要求，纵向到底。国家层级的技术标准主要围绕宜居农房建设的通用性要求和底线要求，规范宜居农房的建设基本目标。针对村镇地区的多样性，为各地留出进一步细化和个性化设计的空间，以适应不同地区的建设要求。

3. 实施路径标准化

从要素环节、技术研究、产品研发、产业发展等几个方面入手，规划实施路径，通过技术标准指引、财政支持、示范建设等手段推进，实现建设宜居农房的总体目标。建立部门协同推进机制，在规划审批、建造过程管理、竣工验收、房屋确权登记、运维使用等环节中纳入技术标准要求，首先以政府财政支持的提质改造、建设项目为抓手，以示范建设带动标准的落地应用，以建设实效让农民群众亲身体验宜居农房，为进一步推广助力。

（二）以管理机制探索带动技术标准的落实

基于农房建设品质提升需求，探索可行的管理机制改革路径。在现阶段村镇建设管理机构和人员设置有限的前提下，强化农房建造中建设队伍的培育和提升，从根本上转变长久以来农房自主、分散、随意的建造方式，将宜居农房建设技术标准要求融入建设过程中。从政策和管理层面，推进建筑工匠、小型施工队伍向小微轻量型建设企业的转变，将技术标准的规范要求纳入企业管理，推进村镇建筑市场化，将传统上单打独斗、散兵游勇、缺乏可持续发展支撑的建筑工匠培养成为技术工人，在总体提升建房质量的同时，为新型建筑体系的推广进行人才队伍的储备，从根本上转变村镇建设模式，才能将宜居农房建设的标准体系贯彻到实施层面，从而全面提升农房建设品质，实现乡村振兴的战略目标。

绿色宜居村镇基础设施提档升级新思路

尹 波 李晓萍 张成昱

（中国建筑科学研究院有限公司 村镇建筑产业技术创新战略联盟）

实施乡村振兴战略，是党的十九大做出的重大决策部署，是全面建设社会主义现代化国家的重大历史任务。改善提升村镇基础设施是实施乡村振兴战略的重要抓手，早在 2015 年，中共中央、国务院印发《关于加大改革创新力度加快农业现代化建设的若干意见》，提出农村饮水提质增效、电网改造升级等。2018 年，中共中央、国务院印发《乡村振兴战略规划（2018—2022）》，提出补齐农村基础设施短板。2021 年 2 月，中共中央、国务院《关于全面推进乡村振兴加快农业农村现代化的意见》提出加强乡村公共基础设施建设，完善基础设施和公共服务，到 2025 年，农村生活设施便利化初步实现，城乡基本公共服务均等化水平明显提高。本文重点对村镇基础设施建设现状进行系统梳理，分析了村镇基础设施建设存在的问题和发展需求，并提出了我国绿色宜居村镇基础设施建设发展设想与建议。

一、我国村镇基础设施建设现状

根据《中国农村统计年鉴 2020》统计数据，截至 2019 年，我国共有乡级行政区 39945 个，行政村 691510 个，乡村常住人口 55162 万人，占总人口近 40%[1]。农村是我国社会经济发展的重要组成部分，生产生活基础设施不断健全。在乡村振兴战略进程中，农村基础设施提档升级已然成为推动绿色宜居村镇发展的动力引擎 [2-6]。

（一）村镇基础设施发展现状

（1）国家政策支持力度逐步加大。2018 年 9 月，中共中央、国务院印发的《乡村振兴战略规划（2018—2022）》，要求继续把农村基础设施的完善作为重点建设内容，并加大投入力度，补齐农村基础设施短板，促进城乡基础设施的互联互通。2019 年中共中央、国务院印发《关于坚持农业农村优先发展做好"三农"工作的若干意见》，对实施农村基础设施建设进行了全面部署，文中指出要加快农村供水系统、道路系统、电气化系统、物流系统、宽带网络系统等基础设施建设，健全村庄基础设施建管长效机制，明确各方管护责任。2020 年中共中央、国务院印发《关于抓好"三农"领域重点工作确保如期实现全面小康的意见》，要求对标全面建成小康社会的目标任务，全面梳理任务清单，再次提出加快补上农村基础设施和公共服务短板，并要求加大农村公共基础设施建设力度、提高农村供水保障水平、扎实

127

搞好人居环境整治、提高农村教育质量、加强农村基层医疗卫生服务、加强农村社会保障、改善乡村公共文化服务。可以看出，国家政策对于村镇基础设施从"补短板"到"促提升"逐渐加大支持力度（图1）。

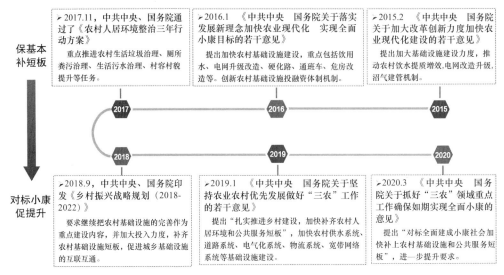

图1 我国相关政策发展

（2）基础设施短板不断补齐。经过"十二五""十三五"的大力发展，我国农村水电路信等基础设施加快建设，教育、医疗、养老等公共服务水平不断提升，农业农村发展取得历史性成就、发生历史性变革。2020年是全面建成小康社会目标实现之年，也是全面打赢脱贫攻坚战收官之年。截至2020年8月底，具备条件的乡镇和行政村基本实现村村通硬化路、通邮、稳定可靠供电，农村卫生厕所普及率超过65%，行政村生活垃圾收运处置体系覆盖率超过90%，农村人居环境整治三年行动任务基本完成[7]，乡村治理体系进一步完善，乡村面貌焕发新气象（图2）。

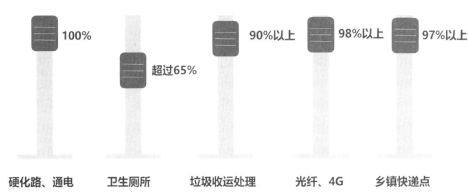

图2 我国基础设施发展现状

（3）村民幸福指数不断提升。随着基础设施建设完善，建设资金也逐渐向公共服务设施倾斜，一些地区持续推进县乡村基本公共服务一体化，推动教育、医疗、文化等公共资源在县域内优化配置，群众生活质量明显提升。以"着力建设生态宜居美丽乡村，打造农民幸福美好家园"为目标，村民获得感、幸福感不断提高。

（二）建设工作现存问题

虽然我国农村基础设施取得了一定成绩，但总体看，我国村镇基础设施依然薄弱，各地农村基础设施建设不平衡，城乡基础设施差距较大，普遍存在着缺乏统筹、资源配置不均衡、资金不足等问题，重点包括以下五个方面：

（1）村镇基础设施建设规划缺失。村镇自然环境、经济发展、文化传统等方面的多样化使得各地对基础设施的需求不同，目前部分地区还存在"一刀切"的现象，缺乏因地制宜的建设规划，设施间的相互制约和影响没有得到充分的分析，造成供需不匹配、基础设施投资建设效率低。村镇基础设施规模小、工程少，现有规划难以满足区域经济社会发展对于基础设施建设提出的新要求，存在重复建设、重复投资现象，基础设施配置不平衡不充分的矛盾日益突出，亟需村镇基础设施差异化配建标准指导。

（2）基础设施建设适应性较差。我国村镇基底条件差异性明显，部分地区对村镇基底条件认知不够清晰，技术选用盲目混乱，在水资源利用技术和能源利用技术方面尤为凸显。基础设施建设过程中缺乏适用技术标准指引，技术应用与区域特点匹配性、适应性和可持续性差，例如污水处理厂、太阳能光伏、风光发电等技术设施频频出现"弃用"现象，亟需建立与村镇基底条件相适应的基础设施建设技术体系。

（3）基础设施规划建设依据不充分。我国农村基础设施相对城市仍然十分匮乏，基础设施大部分建设标准低，有规划但无人执行，导致大多数村镇基础设施布局不合理、不协调、分散凌乱，一些地区存在乡村道路抗灾能力较弱、电网电能质量差、电压偏低、集中供水比例低等问题。规划建设依据的不充分增加了农村基础设施建设的难度，浪费了农村宝贵的资源条件。

（4）基础设施投融资渠道狭窄。村镇基础设施建设主要依赖中央政府投资，由于村镇非营利性、准经营性基础设施等项目建成经营后无现金流入，无法实现盈利回收成本，或盈利不足以填补建设、运行与风险成本，导致国家对村镇基础设施建设并没有形成系统长期的投资机制，政府主导投资资金严重不足。在农村基础设施建设数量、建设质量不断提升的大背景下，投资主体意愿不强，如何引入社会资本解决资金不足问题，值得深入探讨。

（5）基础设施建设管理机制不健全。基础设施建设过程中普遍存在"重安装、轻运营"、"重前期投入、轻后期管护"等方面的问题，如乡村道路由于安全设施不到位、养护投入严重不足，一些地方已出现"油返砂"现象。由于农村基础设施建设存在投入资金规模大、建设周期长、无收益或低收益等问题，亟需补充在自然条件和经济条件有限情况下的创新治理手段，充分发挥村民参与和自治的作用，建立有效的长效建管机制。

二、我国绿色宜居村镇基础设施规划建设发展需求分析

（一）乡村振兴战略全面开局，对村镇基础设施的完善通达提出更高要求

中央农办将协调有关部门实施村庄道路、农村供水安全、新一轮农村电网升级改造、乡村物流体系建设、农村住房质量提升等一批工程项目，各地也将协调加大建设力度，持续改善乡村基础设施和公共服务，强化县城综合服务能力，把乡镇建设成为服务农民的区域中心。乡村振兴战略要求推动基础设施向乡村延伸，公共服务向乡村覆盖，持续改善农村人居环境，2020年中央农村工作会议提出未来的农业要高质高效，未来的乡村要宜居宜业，未来的农民要富裕富足。

（二）互联网、"新基建"的推进，数字乡村建设发展面临新契机

随着物联网、大数据、区块链、人工智能、5G通信网络等现代信息技术的发展，打造集约高效、绿色智能、安全适用的乡村信息基础设施成为各方共识和趋势。2019年5月，中共中央办公厅、国务院办公厅印发《数字乡村发展战略纲要》，2020年1月，农业农村部、中央网信办正式发布《数字农业农村发展规划（2019—2025年）》，2020年中共中央、国务院印发《关于抓好"三农"领域重点工作确保如期实现全面小康的意见》，提出开展国家数字乡村试点，为农业农村数字化建设提供了良好契机。此次新冠疫情的冲击，也印证了数字动能在乡村经济社会发展和治理中的现实价值。为此，必须紧紧抓住信息化带来的重大历史机遇，统筹好数字经济与乡村振兴，为实现农业农村现代化提供有力支撑[8]。

（三）新型城镇化快速发展，主动型就地城镇化模式是宜居村镇发展的重要途径

乡村振兴为城镇化深入推进提供基本动力，新型城镇化又为盘活乡村资源创造良好条件，两者同步实施，才能取得预期效果[9]。就地城镇化作为新型城镇化的重要形式，兼具实现乡村振兴的重要功能，对乡村社会、经济、文化的发展发挥着积极作用，是实现乡村振兴战略的重要路径[10]。就地城镇化围绕小城镇或中心村进行社区化改造，有助于改善乡村环境、建设美丽乡村，对基础设施和公共服务的完善提出更高的要求。

三、我国绿色宜居村镇基础设施规划建设发展设想与建议

2021年是全面实施乡村振兴的第一年，乡村建设跨入全新阶段，面临新境界，将打开新格局。农村基础设施是各项建设和发展的重要保障，对于发展农业产业、推动乡村振兴具有重要意义。加快绿色宜居村镇基础设施功能提升刻不容缓，需要从顶层设计、技术指引、资金保障三大方面发力，把握关键环节，实现基础设施配建体系全面升级。

（一）增强顶层设计引领

（1）准确把握政策导向。基础设施建设要与乡村振兴和新型城镇化规划有机结合，区分城郊融合类、拓展提升类、特色保护类、整治改善类、拆迁撤并类等各类

村庄的发展现状、区位条件、资源禀赋等，科学谋划基础设施主要布局，充分解析"普惠共享""提档升级""均等化"，分类精准配建基础设施，推动农村基础设施建设与全面小康社会发展要求相匹配。

（2）精准识别乡村基础设施建设的短板。对农村基础设施的供给类别进行精准排序是补短板的前提。农村道路、供水、水质保障、宽带网络等与村民生活息息相关，保障型基础设施需要优先统筹规划。随着信息化发展，快递物流也逐渐成为乡村经济发展和村民生活质量提升的重要保障，要加快解决物流入村"最后一公里"问题。从"保障、完善、提升"三个层级精准识别基础设施建设差异化需求，分类统筹推进农村基础设施建设，缩小城乡差距和地区差异化。

（3）强化基础设施共建共享。建立开放共享的理念和管理机制，落实国家区域统筹，促进地方政府有效治理，解决由于经济、资源环境、治理能力和技术等因素所带来的问题。结合市、镇、村区域内和区域间资源统筹，配建不同级别和规模的基础设施和公共服务设施，实现空间共享。加强乡村通信基础设施的共建共享，大力推进跨行业的共建共享，以避免各种基础设施的重复开工和建设。

（4）加强村镇基础设施统筹规划建设。制定科学合理、切实可行的村镇基础设施建设规划，提升管理者基础设施规划建设意识，优化基础设施规划布局结构。契合农村社会经济现状和发展需要，提升基础设施规划建设标准，逐步完善配套基础设施，改变农村基础设施落后的现状（图3）。

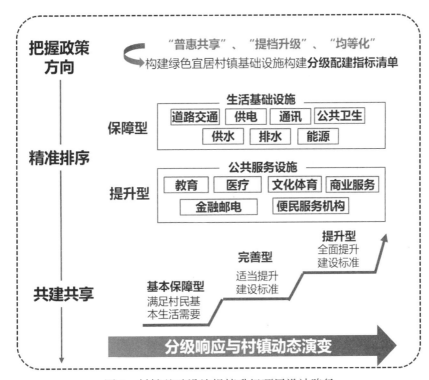

图3 村镇基础设施提档升级顶层设计路径

（二）加强技术和运维支撑

（1）发展本土低成本适用技术。因地制宜、精准施策，改变以往"一刀切"做法，尤其对于与当地基底条件相关性大的供排水基础设施和能源基础设施，充分挖掘当地人口规模、集聚程度、气候特色，整合当地清洁资源和生态资源，选择适合当地的基础设施以及具有本土适应性的技术进行配建。

（2）提升基础设施建设专业化水平。推进"四好农村路"、村级供排水系统、农村电网等基础设施建设标准技术体系建设，提升规划设计标准，保证建设施工质量，实现从"有"到"优"，切实提高农村基础设施供给质量和水平。

（3）健全基础设施建设管理机制。完善建立农村基础设施建设、管理、维护和运营全过程管理制度，探索建立农村公共服务运行维护支撑平台，逐步建成功能完善、管理规范、运行高效的基础设施运维管理体系，从根本上解决"重建设、轻运营"的现状。

（三）构建多元投入格局

（1）创新政府投资支持方式。发挥政府投资的引导和撬动作用，采取直接投资、投资补助、资本金注入、财政贴息、以奖代补、先建后补、无偿提供建筑材料等多种方式支持农村基础设施建设。在财政资金充足的情况下，政府应发挥主导作用，为乡村提供充足的基础设施资金保障。特别是在投资规模巨大、外部生态效益和社会效益明显的基础设施领域，中央和地方政府财政投入是最有效的投资模式[11]。

（2）积极引入社会资本。对农村供水、污水垃圾处理、农贸市场等有一定经济收益的设施，积极引入社会资本。对乡村供电、电信和物流等经营性为主的设施，以企业建设投入为主。吸引社会力量广泛参与，充分发挥社会资本的辅助作用。

（3）充分调动村民参与。广大农村居民是农村基础设施建设的直接受益群体，应引导农村集体经济组织和居民积极参与项目建设和管理，推广中小型基础设施"政府投资＋村民自建"机制，保障其知情权、参与权和监督权。

参考文献

［1］中华人民共和国统计局. 中国统计年鉴［M］. 北京：中国统计出版社，2020.

［2］吴唯佳，唐婧娴. 应对人口减少地区的乡村基础设施建设策略：德国乡村污水治理经验［J］. 国际城市规划，2016（4）：135-142.

［3］袁秀伟. 河南省农村卫生室开展基本公共卫生服务的现状与困境破解：基于216个村卫生室的实证研究［J］. 中国卫生事业管理，2016（9）：648-650＋716.

［4］伊庆山. 乡村振兴战略背景下农村生活垃圾分类治理问题研究：基于s省试点实践调查［J］. 云南社会科学，2019（3）：62-70.

［5］于婷，于法稳. 农村生活污水治理相关研究进展［J］. 生态经济，2019（7）：209-213.

［6］熊宁，张敏，朱文广，等. 乡村清洁能源配电系统供能灵活性评估方法及提升措施［J］. 电力建设，2019（8）：12-18.

［7］中华人民共和国农业农村部. 国新办举行"十三五"时期农业农村发展成就新闻发布会［EB/OL］. http://www.moa.gov.cn/hd/zbft_news/sswsqnyncfzqk/. 2020-10-27.

［8］徐旭初. 把握数字乡村发展趋势，促进农民合作社数字化发展［J］. 中国农民合作社，2020（7）：15-18.

［9］蔡继明. 乡村振兴战略应与新型城镇化同步推进［J］. 同舟共进，2018（12）：24-25.

［10］彭斌，芦杨. 乡村振兴战略下就地城镇化发展路径析论［J］. 理论导刊，2019（12）：85-89.

［11］李国英. 补齐乡村基础设施短板，强化城乡共建共享［N］. 中国社会科学报，2020-10-21（007）.

农村人居环境整治现状、问题与展望

马文生 王 让 方 方

（中国建筑科学研究院有限公司 建科环能科技有限公司）

改善农村人居环境是党中央、国务院从战略和全局高度作出的重大决策，是实施乡村振兴战略的重要任务，也是农民群众的深切期盼[1]。2018年2月，中共中央办公厅、国务院办公厅印发的《农村人居环境整治三年行动方案》，对农村人居环境改善，美丽宜居乡村建设等进行了顶层设计。2018年9月，中共中央、国务院印发了《乡村振兴战略规划（2018—2022年）》，对实施乡村振兴战略作出阶段性谋划，对持续改善农村人居环境重大工程进行了安排部署。2020年12月，中央农村工作会议强调要接续开展农村人居环境整治提升行动，重点抓好改厕和污水、垃圾治理。本文重点对农村人居环境整治现状进行系统梳理，分析了农村人居环境整治面临的典型问题，并对下一步农村人居环境整治工作进行了展望。

一、农村人居环境整治现状

农村人居环境整治工作是实现乡村振兴的第一场硬仗，各地区、各部门坚决贯彻落实《农村人居环境整治三年行动方案》工作部署，扎实开展农村人居环境整治，在政策制度、科研标准和整治进展方面均有显著成效。

（一）政策制度

1. 机构职能调整

根据党中央、国务院机构改革精神，确定由中央农办、农业农村部牵头组织改善农村人居环境。2018年10月，中央农办、农业农村部印发了《农村人居环境整治工作分工方案》（农社函〔2018〕3号），明确了村容村貌提升、农村生活垃圾治理、农村生活污水治理、农村厕所革命、农业生产废弃物资源化利用、建设和管护机制、村庄规划工作等7项重点任务的部门分工，为农村人居环境整治夯实了组织架构基础。

2. 经验模式推广

2018年9月，浙江省"千村示范、万村整治"工程荣获联合国最高环境荣誉——"地球卫士奖"，浙江推进生态文明建设的努力和成效得到国际社会认可。2019年3月，中共中央办公厅、国务院办公厅转发了《中央农办、农业农村部、国家发展改革委关于深入学习浙江"千村示范、万村整治"工程经验 扎实推进农村人居环境整治工作的报告》，浙江经验对全国各地实施乡村振兴战略、推进农村人居环境整治具有重要示范带动作用。

3. 村庄分类治理

我国区域自然、社会条件和经济状况差异大，农村人居环境整治要与地方经济发展水平相适应、协调发展。根据农业农村部要求，结合各地基础条件、投入能力等情况，以县区为单元划分了农村人居环境整治一类、二类和三类县；各地按照《乡村振兴战略规划（2018—2022 年）》提出的"分类推进乡村发展"要求，按照集聚提升、融入城镇、特色保护、搬迁撤并的思路，将各地村庄分为集聚提升类、城郊融合类、特色保护类和搬迁撤并类 4 种类型。县域分类和村庄分类合理确定了村庄整治具体内容和阶段目标，切实避免"千篇一律"，更好地指导农村人居环境整治的实践。

4. 财政资金支持

2008 年，中央财政设立了农村环境保护专项资金，持续支持农村环境综合整治。2019 年中央 1 号文件提出，调整完善土地出让收入适用范围，提高农村投入比例，重点用于农村人居环境整治和基础设施建设。2019 年以来，中央财政持续加大农村人居环境整治支持力度，启动了农村厕所革命整村奖补，实施了水系连通及农村水系综合整治试点，开展了农村人居环境整治整县推进工程，筛选了一批农村黑臭水体试点示范县，印发了《农村人居环境整治激励措施实施办法》，加大了督查奖励，近两年各项资金投入累计达 400 亿元。

5. 法律法规制定

发挥法律的引领、规范、保障和推动作用是扎实推动农村人居环境整治工作的重要抓手。国家层面，2020 年 3 月，中央全面依法治国委员会印发《关于加强法治乡村建设的意见》，提出要着力推进乡村依法治理。2020 年 6 月和 12 月，全国人大常委会法制工作委员会分别两次针对《乡村振兴促进法》公开征求意见，着力把党中央关于乡村振兴的重大决策部署转化为法律规范，确保乡村振兴战略部署得到落实。地方层面，浙江省制定了《浙江省农村生活污水处理设施管理条例》，从法制层面规范处理设施管理维护；长春市颁布了《长春市农村环境治理条例》，对农村人居环境整治的规划、建设、治理、管护和监督进行了规范部署。

（二）科研研发和技术标准

1. 科技研发

2019 年 1 月，科学技术部组织编制了《创新驱动乡村振兴发展专项规划（2018—2022 年）》，提出以农村人居环境整治为主线，设立国家重点研发计划"绿色宜居村镇技术创新"重点专项，支持村镇生活垃圾、污水治理和厕所革命技术研发和示范应用。2018 年以来，累计安排国拨经费近 10 亿元，先后安排部署 3 批重点研发计划项目，为乡村振兴和美丽乡村建设提供科技支撑，直接以农村污水、垃圾治理和厕所革命作为重点研究的项目共计 6 项，总经费高达约 1.9 亿元（表 1）。

农村人居环境整治相关国家重点研发项目 表1

序号	项目名称	立项时间
1	乡村厕所关键技术研发与应用	2018
2	村镇生活垃圾高值化利用与二次污染控制技术装备	2018
3	农村厕所粪便高效资源化处理关键技术与示范	2018
4	村镇污水处理与循环利用装备开发	2019
5	村镇生活垃圾移动式小型化处理关键技术与装备研发	2019
6	农村人居环境整治技术研究与集成创新	2020

其中,"乡村厕所关键技术研发与应用"项目组织了十几家高水平科研单位开展研究,中国建筑科学研究院有限公司承担了"乡村厕所室内环境改善与节能关键技术研究"课题,为有效解决我国北方地区乡村厕所冬季运行和环境改善的难题贡献应有力量。2018年7月,中国建筑科学研究院有限公司承担了青海省科技计划项目"青藏高寒地区装配式生态厕所与太阳能耦合技术研究与示范",通过优化低能耗装配式厕所建造方法,开发污水处理设施太阳能保温增温装置,有效解决了高寒地区农村厕所冬季运行难题。2019年1月,青海省住房和城乡建设厅委托中国建筑科学研究院有限公司开展了"青海省厕所革命技术保障体系研究"课题,编制发布了《青海省厕所革命技术保障指导手册》,构建了我国高寒地区厕所革命技术保障体系。

2. 标准规范

2020年10月,农业农村部成立了农村厕所建设与管护标准化技术委员会,协调各方力量,推动农村改厕相关标准制定和实施。2021年1月,国家市场监督管理总局等七部委印发了《关于推动农村人居环境标准体系建设的指导意见》,明确了农村人居环境标准体系框架,确定了标准体系建设、标准实施推广等重点任务。

在农村生活污水治理方面,住建部组织编制了《农村生活污水处理工程技术标准》GB/T 51347和《镇(乡)村排水工程技术标准》CJJ 124,生态环境部组织制定了《农村生活污水治理技术手册》,全国30多个省份制订修订了地方农村生活污水排放标准。

在农村厕所革命方面,2018年以来农业农村部先后组织编制了多项技术标准,包括国家标准《农村三格式户厕运行维护规范》GB/T 38837、《农村三格式户厕建设技术规范》GB/T 38836和《农村集中下水道收集户厕建设技术规范》GB/T 38838,以及中国建筑科学研究院有限公司主编的团体标准《农村户厕评价标准》等。

(三)整治成效

截至2020年底,农村人居环境整治三年行动圆满收官,各项工作任务顺利完成。在农村厕所革命方面,全国农村卫生厕所普及率超过65%,北京、江苏、福建、广东等地农村无害化卫生厕所普及率超过95%,2018年以来全国累计新改造农村户厕超过3500万户[2],农民群众如厕环境极大改善。在农村垃圾治理方面,全国90%以上的行政村实现农村生活垃圾收运处置体系覆盖，90%以上的非正规垃圾堆放点已完成整治，全国建成城乡再生资源回收站点3.7万个，95%以上的村庄开展了清洁行动，动员近3亿人次，清理农村生活垃圾4000多万吨，村塘淤泥3500多万吨[1]，农村卫生条件和村容村貌明显改善。在农村污水治理方面，全国农村生活污水治理率达到25.5%，乱排乱放现象明显减少，治理水平有了新的提高。

（四）项目案例

我国西北严寒地区气候恶劣，现有农村改厕技术应用存在明显的环境制约。针对冬季易结冻、厕屋环境差、粪污处理难等问题，中国建筑科学研究院有限公司为青海省海东市卯寨农村改厕项目提供了全套解决方案。

该项目厕所主体采用预制装配式混凝土结构，充分利用当地太阳能资源，优化了主动式和被动式太阳能供暖技术在装配式厕所中的应用，农村户厕和公厕冬季日均温度分别可达5℃和10℃以上，解决了厕所涉水设施结冻和如厕环境差的难题。采用固定床生物滤罐同步实现厕所粪污和生活杂排水的分散式原位处理，开发了一种用于地埋式污水处理设施的太阳能保温装置（图1），提高了污水处理设施冬季运行温度，保障了设施冬季运行效果。项目共建成2套装配式太阳能公共厕所（图2）和40套装配式农村户厕（图3），显著改善了村庄人居环境和群众如厕条件。

图1　保温增温装置示意图

图2　装配式太阳能公共厕所示范工程

图 3　装配式农村户厕示范工程

二、问题分析

农村人居环境整治是一项系统治理工程，涉及范围广、整治难度大[3]，实施过程中面临一些问题和障碍。

（一）工作机制方面

农村人居环境整治工作既需要全民参与，又需要专业指导。从目前看，工作推进机制仍有待完善，部分地区农村人居环境整治没有形成科学完善的工作思路，简单压指标、下任务，整治效果不到位；有的地方工作计划缺乏统筹衔接，工作方式方法简单，存在质量把不好、粪污管不好、群众用不好、农村污水处理设施建而不用等问题。

（二）农村厕所革命

1. 技术模式不合理

在模式选用方面，部分地区没有充分考虑人口、使用率以及后期管理等因素，没有对改厕模式的适用条件进行合理分析，盲目采用水冲厕所。在推广水冲厕所时，没有意识到冬季结冻的隐患，忽略了厕所入室的重要性以及保温防冻措施的必要性。

2. 材料质量不过关

在材料质量方面，由于改厕材料质量不合格，导致部分卫生厕所建成不久又损坏废弃，如化粪池由于厚度和强度不足导致极易渗漏、极易串水，部分高压冲水装置由于质量问题也很容易损坏。

3. 后期管理跟不上

在后期管理方面，主要是粪污清抽保障不足，我国仍有近 75% 的村庄缺乏完善的排水设施，由于缺乏粪污清抽或处置措施，导致厕所被迫弃用。

4. 卫生厕所普及率依然较低

现阶段，由于基础条件的差异，各地区改厕进程快慢不一，农村改厕重点仍然为一类县和二类县，对于地形条件复杂的区域以及经济条件相对较差的三类县，无害化卫生厕所普及率依然较低，推进难度依然很大。

（三）农村生活垃圾治理

1. 源头分类减量比例不高

根据调查统计数据，我国农村垃圾的渣土成分占比普遍在30%以上，厨余垃圾占比在25%以上[4]。目前，各地农村尚未开展垃圾分类，导致大量渣土和厨余垃圾混收混运，垃圾产量大，清运频次高，垃圾热值低，导致清运和处理成本很大。总体来看，财政负担沉重，难以长期持续。

2. 厨余垃圾处理难度大

现阶段农村厨余垃圾处理工艺主要为阳光堆肥房、沤肥池、厌氧发酵器等，厨余垃圾就地处理工艺普遍运行效率低、产物肥效差，资源化生产投入甚至比产物价值还要大[5]，在缺乏建设和运行补贴的情况下，基层对开展厨余垃圾资源化的积极性不高。

3. 居民对垃圾分类的意识不足

农村垃圾分类的宣传发动不足，农民参与程度低，多数农民生活垃圾分类意识低，没有形成良好的分类习惯。

（四）农村生活污水治理

除东部发达地区以外，我国大部分村庄开展农村生活污水治理比例不高，少量处理设施运行效果不理想[6]。

1. 农村污水资源利用水平低

很多地方没有把"环境整治"作为污水治理的最终目的，重治理轻回用，忽视了通过黑灰分离、就地就近、资源利用的方式实现治理消纳，过分追求大规模收集和高标准排放，昂贵的运行维护费用地方难以承受，导致处理设施"晒太阳"现象。

2. 技术选择不合理

各地普遍缺乏对技术模式的科学分析，没有做到因地制宜。对于模式选用，缺乏科学评价体系指导集中处理和分散处理的选用，部分地方只算经济账不算效果账，只算建设账不算运维账，只算眼前账不算长期账；对于技术选用，脱离了标准规范的要求，忽视了适用范围和适用条件，部分区域盲目推崇生态处理设施，导致设施难以正常运行。

3. 高寒地区农村污水治理技术难度大

高寒地区气温低、氧气稀薄、村庄人口分散，传统污水处理模式的应用存在固有的环境制约，现有工艺和设施的冬季运行效果不佳，尾水排放结冻问题尤为突出。目前，给予高寒地区农村污水治理的技术研发和技术路径创新支持力度不足，仍然缺乏真正符合地区特点、能够有效解决问题的治理技术和模式。

三、工作展望

扎实开展农村人居环境整治三年行动夯实了生态宜居美丽乡村建设之基，持续推进农村人居环境整治提升行动是全面推进乡村振兴的重要内容。"十四五"时期农村人居环境整治工作有以下展望。

（一）强化系统治理，科学制定规划

农村人居环境整治主要涵盖生活垃圾治理、生活污水治理、农村厕所革命和村容村貌提升四个方面，统筹治理、协同推进是最大化实现治理成效的前提。在项目安排上，应强化农村人居环境整治的系统性，做好各种治理模式有效衔接；在物质资源上，推进厨余垃圾、厕所粪污、剩余污泥和农业秸秆等有机废弃物的协同处理和资源化利用；在管理维护上，统筹安排、统一保障农村人居环境整治长效运行所需要的人员和资金，更有利于村庄保洁、设施运维和粪污清运等各项日常工作的安排部署和责任落实。此外，加快推动县域农村人居环境专项规划编制，合理分析当地基础条件，科学部署整治内容和整治次序，是有序推进项目实施的重要保障。

（二）强化督导检查，实施评估评价

常态化督导检查对于及时掌握项目进展，全面了解实施成效，保障统计指标客观真实具有重要意义。因此，各级部门要建立农村人居环境整治常态化督导检查机制，积极推行第三方督导检查，形成正向反馈机制。

农村人居环境整治涉及"户—村—镇—县"各层级、各环节，环节越多则不可控因素越多，因此要加强对实际实施效果的评价。特别是要加快推进农村户厕评价工作，以群众满意、运行长效为准则，避免只注重任务数量、忽视质量的"数字式"考核评价方式，强化改厕成效考核评价，及时发现问题、反馈问题、解决问题，引导各地解决农村改厕"痛点"。

（三）加快技术攻关，强化人才支撑

在技术研发方面，需要加大对干旱寒冷等特殊条件地区的定向科研项目支持力度，加强区域农村人居环境统筹治理技术路径研究，开发成套解决方案。此外，在开展新技术研发时，也要注重传统技术工艺的优化改良，解决"水土不服"问题，加强示范应用和经验总结，重点解决北方干旱寒冷地区的污水治理、有机垃圾分散资源化处理等难题，促进适宜性技术在各类场景的应用。

在人才队伍方面，农村基层工作普遍面临人少事多，专业技术能力不足的问题，面对技术性难题束手无策，人员素质能力无法满足工作要求。因此，需要引入第三方专业技术服务队伍，加强基层队伍和地方工匠的业务能力培训和知识宣贯，强化技术指导，提高专业整治成效。

（四）强化资金筹措，提高使用效益

农村人居环境治理属于农村社会事业领域，具有较强的公益性，需要构建多元化投入机制。首先，要健全农村人居环境整治资金多元化筹措机制，继续加大中央财政资金投入力度，完善金融机构政策支持，探索受益者付费机制。同时，提升整治资金使用效益，建立财政支出预算绩效评价机制，将绩效考评结果作为改进预算管理和经费安排的依据[7]。此外，要探索创新"合同环境服务"模式应用，推进农村人居环境整治咨询服务业发展。

参考文献

［1］农业农村部农村社会事业促进司. 中国农村社会事业发展报告（2020）［M］. 北京：中国农业出版社. 2020：72-74.

［2］于文静，陈春园. 农村人居环境整治三年行动任务基本完成［EB/OL］. http: //www.gov.cn/xinwen/2020-12/28/content_5574093.htm.

［3］于法稳，郝信波. 农村人居环境整治的研究现状及展望［J］. 生态经济，2019，35（10）：166-170.

［4］吴婧，韩兆兴，王逸汇，等. 陕西省淳化县农户生活垃圾处理方案的比选与分析［J］. 生态与农村环境学报，2008，24（1）：43-46.

［5］岳波，张志彬，孙英杰，等. 我国农村生活垃圾的产生特征研究［J］. 环境科学与技术，2014，37（6）：129-134.

［6］于法稳，侯效敏，郝信波. 新时代农村人居环境整治的现状与对策［J］. 郑州大学学报（哲学社会科学版），2018，51（3）：64-68.

［7］徐顺青，逯元堂，何军，等. 农村人居环境现状分析及优化对策［J］. 环境保护，2018，46（19）：44-48.

绿色发展篇

十九届五中全会将全面推进乡村振兴、推动绿色发展列为"十四五"期间的重点任务，并确定了坚持创新在我国现代化建设全局中的核心地位。落实到住房和城乡建设领域，住房和城乡建设部部长王蒙徽就"推动住房和城乡建设事业高质量发展"指出，"全面推动致力于绿色发展的城乡建设，切实把新发展理念落实到住房和城乡建设工作各方面、各环节"。

践行"创新、协调、绿色、开放、共享"新发展理念，推动城乡建设高质量发展，需要坚定不移地持续推动建筑节能与绿色建筑发展，创造性丰富绿色发展内涵，以绿色发展为引领，转变高排放、高消耗的城乡建设发展方式，改善建筑环境品质，优化建筑用能结构，进而不断增强人民群众建筑领域的获得感和幸福感。

本篇以创新和高质量绿色发展为指引，从健康建筑和健康社区、绿色生态城区、建筑碳排放、清洁供暖、零能耗建筑等五个方面综合阐述了绿色发展的前沿领域，梳理现状，剖析问题，展望未来，为"推动建筑产业转型升级，实现工程建设高效益、高质量、低消耗、低排放"和"建设高品质绿色建筑，实现碳排放达峰目标与碳中和愿景"建言献策、添砖加瓦。

健康建筑和健康社区的发展现状与趋势

王清勤　孟　冲　李国柱

（中国建筑科学研究院有限公司　建筑安全与环境国家重点实验室
国家建筑工程技术研究中心　健康建筑产业技术创新战略联盟）

20 世纪以来，由建筑和社区环境所引起的诸多人体健康问题不断凸显[1-7]，为解决这些问题，各国学者在各自专业领域就创造健康、舒适、安全的建筑与社区环境开展了大量研究工作[8-21]。随着社会问题不断演变、科学不断进步、实践经验不断积累，学者们对人、健康、建筑三者关系的认识不断系统化、科学化、工程化，升华形成了健康建筑与健康社区的理念。当前我国在"健康中国"战略的顶层推动下，健康建筑与健康社区的理论成熟度、指标体系完整度、技术完善度及工程规模等均居于世界前列。本文从政策背景、科研及标准、标识项目进展和发展趋势四个方面，系统性阐述我国健康建筑与健康社区的发展现状与趋势。

一、政策背景

从十八届五中全会提出推进"健康中国"建设，到十九届五中全会提出全面推进"健康中国"，我国的健康政策持续深化，推动我国大健康政策从依靠卫生医疗系统以"疾病"为中心，向全社会联动以"健康"为中心转变，并制定了到 2030 年居民健康素养水平不小于 30%、人均预期寿命达到 79 岁、城乡居民体质合格率达到 92.2% 的中长期健康指标。为支撑系列目标指标的实现，《"健康中国 2030"规划纲要》确定了"普及健康生活、优化健康服务、完善健康保障、建设健康环境、发展健康产业"五个重点领域，明确"广泛开展健康社区、健康村镇、健康单位、健康家庭等建设，提高社会参与度"。2020 年 6 月，习近平总书记在主持召开专家学者座谈会的讲话中再次强调"将健康融入城市规划、建设、管理全过程"，为建设领域统筹落实健康中国战略、服务人民群众美好生活指明了发展方向。2020 年 7 月，住房和城乡建设部等七部门《关于印发绿色建筑创建行动方案的通知》（建标〔2020〕65 号），明确将"住宅健康性能不断完善"作为创建目标。

建筑和社区作为人类工作、生活最重要的空间场所，是营造健康的近人体空间环境、引导健康科学的生活方式、纾解心理压力、承接健康中心转移的关键载体。因此，发展健康建筑和健康社区是贯彻落实中央精神、助力人民群众美好生活的有力保障，具有重大而长远的意义。

二、科研及标准进展

（一）科研

健康建筑与健康社区的理念，既是各项健康环境营造技术的创新性有机融合，又需要通过各项科学技术的深化研究来夯实其理论与应用基础。"十三五"期间，有关研究机构在健康建筑与健康社区涉及的各个方面开展了大量专项科研工作，涉及建筑通风与室内空气品质、建材污染物散发、健康照明与光环境提升、健康化改造、运动健康、适老等内容。表 1 列举了科技部部分相关重点研发计划项目，除此之外，由住建部、卫健委、残联、体育总局等部门支持的多项课题也为健康建筑与健康社区的理论完善升级奠定了重要基础。"十四五"期间，针对建筑与社区尺度下健康解决方案的研究将更加综合、深入。

健康建筑相关的部分"十三五"国家重点研发计划课题　　　　表 1

序号	课题名称	承担单位
1	建筑室内空气质量控制的基础理论和关键技术研究	上海市建筑科学研究院（集团）有限公司
2	室内微生物污染源头识别监测和综合控制技术	中国建筑科学研究院有限公司
3	居住建筑室内通风策略与室内空气质量营造	天津大学
4	学校室内 $PM_{2.5}$ 实时监测体系构建及教室空气质量改善的健康收益研究	复旦大学
5	建筑室内材料和物品 VOCs、SVOCs 污染源散发机理及控制技术	中国建材检验认证集团股份有限公司
6	既有城市住区功能提升与改造技术（下设"既有城市住区功能设施的智慧化和健康化升级改造技术研究"课题）	中国建筑科学研究院有限公司
7	面向健康照明的光生物机理及应用研究	中国科学院苏州生物医学工程技术研究所
8	公共建筑光环境提升关键技术研究及示范	中国建筑科学研究院有限公司
9	人体运动促进健康个性化精准指导方案关键技术研究	北京体育大学
10	老年人跌倒预警干预防护技术及产品研发	中国人民解放军总医院

（二）标准

2017 年 1 月，我国首部《健康建筑评价标准》T/ASC 02—2016 发布实施，完成了将规划、建设、改造及运管全生命期中的各项物理环境营造、卫生环境营造等单项技术融合为整体健康解决方案的标准创新。2020 年 3 月，我国首部《健康社区评价标准》T/CECS 650—2020　T/CSUS 01—2020 发布，实现了从建筑单体向区域发展的首次跨越（图 1）。

图 1　健康建筑评价指标体系〔2016 版框架（左），2020 修订征求意见稿（右）〕

　　两部标准遵循多学科融合原则，以人的生理、心理、社会健康需求为目标导向，以建筑物及社区为实物载体分解为空间、布局、构造、设施、设备、服务六大方面技术要素，进而将控制指标归纳为六大健康要素（图 2）作为一级评价指标。两部标准相辅相成，分别着眼建筑与社区尺度的多维健康要素，不仅关注个体，也关注各种相关组织和整体的健康；注重结果也强调过程，即健康建筑与健康社区不仅指达到了某个健康水平，也要求管理者秉持促进和保护居民健康的根本理念，并不断采取和实施切实可行的措施促进和保护人们的健康。

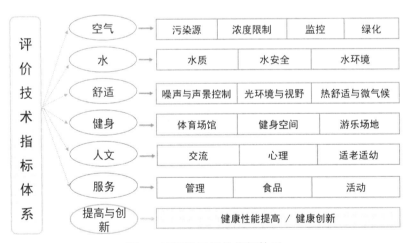

图 2　健康社区评价指标体系

　　在两部标准基础上，为进一步实现对不同尺度、不同类型项目的精细化建设指引，有关单位开展了健康系列标准的研编工作，逐步构建标准体系。从区域范围讲，由健康建筑到健康社区、健康小镇；从建筑功能讲，由健康建筑到健康医院、健康校园，我国健康建筑系列标准逐步完善，向更精细化发展的同时在向为更广泛的人群服务发展。截至 2021 年 4 月，已陆续立项健康建筑系列标准 10 余部，部分标准如表 2 所示。

健康建筑相关技术标准   表2

序号	标准名称	归口管理单位	状态
1	《健康建筑评价标准》	中国建筑学会	修订
2	《健康社区评价标准》	中国工程建设标准化协会	发布
3	《健康小镇评价标准》	中国工程建设标准化协会	发布
4	《既有住区健康改造技术规程》	中国城市科学研究会	发布
5	《既有住区健康改造评价标准》	中国城市科学研究会	发布
6	《健康酒店评价标准》	中国工程建设标准化协会	在编
7	《健康医院建筑评价标准》	中国工程建设标准化协会	发布
8	《健康养老建筑评价标准》	中国工程建设标准化协会	在编
9	《健康体育建筑评价标准》	中国工程建设标准化协会	在编
10	《健康校园评价标准》	中国工程建设标准化协会	在编

三、标识项目进展

为推动健康建筑理念落地，由中国城市科学研究会作为主要推动机构，以《健康建筑评价标准》T/ASC 02—2016为依据，设立健康建筑标识、健康社区标识系列管理办法，开展相关技术推广与标识评价工作。截至2020年12月，全国共189个项目申请了健康建筑标识，含单体建筑1545栋，总建筑面积1976万m^2；共8个项目申请了健康社区标识，总建筑面积326万m^2，总占地面积106万m^2。健康建筑与健康社区项目涵盖北京、上海、江苏、广东、天津、浙江、安徽、重庆、山东、河南、四川、江西、陕西、湖北、新疆、河北、甘肃、青海、福建共19个省/直辖市，以及香港特别行政区。

为进一步展示健康建筑科技成果，健康建筑产业技术创新战略联盟遴选了4项获得健康建筑标识的优秀项目作为"健康建筑示范基地"。通过开展基地示范教育工作，为行业发展提供借鉴，引导健康建筑高质量建设，项目的具体技术措施详见中国建筑工业出版社出版发行的《健康建筑2020》[22]。

四、发展趋势

总体而言，健康建筑与健康社区的理念正逐步深入人心，行业发展迎来了前所未有的机遇与挑战。面对新时代人民对健康生活的迫切需求，健康建筑与健康社区向前发展，既需要在现有工作基础上不断总结并继续深耕，又需要在理论及应用方面进行更为全面的探索和创新。

（一）深化基础理论研究

人的健康会受到多种外在因素的影响，如室内空气污染物、噪声、不卫生的饮食、不良的睡眠等，都会给人的身心健康带来不同程度的危害，长期来看还会存在一定的危害累积。因此建立社区与建筑环境参数对人体健康的短期作用关系及长期累积效应的基础理论，成为下一步研究的一项重点内容。

（二）攻克共性关键技术

保障与促进人体健康是健康建筑与健康社区的核心目标，如何敏锐感知、主动化解环境中的危害因素具有重要的研究价值。因此，研发社区与建筑环境健康影响因素的识别、采集、诊断、修复与干预关键技术，建立兼具适用性与引领性的技术体系也是下一步科研攻关的重点内容。

（三）加速科技成果转化

理论研究作为基础支撑，转化到实际工程中方可实现造福于民的目的。因此建立规范和标准体系，研发关键技术以及产品和设备，形成涵盖研发生产、规划设计、施工安装、运行维护的产业化全链条，推进研发成果的规模化应用至关重要。

（四）推进示范工程建设

充分发挥示范工程的示范引领作用，利用研发的技术、产品和设备，建设具有可推广、可复制的具有显著示范效应的示范工程，为大范围推广奠定基础。

五、发展思路

着眼于未来，进一步发挥健康建筑和健康社区日常长效预防并兼顾应急紧急管控的力量，还需要政策、标准和产业的引导与支撑，有效增加健康建筑、健康社区服务和产品供给，创新发展模式，强化制度保障，夯实技术支撑。

（一）政策支持

将健康建筑和健康社区的发展与健康中国建设的五大战略任务充分结合，基于我国国情和行业发展，完善相关公共设施体系、布局和标准。从供给侧和需求侧两端发力，构建地区差别性、经济适宜性、技术针对性的实施路线图，把健康融入城乡规划、建设、治理的全过程，促进全社会广泛参与，将指标落实到建筑业"十四五"规划文件中，促进城市、社区、建筑与人民健康协调发展。

（二）标准规范

结合我国经济、社会及技术发展现状，开展技术标准体系的研究，加快制订涵盖健康建筑和健康社区全生命期的设计、产品、评价标准，构建分类明确、层次清晰的标准体系，将重点标准纳入国家标准编制计划。同时借助第三方评价，客观评价健康建筑和健康社区性能的同时，对不足之处进行科学指引，在以评促建过程中实现标准的推广、实践、反馈与完善。

（三）产业支撑

将创新驱动作为重要战略基点，通过"基础理论-共性关键技术-核心产品-应用示范"全链条推进，加快关键技术和创新产品研发应用，提高科技竞争力。全面提升科研转化能力。支持前沿技术和产品研发应用，促进健康保险、金融与健康建筑和健康社区建设、服务相融合，鼓励发展健康产业聚集区，形成健康建筑和健康社区产业平台，建立内涵丰富、结构合理的产业体系。

参考文献

［1］Ollerhead J B. Environmental noise nuisance[J]. Sozial-und Präventivmedizin, 1974, 19 (3): 169-175.

［2］Hicks J B. Tight building syndrome: when work makes you sick[J]. Occupational Health & Safety, 1984: 51.

［3］梁红山. 光污染对人体的危害及预防［J］. 劳动医学, 2001（4）: 243.

［4］本刊编辑部. 世界卫生组织公布香港淘大花园 SARS 传播的环境卫生报告［J］. 环境与健康杂志, 2003（4）: 245.

［5］彭诚. 五种有害建材危及健康［J］. 劳动安全与健康, 1998（4）: 30.

［6］佚名. 噪声对耳和机体的危害［J］. 医学文摘（耳鼻咽喉科学）, 1966（4）: 203.

［7］尚琪, 王金敖, 刘颖, 等. 中国热环境与健康研究的进展［J］. 卫生研究, 2001（6）: 383-384.

［8］Liu G, Xiao M, Zhang X, et al. A review of air filtration technologies for sustainable and healthy building ventilation[J]. Sustainable Cities and Society, 2017, 32: 375-396.

［9］Imbabi S E. Modular breathing panels for energy efficient, healthy building construction[J]. Renewable Energy, 2006, 31(5): 729-738.

［10］Wargocki P, Wyon D P, Baik Y K, et al. Perceived Air Quality, Sick Building Syndrome (SBS) Symptoms and Productivity in an Office with Two Different Pollution Loads[J]. Indoor Air, 2010, 9 (3): 165-179.

［11］高宝真, 金东霖. 北京的建筑环境与老年人的身心健康［J］. 中国心理卫生杂志, 1987（1）: 46-48.

［12］刘晓红, 李伟华. 不良建筑物综合征的预防与控制［J］. 环境与健康杂志, 2005（4）: 312-314.

［13］邰启生. 公共场所的空气质量与健康［J］. 环境保护, 1986（6）: 25-28.

［14］赵建平, 罗涛. 建筑光学的发展回顾（1953-2018）与展望［J］. 建筑科学, 2018, 34（9）: 125-129.

［15］佚名. 建筑环境对从业人员健康影响的 15 年调查分析［J］. 工业卫生与职业病, 1995（5）: 309.

［16］王万力. 建筑涂料与环境和健康［J］. 四川建材, 1998（6）: 17-18.

［17］童世泸, 陈华袁, 陈敏, 等. 空气中不同浓度的铅对人体健康的影响［J］. 环境与健康杂志, 1986（4）: 1-3.

［18］林其标. 论岭南建筑人居环境的改善及建筑节能［J］. 华南理工大学学报（自然科学版）, 1997（1）: 48-52.

［19］杨家宝, 耿世彬. 室内空气品质及相关研究［J］. 建筑热能通风空调, 2001（2）: 29-33.

［20］付文昭. 室内空气污染: 暴露与健康影响［J］. 预防医学情报, 1985（4）: 257.

［21］陶甄. 室内空气中的氡与人体健康［J］. 环境保护, 1985（2）: 15.

［22］王清勤, 孟冲, 张寅平, 等. 健康建筑 2020［M］. 北京: 中国建筑工业出版社, 2020.

绿色生态城区发展展望及建议

尹　波　魏慧娇　杨彩霞

（中国建筑科学研究院有限公司）

2020 年，习近平总书记在联合国大会的讲话中提到，中国将提高国家自主贡献力度，采取更加有力的政策和措施，二氧化碳排放力争于 2030 年前达到峰值，努力争取 2060 年前实现碳中和。城市消耗的能源占世界能源的三分之二以上，占全球二氧化碳排放量的 70% 以上 [1]，推进城市发展向绿色生态转型，对于应对气候变化、实现"碳达峰、碳中和"目标具有重要的意义。绿色生态城区是指在空间布局、基础设施、建筑、交通、生态和绿地、产业等方面，按照资源节约、环境友好的要求进行规划、建设、运营的城市建设区 [2]，其建设和实施在解决"城市病"，改善城市人居环境，降低城市资源消耗中发挥了积极的作用。本文系统梳理了绿色生态城区的发展现状，对其发展趋势进行了合理分析，并从发展模式、协同机制、全过程管控、技术发展等方面提出了发展建议。

一、发展现状

自 2000 年以来，经过试点探索、激励发展、示范推广等不同的发展阶段，我国绿色生态城区进入标准化发展阶段，据不完全统计，目前 97.6% 地级（含）以上城市和 80% 的县级城市在城市规划中提出了"绿色、生态"等目标要求。我国绿色生态城区进展情况如下：

（一）绿色生态城区建设规模不断扩大

在 2012 年之前，通过签订部省、部市合作协议的方式，与国际合作推进了天津中新生态城等 12 个生态城区试点，初步探索绿色生态城区建设模式。2013 年 4 月，住建部发文提出"建设绿色生态城区"，中新天津生态城、昆明呈贡新区等第一批由国家评审认定的绿色生态城区正式出炉，中央财政补助 5000 万，支持城区建设 [3]。2013 年到 2018 年，中央及地方政策文件密集出台，地方绿色生态城区建设取得较快进展，至 2020 年，北京市创建包括亦庄经济技术开发区在内的绿色生态城区 9 个，上海市创建或梳理储备的绿色生态城区共计 27 个，深圳市 2020 年计划 17 个重点片区将建成绿色城区。其中上海市已经在既有城区更新中提出绿色生态城区改造要求（图 1）。

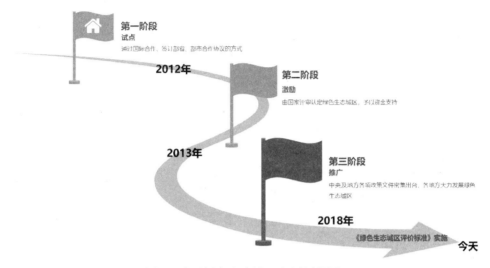

图 1　我国绿色生态城区发展历程图

（二）绿色生态城区政策体系不断完善

我国绿色生态城区发展初期，主要利用住建部或地方政府发布的示范城区管理办法作为评价和管理的依据，专业性和技术适用性较弱。随着绿色生态城区建设工作的推动，国家和各地政府逐步完善配套政策和管理机制，保障生态城区的高质量发展。2017 年，我国正式发布国家标准《绿色生态城区评价标准》GB/T 51255—2017，在此基础上，北京市、上海市、江苏省等地方城市陆续发布了地方性绿色生态城区评价标准或规划设计导则，绿色生态城区进入标准化建设阶段（表1）。

我国不同地区绿色生态城区发展促进政策　　　　　　　　　　　　　表 1

序号	我国部分地区绿色生态城区发展相关政策
1	2013 年 5 月，北京市发布《北京市发展绿色建筑推动生态城市建设实施方案》，自 2013 年 6 月 1 日始，凡新审批的功能区均须编制绿色生态专项规划，到 2019 年已陆续组织六届绿色生态示范城区评选工作，评审确定 14 个绿色生态示范工程
2	2013 年 6 月，江苏省发布《江苏省绿色建筑行动实施方案的通知》，推进绿色建筑区域示范，支持成效突出的示范区推进绿色生态城区建设
3	2016 年 8 月，山东省发布《山东省绿色建筑与建筑节能发展"十三五"规划（2016-2020 年）》，要求新建城区全部按照绿色生态城区要求进行规划、设计、建设、管理，创建省级绿色生态示范城镇 20 个以上。到 2019 年山东省陆续组织 7 批省级绿色生态示范城区
4	2017 年 7 月，广东省发布《广东省"十三五"建筑节能与绿色建筑发展规划》，提出到"十三五"末，建设 10 个以上绿色建筑发展示范片区
5	2018 年 9 月，上海市发布《关于推进上海市绿色生态城区建设的指导意见》，力争到"十三五"期末，上海各区、特定地区管委会至少创建一个绿色生态城区；全市形成一批可推广、可复制的试点、示范城区，以点带面，推进上海绿色生态城区建设

续表

序号	我国部分地区绿色生态城区发展相关政策
6	2018年11月，湖南省发布《关于大力推进建筑领域向高质量高品质绿色发展的若干意见》，计划2020年末长沙、株洲、湘潭三市各建设1～3个高标准的省级绿色生态城区，其他市州各规划建设1个以上市级绿色生态城区
7	2019年1月，杭州市发布《关于印发杭州市大气环境质量限期达标规划的通知》（杭政办函〔2019〕2号），明确"在钱江新城、钱江世纪城、未来科技城等有条件的城市新区、功能园区开展绿色生态城区（街区、住区）建设示范"的目标要求

（三）逐步探索绿色生态效果管控方式

随着绿色生态城区管控路径探索，部分城区提出"绿色生态全过程管控"模式，政府更加关注理念落地管控。作为粤港澳大湾区核心枢纽，广州南沙新区实施"顶层设计-中层衔接-底层管控与落实"的绿色生态城区创建"三步走"模式[4]（图2），通过"绿色生态总师"制度，全过程把控绿色生态实施效果。首都绿色生态城区重点示范项目北京未来科技城为了保证绿色生态指标落实到位，有关政府行政管理部门根据职责分工和审批权限，建立工作协调机制，在不增加审批环节的基础上，对未来科技城的项目实施全过程监督管理，在基本建设的各个环节、运营管理的全过程中落实绿色建筑的要求，确保园区绿色生态目标的实现。

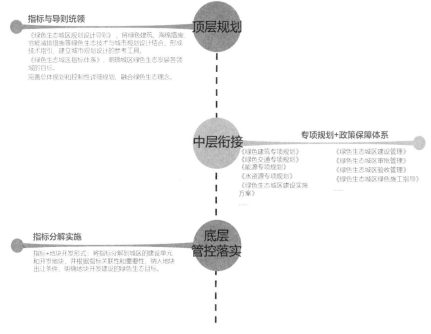

图2 广州南沙新区绿色生态城区"三步走"模式图

（四）绿色生态城区建设效益日益明显

绿色生态城区建设过程中坚持人与环境和谐共生的原则，在条件允许的情况下，城区坚持绿色建筑高标准要求，高星级（二星级、三星级）绿色建筑比例普遍在30%～60%，较未获得绿色生态城区称号的新建城区有明显提高（图3）。通过健全制度、约束城市建设底线、保护恢复生态空间、高标准建设绿色建筑等措施的实施，城区的整体生态环境获得明显提高，为居民打造了健康宜居生活空间。

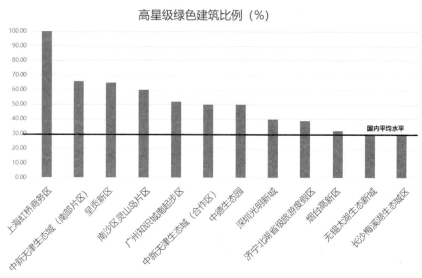

图3　绿色生态城区中高星级绿色建筑比例

　　绿色生态城区强调人与经济和谐发展，对标高标准发展目标，将单位 GDP 碳排放量降低率、单位 GDP 水耗降低率等指标与城市土地开发、绿化、可再生能源、非传统水源等紧密衔接，强调城市的绿色发展和创新发展，在城市节能减排方面取得良好示范效果（图4、图5）。

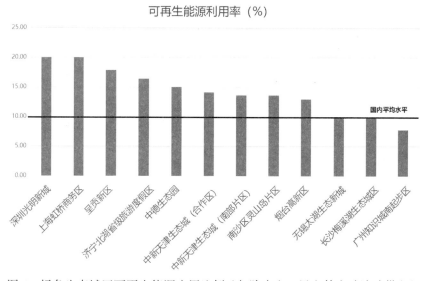

图4　绿色生态城区可再生能源应用比例（扣除水电、风电等市政清洁供电）

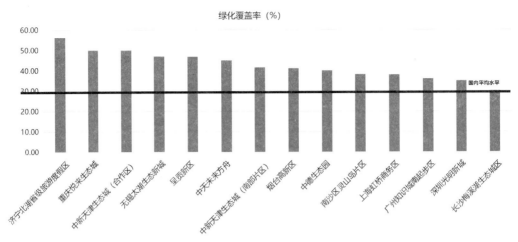

图 5　绿色生态城区绿化覆盖率情况

但是，目前绿色生态城区建设仍然存在一定不足：一是绿色生态城区是一个系统工程，涉及土地、交通、生态环境、建筑、能源、水等多方面内容，建设和管理过程涉及大量信息和数据，各参与部门及单位之间的数据信息共享机制和统一的数据支撑平台有待完善。二是绿色生态城区的建设周期长，部分在规划阶段提出的绿色生态目标在具体实施过程中未能落地，生态城区缺少"全过程"实施体系，没有坚持规划、建设、运营全过程实施绿色生态要求。三是由于地域、气候条件和经济发展条件的不同，城区之间存在差异，绿色生态城区应结合地域特色进行建设，避免绿色生态方面的"千城一面"。

二、发展趋势

随着我国新型城镇化建设进程不断深入，"十四五"期间，我国绿色生态城区发展将面临由"增量发展"向"存量发展"推进，更加注重绿色生态效益、城乡一体化发展等新形势。

（一）由"增量发展"向"存量发展"推进

住房和城乡建设部标准定额司 2020 年 11 月出台《"十四五"建筑节能和绿色建筑发展规划（征求意见稿）》，明确提出"十四五"期间以城市新开发城区或城区更新区域为对象，开展绿色城市建设示范，力争到 2025 年，全国创建绿色城市示范 15 个左右。2020 年 11 月 17 日，住房和城乡建设部党组书记、部长王蒙徽发表《实施城市更新行动》，强调坚定不移实施城市更新行动，推动城市高质量发展，努力把城市建设成为人与人、人与自然和谐共处的美丽家园。在既有城区改造中，建设宜居城市、绿色城市、韧性城市、智慧城市、人文城市的理念不断被提出，城市的更新改造更加强调"有机更新""微改造"模式，既有城区大拆大建的改造模式已不适合当前新形势，将绿色生态城区理念与既有城区更新改造充分融合已成为必然要求。

（二）从绿色规划向"低碳"解决方案发展

《绿色生态城区评价标准》GB/T 51255—2017 提出了城市降低碳排放的指标要求，在城市土地利用、生态环境、资源利用、交通、产业经济等方面有较为可行的降碳措施。目前我国已提出 2030 年碳排放达峰，2060 年实现"碳中和"的战略目标，"十四五"期间我国绿色生态城区将更加关注完善绿色运行管理制度，提高设施、设备运行效率，从高标准设计向高效率运维推进。未来城区建设应研究在降碳措施基础上进一步优化方案，在规划阶段制定"碳中和"方案，在运维阶段施行精细化管理，实现城市从绿色"外壳"向低碳"内核"跨越。

（三）从绿色生态城区向"美丽城市"进阶

2020 年 3 月住房和城乡建设部党组书记、部长王蒙徽发表《推动住房和城乡建设事业高质量发展》的文章，提出建设"美丽城市"的要求。文章中"美丽城市"将绿色建筑、海绵城市、生活垃圾分类、历史文化保护等工程作为重点方向。绿色生态城区作为以上几个重点工程的结合体，将积极落实"美丽城市"的各项标准要求，按照《绿色建筑评价标准》GB/T 50378—2019 要求，继续推行高星级绿色建筑；高水平建设海绵城市，提高城市韧性；落实垃圾分类，建设无废城市，实现城市的高质量发展。

（四）绿色生态城区智慧化发展

信息化、数字化、智能化是我国城镇高质量发展重要举措，有助于全面提升绿色生态城区建设水平和运行效率。在未来绿色生态城区实施过程中，将更加注重融合智慧理念，加快推进城市信息模型（CIM）平台、智慧能源管理系统、智慧水务系统等智慧平台建设，以智慧社区作为基础单元，利用大数据、物联网、云计算等信息技术，不断推进 3D 打印、数控加工等数字建造技术在城区中的实施，从而构建设施智能、服务便捷、管理精细的绿色智慧城区。

（五）绿色生态城区的城乡一体化发展

美丽乡村、特色小城镇、低碳示范镇等乡村绿色发展模式与城镇领域绿色生态城区模式类似，为我国"十三五"期间乡村绿色发展做出了积极的贡献。"城乡互补、协调发展"是我国"十四五"期间新型城镇化发展的目标之一，统筹绿色生态城区和绿色乡村建设工作将成为重要工作之一。通过将绿色生态城区理念纳入我国美丽乡村、低碳城镇等实践中，从土地利用和生态空间格局高效、产业集聚空间和生态涵养空间协调等方面，打造城乡一体化绿色发展模式，实现城乡资源节约、设施均等化，降低城乡基础设施和公共服务设施之间的差距，更有利于增强城乡人民群众获得感、幸福感，促进城乡可持续发展。

三、发展建议

绿色生态城区的建设是一个复杂的、长期的系统工程，为推进其快速发展，实现预期效果，提出以下发展建议：

（一）创新绿色生态城区发展模式

1.完善既有城区绿色生态发展路径

"十三五"以来，我国绿色生态城区建设主要以新建城区为载体，在存量空间系统性应用的案例较少。随着快速城镇化，受到土地资源限制，很多城市进入存量土地开发阶段，绿色生态城区的发展路径与思路应进行一定的转变。绿色生态城区要在存量空间落地实施，需要结合新建城区的标准和技术体系，对城市更新政策、管理制度、标准、技术体系等进行优化，将绿色、生态、低碳的理念和技术纳入城市更新全过程。

2.推进开发建设单位的"多元化"

先期的绿色生态城区创建和管理主要依托城区管委会、住建管理部门等政府职能部门，很少引入第三方开发企业。随着我国绿色生态城区技术和管理机制的逐步成熟，以中节能实业、亿达中国、朗诗集团、临港集团、中新集团等企业为主，在城市开发建设中率先推广室外环境、能源利用、材料利用、智能系统、室内环境等绿色技术体系，企业集团也将成为后续绿色生态城区建设的重要支撑。未来政府应加强与企业之间的联系，逐步建立政企联合或企业独立创建绿色生态城区的管理机制和政策，探索绿色生态城区第三方运行维护机制，为未来绿色生态城区规模发展与建设奠定基础。

3.推进绿色生态转化为经济价值

目前国内绿色生态城区类型各不相同，不同绿色生态城区发展动因不一样，应研究不同类型城区中绿色生态理念落实路径，实现绿色生态与城市经济发展动因相融合，探索将绿色生态优势转化社会经济发展优势的路径。

（二）探索绿色生态城区协同机制

1.探索绿色生态城区跨区域协同建设机制

2020年6月，上海市人民政府、江苏省人民政府、浙江省人民政府印发《关于支持长三角生态绿色一体化发展示范区高质量发展的若干政策措施》的通知，率先探索从区域项目协同走向区域一体化制度创新，以支持区域高质量发展。绿色生态城区建设应注重绿色建筑区域协同能力提升，在标准制定、发展规划等方面考虑区域范围内的协同标准及协同发展规划，如京津冀、长三角、粤港澳大湾区等区域，从能源规划、资源综合利用等方面实现推动绿色建筑区域化发展，促进绿色生态城区建设驶入快车道。

2.建立绿色生态城区多部门协同管理机制

从绿色生态城区建设过程来看，在创建与管理过程中需要国土、规划、建设、城管、环保等多部门的协同配合，从横向相关领域来看，绿色生态城区所在区域的能源基础、配套设施、交通条件、产业发展等都会对城区建设产生影响，需要基础设施、环境、水务、园林、城管等多部门的系统配合。建立和完善各专业高效衔接和配合机制，逐步形成系统性的工作界面，充分发挥各专业的优势，建立协调互补的工作团队。

（三）加强全过程管理和效益评价

1. 加强绿色生态城区顶层设计

按照规划引领、统筹推进的原则，推动绿色生态城区建设发展，将绿色生态城区确定的土地利用、资源节约、环境保护、绿色交通、绿色建筑、智慧发展、海绵城市、绿色人文、绿色科技创新等方面的主要目标与城区的规划体系衔接起来。将重点指标纳入城区的总体规划当中，作为城区未来发展的目标方向。将强制性指标与城区的控制性详细规划相结合，满足城区地块开发的法定要求。并结合各绿色生态城区基底条件、地域特色，编制绿色生态城区的设计导则，明确各项指标落实路径，确定各领域的重点建设工程。

2. 完善绿色生态城区过程管控

加强绿色生态全过程管控，在土地出让、规划设计、施工图审查、竣工验收等各阶段提出明确的绿色生态城区目标和管控指标，并加强绿色生态监管力度。强化绿色生态城区指标体系严谨性和对城区建设的引导作用，实现指标体系与城市规划、技术标准、地块开发条件的衔接，确保生态城区目标能够落地。采用绿色生态城区指标体系分解实施模式，将指标体系纳入城区全过程管控，统筹政府各部门、各专业之间工作。

3. 注重绿色生态效果考核体检

随着绿色生态城区建设工作不断深入，我国大多数绿色生态城区进入了建设与运管协同推进的阶段，2020年住建部发布的"生态宜居、健康舒适、安全韧性、交通便捷、风貌特色、整洁有序、多元包容、创新活力"8个方面与绿色生态城区息息相关，绿色生态城区的建设内容应结合城市体检的指标要求进行有效优化和更新，并实施示范应用。在这个过程中，建立科学的体检指标和体检管理机制，是保障生态城区建设成效真实性的关键环节。

4. 建立信息化的动态管理平台

《绿色生态城区评价标准》GB/T 51255—2017 中将信息化应用技术作为单独的一章，强调生态城区建设过程中应加强信息化技术融合发展，将城市碳排、交通、能耗、环境、固废、绿化等信息数据纳入信息化平台当中。在绿色生态城区建设过程中需要大力推广 BIM 及 CIM 技术应用，加快应用大数据和物联网技术。通过绿色生态城区为城市建立全方位、多途径绿色生态城区综合指标数据采集系统，建立生态城区体检评估信息系统，全面客观分析绿色生态城区创建过程中的问题和不足，并提出优化建议。注重生态城区运行数据的动态监测，实现诊断、治疗、复查、监测预警，实现对城区人居环境从规划、建设到管理过程的动态评估。

（四）完善绿色生态城区技术体系

1. 加快绿色生态城区核心技术产品研发

当前我国在绿色建筑领域的技术和产品研究相对较多，缺乏绿色生态城区集成技术的研究，尤其是绿色技术区域化应用的效果及相互耦合效益的研究较少，针对区域化推广的产品也较少，需加强研究，不断丰富技术产品市场，降低技术成本，提升效益。

2. 进一步完善绿色生态技术标准体系

与绿色建筑相比，我国绿色生态城区在规划设计、运维管理、既有城区改造等方面的标准和技术还有所欠缺，需根据城区建设需求等进行完善。紧密衔接我国"3060"目标要求，以生态城区作为载体，逐步完善城区碳补偿标准，完善碳中和路径，率先推动实现城区领域碳中和，并形成更多的技术、产品等支撑标准。

3. 构建与发展需求相匹配的市场支撑机制

我国现有绿色生态城区多为政府主导开发，开发周期长和前期建设费用过高等因素，限制了资金途径及其推广。目前绿色建筑领域所提出的绿色金融、PPP 等市场模式可有效解决城区建设资金需求，绿色生态城区领域需要充分借鉴绿色建筑发展经验，结合城区产业经济发展，探索积极有效的市场支撑机制，吸引更多社会资本参与建设。

参考文献

［1］USGBC. LEED v4.1 CITIES AND COMMUNITIES: PLAN AND DESIGN[S].

［2］绿色生态城区评价标准：GB/T 51255—2017［S］.

［3］李冰，李迅. 绿色生态城区发展现状与趋势［J］. 城市发展研究，2016，23（10）：91-98.

［4］张占辉，林丽霞，冯露菲，等. 我国绿色建筑区域化发展路径探讨：以广州南沙明珠湾起步区为例［J］. 节能，2019（3）：4-6.

近零能耗建筑规模化推广对城市碳达峰、碳中和的贡献度研究

张时聪 杨芯岩 王 珂 徐 伟

（中国建筑科学研究院有限公司 近零能耗建筑国际科技合作基地）

根据国际能源署核算，2018 年全球建筑运行能耗约占社会总能耗的 30%，二氧化碳排放占总排放的 28%[1]。2018 年，我国建筑运行的总商品能耗为 10 亿 tce，约占全国能源消费总量的 22%，建筑运行相关二氧化碳排放占我国全社会碳排放量的 20%[2]。2015 年 12 月联合国气候变化大会通过《巴黎协定》，提出将 21 世纪全球平均气温上升幅度控制在 2℃以内，并将全球气温上升控制在前工业化时期水平之上 1.5℃以内，大会首次将建筑节能单独列为会议议题。2020 年 9 月 22 日，中国国家主席习近平在第七十五届联合国大会一般性辩论上发表讲话，提出中国将提高国家自主贡献力度，力争于 2030 年前达到碳排放峰值，并努力争取 2060 年前实现碳中和。展望未来，我国新建建筑数量还将保持高速增长，同时既有建筑改造压力逐步增大，如果不能对建筑单位能耗及建筑规模进行有效控制，将会对建筑行业实现减排目标形成阻力。

一、研究背景与问题

目前，已经有多个经济体提出了碳中和的目标（表 1）[3-9]。我国许多研究学者也探讨了建筑节能措施在应对气候变化减缓方面的作用[10]。研究从建筑物中的可再生能源利用[11]、供暖策略[12]、建筑领域总能耗[13, 14]等方面着手，对建筑运行能耗的中长期发展和影响展开研究。国家发改委能源研究所[15]使用综合 IPAC-LEAP 模型对我国建筑的低碳发展及节能政策路线图展开研究。研究结果显示，建筑一次能源消耗将在 2040 年达到峰值，约 8 亿 tce。彭琛等[16]研究显示，在考虑人口、城市化率和总建筑量影响的条件下，应将我国建筑能耗控制在 11 亿 tce 以下。国家发改委能源研究所等[17]指出，建筑能耗将在 2031 年达到峰值，达到 13.7 亿 tce。近期的研究显示，尽管建筑行业的终端能源消耗在协同减排情景下保持低增长率，但直到 2050 年中国才会出现能源需求达峰[13]。

不同国家和地区碳中和目标 表1

举措	国家和地区	提出时间	目标年份	参考文献
行政命令	加利福尼亚，美国	2018 年	2045 年	[3]
	美国	2021 年	2050 年	[4]
政府承诺	加拿大	2019 年	2050 年	[5]
	韩国	2020 年	2050 年	[6]
	日本	2020 年	2050 年	[7]
	智利	2019 年	2050 年	[8]
	中国	2020 年	2060 年	[9]

目前，有关中国建筑部门碳排放中长期发展趋势的研究较少。为了理解如何减缓由于我国人民生活水平的提高而导致的能源增长，Zhou 等[18] 分析了不同能源政策下我国建筑能源需求。在高能源需求情景中，建筑能源需求的平均年增长率约为2.8%，二氧化碳排放量在 2045 年左右达到峰值，而在低能源需求情境下，峰值将提前至 2030 年。研究显示，虽然技术解决方案、系统和实践可以非常有效地减少建筑能耗，但仍需要严格的政策来克服多个实施障碍。Tan 等[13] 通过自下而上模型，分析预测低碳建筑政策和能源结构转型对建筑领域碳排放的中长期发展的影响。研究表明，在政策情景中，建筑行业碳排放的增长速度将会减缓，但不能完全抑制二氧化碳的排放。在考虑能源结构转型的协同减排情境中，二氧化碳排放将在 2030 年以前达峰。此外，绿色建筑、可再生能源以及区域供热等节能政策将对建筑部门减排有较大影响。

尽管许多研究都评估了不同政策建议下我国建筑领域的节能潜力，但对于建筑领域的能耗及碳排放达峰时间尚无共识。不断降低建筑能耗、提升建筑能效和利用可再生能源、推动建筑迈向超低能耗、近零能耗和零能耗始终是建筑节能领域的中长期发展目标，是应对气候变化的重要手段之一。继 1986~2016 年完成建筑节能标准 30%、50%、65% 三步走提升战略规划之后，将超低能耗建筑、近零能耗建筑、零能耗建筑作为我国 2020~2050 年建筑节能新三步走的战略规划正在逐步形成，但目前尚无近零能耗建筑对我国建筑领域减排潜力的中长期影响研究。本研究将建立近零能耗建筑碳排放计算模型，将超低能耗、近零能耗及零能耗建筑作为中长期发展目标，研究不同规模化发展情境下我国建筑领域的减排潜力，从而推动近零能耗建筑从单体向规模化发展。

二、方法与数据

能源系统转型在减缓全球气候变暖、实现气候协议目标中发挥着核心作用。能源系统通过各种能源载体将供应端与消费端连接起来，涵盖一次能源供应、能源加工转换、终端能源使用等环节[19]。IPCC 第五次评估报告将温室气体排放按照不同经济活动进行划分，分为能源供应部门、终端部门以及农业、林业和土地利用部门。其中终端部门又划分为建筑、交通及工业部门[20]。建筑部门狭义碳排放为运行阶段全部碳排放，包含供暖、空调、照明、炊事、生活热水等。考虑我国南北地区冬季供暖方式的差别、城乡建筑形式和生活差别，本文将建筑用能分为三大类，分别为北方城镇供暖用能、城镇住宅用能和公共建筑用能。由图1可以看出，虽然建筑运行阶段能耗包含供暖、空调、照明、炊事、生活热水、家电等，但是由于建筑节能标准的技术措施包括被动式设计降低建筑用能需求，提升主动式能源系统和设备能效，利用可再生能源对建筑能源消耗进行平衡和替代，因此节能标准的提升主要影响的是建筑暖通空调、生活热水和照明的能耗。炊事、家电等方面的能耗与居民生活水平和生活习惯等方面有关，并不在建筑节能标准约束范围内。因此与IPCC报告不同，本研究将以《建筑碳排放计算标准》GB/T 51366—2019为依据，计算边界为建筑运行阶段碳排放，即包含城市住宅和公共建筑的暖通空调、生活热水以及照明能耗，但暂未包括农村地区的建筑能耗。

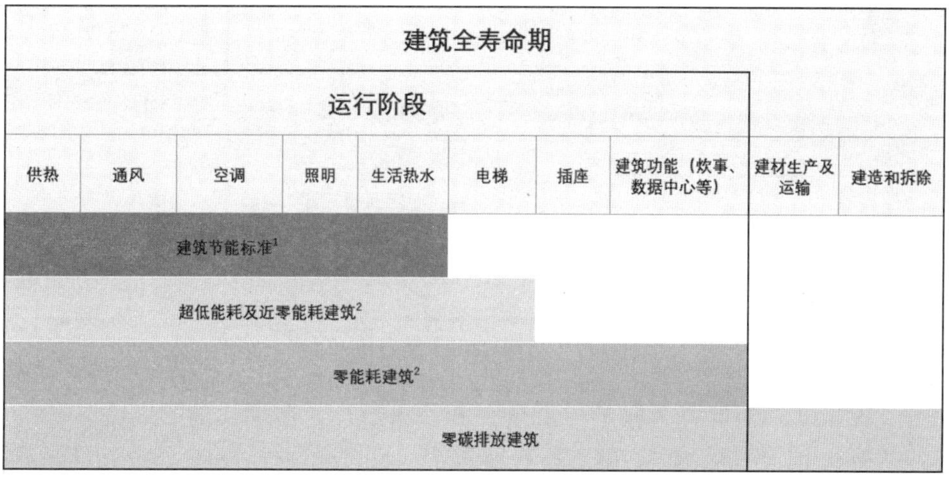

1　由《公共建筑节能设计标准》GB 50189—2015；《严寒和寒冷地区居住建筑节能设计标准》JGJ 26—2018、《夏热冬冷地区居住建筑节能设计标准》JGJ 134—2010以及《夏热冬暖地区居住建筑节能设计标准》JGJ 75—2012规定
2　由《近零能耗建筑技术标准》GB/T 51350—2019规定

图1　不同建筑标准中对建筑能耗及碳排放的定义边界

近零能耗建筑中长期碳排放模型采用近零能耗建筑能耗预测模型[21]对建筑领域能耗进行预测，在此基础上计算碳排放量和节能减排潜力（图2）。建筑领域的能源消费需求可根据建筑面积以及建筑单位用能强度计算得到，通过给定人口总量、城镇化率以及人均建筑面积，对建筑面积进行预测。由于我国幅员辽阔，各地区气候差异巨大，本研究将按照国家标准《建筑气候区划标准》GB 50178—93将建筑划分为严寒、寒冷、夏热冬冷、夏热冬暖以及温和五个气候区。建筑类型包括既有建筑、超低能耗建筑、近零能耗建筑、零能耗建筑。既有建筑是指按照既有建筑节

能标准建造的建筑。建筑领域采用标准煤当量作为能耗单位（国内国际通用用法）。建筑能耗涉及的能源种类为电力、化石能源、冷／热量等，可将不同种类的能源进行统一折算。根据国家标准《民用建筑能耗分类及表示方法》GB/T 34913，化石能源、冷／热量统一折算为电力或／和化石能源。

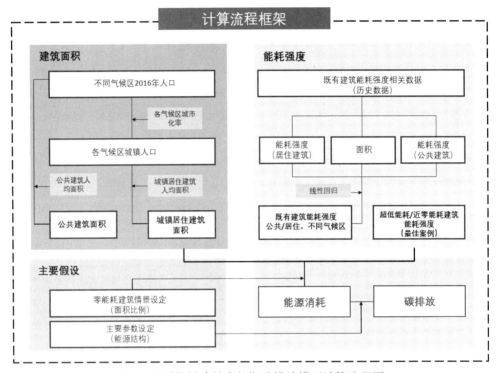

图 2　近零能耗建筑中长期碳排放模型计算流程图

为了探索建筑节能和减排的可能途径和政策选择，根据目前的经济和社会发展状况，研究分别设置基准（BAU）、稳步发展（S1）和高速发展（S2）三种近零能耗建筑发展情景，具体情景假设及各类建筑占比如表 2 所示。鉴于数据的完整性，情景选取 2015 年作为起始时间。

情景设置　　　　　　　　　　　　　　　　　　　　　　　　表 2

		大规模发展起始年份	每五年发展速率
	超低能耗建筑	2035 年	6%
BAU- 基准情景	近零能耗建筑	2040 年	6%
	零能耗建筑	2045 年	5%
	超低能耗建筑	2025 年	6%
S1- 稳步发展	近零能耗建筑	2030 年	6%
	零能耗建筑	2035 年	5%

续表

		大规模发展起始年份	每五年发展速率
S2- 高速发展	超低能耗建筑	2020 年	6%
	近零能耗建筑	2025 年	6%
	零能耗建筑	2030 年	5%

建筑用能情况较为复杂，包含电力消耗和其他类型终端能源消耗，为了更好地对我国建筑能耗进行核算，采用火力供电煤耗值对电力消耗进行折算。电力和热力相同，可以通过追溯其一次能源来源来分析计算碳排放量。从供热结构上来看，截至 2016 年底，我国北方城镇地区供暖使用能源仍以燃煤为主，燃煤供暖面积约占总供暖面积的 78%，包含燃煤热电联产及燃煤锅炉。其次为燃气供暖，占 15%。另外还有电锅炉、热泵、太阳能等热源形式[15]，除了少部分计入电力消费，其余可归入可再生能源消耗。面向未来，北方城镇地区集中供暖仍以清洁燃煤为主，天然气在集中供热中的贡献也不会发生较大变化，但会有更多的燃煤、燃气锅炉转向更高效的燃煤和燃气热电联产。研究假设北方城镇供暖能源结构不发生变化。集中供暖的碳排放包含锅炉房直接碳排放以及热电联产中的间接碳排放。对于锅炉房碳排放因子，可通过锅炉类型、锅炉房效率等参数获得。有关热电联产碳排放因子的确定，目前尚无统一计算方法。研究选取既有研究中的热力碳排放因子进行计算[6]（表 3）。

关键参数设定 表 3

		2015 年	2030 年	2060 年	参考文献
人口 / 亿		13.75	14.49	12.75	[23]
城镇化率 / %		56.10	70.00	80.00	[15]
城镇住宅人均面积 / m²		28	41	45	[21]
公共建筑人均面积 / m²		8	13	18	
城镇居住建筑能耗强度 / (kgce/m²)	严寒 / 寒冷	17.6	17.3	17.8	基于历史数据推测[24]
	其他	3.7	5.4	8.5	
公共建筑能耗强度 / (kgce/m²) [24]	严寒 / 寒冷	22.2	24.2	28.6	
	其他	13.5	16.5	22.1	
超低能耗建筑能耗强度 / (kgce/m²)	居住建筑	7.6			[25]
	公共建筑	13.3			
近零能耗建筑能耗强度 / (kgce/m²)	居住建筑	6.1			
	公共建筑	10.7			
零能耗建筑能耗强度 / (kgce/m²)		0			

		2015 年	2030 年	2060 年	参考文献
城镇住宅能源结构（暖通空调、生活热水及照明，不含北方供暖）	电 / %		84.4		[26]
	天然气 / %		15.6		
公共建筑能源结构（暖通空调、生活热水及照明，不含北方供暖）	电 / %	95.0	93.7	92.0	
	天然气	5.0	6.3%	8.0	
北方城镇供暖能源结构	煤 / %		78		[22]
	天然气 / %		15		
	电 / %		1		
	可再生能源 / %		6		
电力碳排放因子 / (kg CO$_2$/kWh)		0.67	0.47	0.37	[13]
热力碳排放因子 / (t CO$_2$/TJ)		125.75	123.99	121.52	

三、结果与分析

（一）建筑领域能耗发展趋势

根据《建筑碳排放计算标准》GB/T 51366—2019，模型计算边界为建筑运行阶段碳排放，即包含城市住宅和公共建筑的暖通空调、生活热水以及照明能耗。对于不同发展情景，未来中长期建筑能耗呈现先增长后减少的状态。随着超低能耗、近零能耗和零能耗建筑发展速度的增快，建筑领域能耗呈现出如下发展趋势：（1）峰值降低；（2）峰值的出现时间提前；（3）峰值后的下降幅度增加。

在 BAU 情景中，2045 年达到能耗峰值，为 10.1 亿 tce，随后建筑能耗将略有减少。到 2060 年，BAU 的建筑能耗将达到 7.1 亿 tce。在稳步发展情境中，2060 年，全部建筑为超低能耗、近零能耗和零能耗建筑，此情景中，能耗峰值将在 2035 年出现，2060 年能源消耗为 4.3 亿 tce。在高速发展情境中，能源需求的达峰时间有望提前到 2030 年左右，峰值能耗为 7.7 亿 tce。

与基准情境相较，随着建筑节能发展速度的加快，累计建筑节能量急剧增加。根据计算结果，从 2015 年到 2060 年，稳步发展情景和快速发展情景下的能源消耗量分别累计减少了 60.5 亿和 94.1 亿 tce。

（二）建筑领域碳排放发展趋势

随着建筑领域能源消费需求的增加，未来建筑领域的碳排放也将保持增长的趋势。对于基准情景，建筑领域的碳排放将在 2040 年达到峰值，约为 19.4 亿 tce。稳步发展情境下，CO$_2$ 达峰时间有望提前到 2030 年，与 BAU 相较，峰值降低至 17.2 亿 t。在高速发展情境下，建筑领域碳排放达峰时间将进一步提前至 2025 年，峰值为 16 亿 t。

与建筑领域能耗发展趋势相比较，三种情境碳排放达峰前的增长幅度明显小于能源消费需求，达峰后的下降速率显著提升，碳排放达峰时间普遍提前。模型边界为建筑中的暖通空调、生活热水和照明，因此能源类型主要包括电力和热力。随着能源结构的优化、可再生能源的利用，电力和热力的碳强度下降较快。虽然建筑领域电力消费逐年提升，但建筑领域碳排放仍呈下降趋势。

此外，由于超低能耗、近零能耗与零能耗建筑的发展，建筑能耗中热力和天然气消费逐渐被电力消费所替代，建筑电气化水平显著增强，从而使得电力部门减排优势更加凸显。因此，在稳步发展和快速发展情景下，建筑领域碳排放的减排速度显著加快。2015 年的建筑碳排放水平为 11.6 亿 t CO_2，其中热力碳排放占比 50.6%，而电力碳排放仅占 41.7%。对于基准情景，2060 年超低能耗、近零能耗与零能耗建筑总占比为 69%，此时，仍有 24.6% 的建筑碳排放为热力消费碳排放。对于稳步发展情景，2060 年超低能耗、近零能耗与零能耗建筑总占比达到 100%，碳排放量为 5.3 亿 t CO_2，全部为电力碳排放。为达到碳中和目标，建筑物本身能效提升贡献率为 50.1%，建筑电气化以及电网零碳排放贡献率为 49.9%（图 3）。

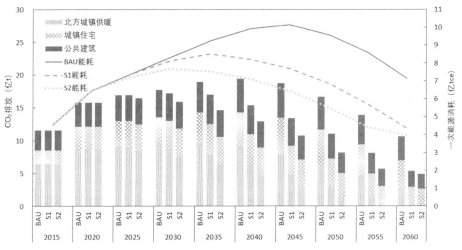

图 3　建筑领域能源消费与碳排放发展趋势（包含城镇住宅及公共建筑供暖供冷和照明能耗）

四、结论

我国近零能耗建筑自 2011 年起步试点，目前建成和在建项目近 1000 万 m^2，已经初步呈现从单体到规模化推广的态势。本研究应用近零能耗建筑中长期碳排放模型，通过设置基准情景、稳步发展情景和高速发展情景，模拟不同发展情境下近零能耗建筑规模化推广对城镇建筑领域未来的能源需求及碳排放趋势的影响，为近零能耗建筑的规模化推广提供借鉴。

（1）随着近零能耗建筑规模化发展速度的增快，建筑领域能耗及碳排放均呈现出峰值降低、峰值的出现时间提前以及峰值后的下降幅度增加的发展趋势。

（2）基准情景下，2060 年中国建筑领域一次能源消耗（计算暖通空调、生活热水和照明系统，不含家电和其他能耗系统，不含农村地区）达 7.1 亿 tce，相关碳排放达 10.6 亿 t。通过发展近零能耗建筑，在稳步发展情境下，建筑领域峰值能源需求可控制在 8.5 亿 tce 左右，碳排放在 2030 年达峰，峰值为 17.2 亿 t CO_2。到 2060 年二氧化碳排放下降至 5.3 亿 t CO_2，且全部为电力碳排放。因此，为达到碳中和目标，建筑物本身能效提升贡献率为 50.1%，建筑电气化以及电网零碳排放贡献率为 49.9%。对于高速发展情景而言，碳达峰时间将提前至 2025 年，峰值为 16.4 亿 t CO_2。到 2060 年，与基准情景相较，稳步发展情景及高速发展情景可累计节省 60.5 亿 tce 和 94.1 亿 tce。

（3）由于超低能耗、近零能耗及零能耗建筑的发展，建筑电气化水平提升显著，并且未来我国电力部门的碳排放强度将进一步下降，在此双重作用下，与建筑能源消费相比，我国建筑领域碳排放的达峰前的增幅将减小、达峰时间将提前、达峰后的下降速率将增快。

五、政策建议

（1）编制实施近零能耗建筑中长期发展规划。建筑领域应配合温室气体减排和碳达峰、碳中和目标，研究制定近零能耗建筑中长期发展规划，提出明确的 2030-2040-2050-2060 长期规划和"十三五""十四五""十五五"三个五年计划，为近零能耗建筑规模化发展提供政策保障。

（2）全面提升新建建筑能效水平。对于城镇新建建筑推行更加严格的节能标准，推动超低能耗建筑规模化建设，在示范城市、示范区推动近零能耗建筑 100% 实施。

（3）推动既有建筑深度节能改造。通过既有公共建筑深度节能改造和既有居住建筑关键部品局部改造，全面提升既有建筑能效水平，从消费侧推动建筑领域能源结构优化。

（4）大幅度提高可再生能源建筑应用比例。随着太阳能光伏板、储能储电系统成本大幅降低，太阳能光电建筑一体化、分布式微电网技术和热泵技术会在建筑和社区中得到更广泛应用，建议将可再生能源建筑应用比例目标从"十三五"时期的 6% 上调至未来 10% 或更高。

参考文献

［1］IEA.Solar Heat Worldwide-Markets and Contribution to the energy Supply 2014 [R]. 2016.

［2］清华大学建筑节能研究中心. 中国建筑节能年度发展研究报告 2020（农村住宅专题）［M］. 北京：中国建筑工业出版社，2020.

［3］马里兰大学全球可持续发展中心. 净零碳建筑：国际趋势和政策创新［R］. 能源基金会，2020.

［4］The White House T. Executive order on tackling the climate crisis at home and abroad [M]. 2021.

［5］Yahoo Finance Y. Government of Canada charts course for clean growth by introducing bill to legislate net-zero emissions by 2050 [M]. 2020.

［6］Climate Home News C.South Korea formally commits to cutting emissions to net zero by 2050 [M]. 2020.

［7］Climate Home News C.Japan set to announce 2050 net zero emissions target – report [M]. 2020.

［8］D.Kairies-Alvarado, C.Muñoz-Sanguinetti, A.Martínez-Rocamora.Contribution of energy efficiency standards to life-cycle carbon footprint reduction in public buildings in Chile [J]. Energy and Buildings, 2021, 236.

［9］中华人民共和国生态环境部. 生态环境部 10 月例行新闻发布会实录［M］. 2020.

［10］Li H, Xu W, Yu Z, et al.Discussion of a combined solar thermal and ground source heat pumpsystem operation strategy for office heating [J]. Energy and Buildings, 2018, 162: 42-53.

［11］Zhang W, Liu S, Li N, et al.Development forecast and technology roadmap analysis of renewable energy in buildings in China [J]. Renewable and Sustainable Energy Reviews, 2015, 49: 395-402.

［12］Xiong W, Wang Y, Vad Mathiesen B, et al.Heat roadmap China：New heat strategy to reduce energy consumption towards 2030 [J]. Energy, 2015, 81(1): 274-285.

［13］Tan X, Lai H, Gu B, et al.Carbon emission and abatement potential outlook in China's building sector through 2050 [J]. Energy Policy, 2018, 118: 429-439.

［14］Zhang J, Gu L.Reinventing fire: China - a roadmap for China's revolution in energy consumption and production to 2050 [M]. Beijing, China: China Science and Technology Press, 2017.

［15］国家发改委能源研究所. 中国低碳建筑情景和政策路线图研究［R］. 2014.

［16］彭琛，江亿. 中国建筑节能路线图［M］. 北京：中国建筑工业出版社，2015.

［17］国家发改委能源研究所，美国劳伦斯伯克利国家实验室，落基山研究所等. 重塑能源：中国 - 面向 2050 年能源消费和生产革命路线图研究［R］. 2016.

［18］Zhou N, Khanna N, Feng W, et al.Scenarios of energy efficiency and CO_2 emissions reduction potential in the buildings sector in China to year 2050 [J]. Nature Energy, 2018, 3(11).

［19］Rogelj J, Popp A, Calvin K V, et al.Scenarios towards limiting global mean temperature increase below 1.5℃ [J]. Nature Climate Change, 2018, 8: 325-332.

［20］IPCC. Mitigation of Climate Change.Contribution of Working Group III to the Fifth Assessment Report of the Intergovernmental Panel on Climate Change [R]. New York, 2014.

［21］Yang X, Zhang S, Xu W. Impact of zero energy buildings on medium-to-long term building energy consumption in China [J]. Energy Policy, 2019, 129: 574-586.

［22］清华大学建筑节能研究中心. 中国建筑节能年度发展研究报告 2019［M］. 北京：中国建筑工业出版社，2019.

［23］翟振武，李龙，陈佳鞠. 全面两孩政策对未来中国人口的影响［J］. 东岳论丛，2016，37（2）：77-88.

［24］清华大学建筑节能研究中心．中国建筑节能年度发展研究报告 2017［M］．北京：中国建筑工业出版社，2017．

［25］张时聪，吕燕捷，徐伟．64 栋超低能耗建筑最佳案例控制指标和技术路径研究［J］．建筑科学，2020，36（6）：7-13．

［26］彭琛，江亿，秦佑国．低碳建筑和低碳城市［M］．北京：中国环境出版社，2018．

北方地区清洁供暖实施进展及发展趋势

徐　伟　袁闪闪　张宇峰　曲世琳　胡楚梅

（中国建筑科学研究院有限公司　建筑安全与环境国家重点实验室）

清洁供暖是中央关心、社会关注、人民关切的重大民生工程。"十三五"期间，清洁供暖工作取得阶段性成果，清洁供暖比例逐步攀升，污染物减排贡献突出，蓝天保卫战成效初显。为全面防止散煤复燃，推动清洁供暖高质量发展迈上新台阶，未来一是要着重解决返煤风险日益突出、用户侧建筑能效提升推进难、运行补贴压力大等难题，二是要继续扩大清洁供暖覆盖范围，不断引导群众取暖理念转变，全面夺取污染物防治攻坚战胜利。

一、清洁供暖发展历程

（一）工作背景

截至 2016 年底，我国北方地区城乡建筑供暖总面积约 206 亿 m^2，其中，城镇建筑供暖面积 141 亿 m^2，农村建筑供暖面积 65 亿 m^2。从用能情况看，北方地区供暖能源以燃煤为主，燃煤供暖面积约占总供暖面积的 83%。从燃煤量看，供暖用煤年消耗量约为 4 亿 tce，其中散烧煤约为 2 亿 t，占比达 50%[1]。散烧煤的大气污染物排放量是清洁集中燃煤的 10 倍以上，散烧煤取暖已成为我国北方地区冬季雾霾的重要成因之一，因此推进清洁供暖迫在眉睫。

2016 年 12 月，习近平总书记在中央财经领导小组第十四次会议上强调，推进北方地区冬季清洁取暖，关系广大人民群众温暖过冬，是能源生产和消费革命、农村生活方式革命的重要内容，是重大的民生工程、民心工程。这正式拉开了我国清洁供暖的序幕。

（二）推进历程

2017 年国家发改委等十部委联合颁布了《北方地区冬季清洁取暖规划（2017—2021 年）》（以下简称《规划》），对北方地区清洁能源供暖工作进行了整体部署。2017 年 5 月 16 日，财政部等四部委发布《关于开展中央财政支持北方地区冬季清洁取暖试点工作的通知》，试点城市推进工作正式启动。试点城市工作，是我国推动清洁供暖工作的重要抓手（图 1）。截至 2020 年底，我国中央财政共支持 3 批 43 个国家清洁取暖试点城市。另外，各部委在能源保障、绩效评价、大气污染治理等方面颁布了多项配套政策。

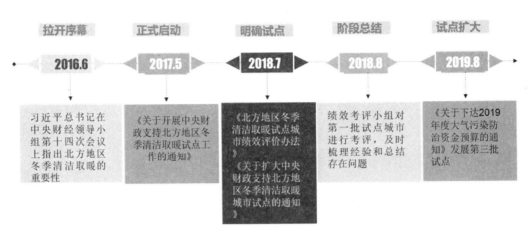

图 1　清洁取暖试点城市推进历程

二、清洁供暖取得的成效

（一）清洁供暖率快速提升

在中央财政重点支持下，北方地区清洁供暖工作取得重要成效。截至 2019 年底，北方地区清洁供暖面积达到 120 亿 m^2，相比 2016 年增加了 51 亿 m^2，清洁供暖率达到 55%，相比 2016 年提高了 21 个百分点，累计替代散烧煤超过 1 亿 t [2]。

（二）清洁供暖路径初具规模

2017～2019 年，北方农村地区快速推进煤改电、煤改气，新增煤改电用户 740 万户，新增煤改气用户 891 万户。另外，整个北方地区新增清洁燃煤集中供暖 17.3 亿 m^2，新增可再生能源供暖 2 亿 m^2，新增工业余热供暖 1.3 亿 m^2。

（三）能源供应体系逐步完善

气源保障方面，在 2017 年出现"气荒"后，2018 年、2019 年气源保障能力持续提升。2019 年，三大石油公司向北方六省市供应天然气达到 441 亿 m^3，完成 2021 国家十部委清洁取暖规划的 74%，输气管道干线、支线建设快速推进。电力保障方面，2017～2019 年，国家电网分别投资 310.8 亿元惠及 200 万户、295 亿元惠及 220 万户、338 亿元惠及 372 万户共计 943.8 亿元惠及 792 万户[1] 用于清洁供暖煤改电配套电网改造 [3-5]。

（四）财政支持力度不断加强

2017～2019 年，中央财政分别投入 60 亿元、139.2 亿元、152 亿元共计 351.2 亿元，地方财政分别投入 226.3 亿元、328.8 亿元、221.9 亿元共计 777 亿元。在中央和地方财政资金带动下，社会资本投入 777.8 亿元。累计 2017～2019 年各类资金总投入 1731.5 亿元（图 2）。

1　因统计口径不同，与前述 740 万户存在出入。

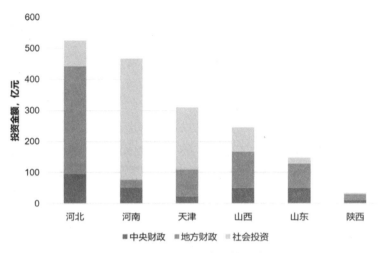

图2　2017～2019年清洁供暖资金投入

（五）大气污染防治成效明显

"十三五"期间大力推进清洁取暖工作为北方空气质量改善，特别是SO_2浓度的降低做出重要贡献。2019～2020年供暖季相比2016～2017年供暖季（清洁取暖试点城市实施前一个供暖季），$PM_{2.5}$及SO_2均有效降低，SO_2下降尤为显著（图3），$PM_{2.5}$浓度平均降幅达到30.3%，其中降幅最大的城市是石家庄和保定，分别达到49.6%和49.5%；SO_2浓度平均降幅达到68.7%，其中降幅最大的城市是临汾，达到86.3%。生态环境部公开表示，煤改气、煤改电在环境质量改善和$PM_{2.5}$下降方面的贡献率是三分之一，甚至更高。

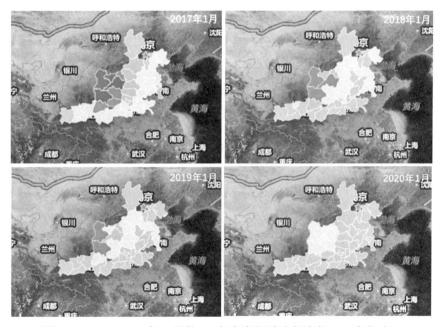

图3　2017～2020年1月份39个清洁取暖试点城市SO_2浓度对比

（六）试点城市形成模式经验

以鹤壁市等优秀试点城市为代表，部分试点城市已探索出了一系列可复制推广的政策和技术管理经验。鹤壁市秉承"企业为主、政府推动、技术创新、居民可承受、运营可持续"的工作思路，形成了"一个中心发力、两侧同步改造、三个基本原则、四条经验做法、五项保障机制"的北方地区冬季清洁供暖建设"鹤壁模式"。其中四条经验做法获得有关部委高度肯定，已向其他试点城市推广，主要包括"清洁供、节约用、投资优、可持续"的总体思路、"电取暖、气做饭、房保温、煤清零"的技术路径、"补初装不补运行"的财政补贴机制和"六个一"的建设推广标准（图4）。

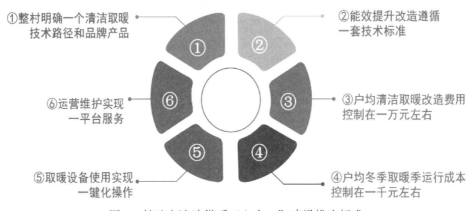

①整村明确一个清洁取暖技术路径和品牌产品

②能效提升改造遵循一套技术标准

③户均清洁取暖改造费用控制在一万元左右

④户均冬季取暖季运行成本控制在一千元左右

⑤取暖设备使用实现一键化操作

⑥运营维护实现一平台服务

图4 鹤壁市清洁供暖"六个一"建设推广标准

三、清洁供暖现存问题

（一）双侧同推实施难

开展用户侧建筑能效提升，可以减少热源清洁化的初投资，降低供暖费支出，提升室内舒适度，对现阶段热源清洁化改造出现的供暖成本普遍偏高具有重要意义。现阶段试点城市对于热源侧清洁取暖改造重视程度已达到前所未有的高度，然而对于用户侧建筑能效提升工作认识程度仍然不足，用户侧建筑能效提升工作在"十三五"期间虽有所突破，但总体进展缓慢。截至2019年底，累计实施用户侧建筑节能改造1.84亿m^2（城镇1.38亿m^2，农村0.46亿m^2），占5亿m^2改造任务目标的36.8%，占50.6亿m^2热源侧清洁化改造完工量的3.6%。

（二）返煤风险存隐患

清洁热源成本较散煤高出2～3倍，特别是随着清洁能源消纳能力提升，低价电自愿参与电供暖积极性也逐渐减退，电供暖面临着低价电资源不可持续的问题。如高品质清洁热源不能节约高效利用，则农村清洁取暖补贴依赖性强，补贴一旦终止，农民经济不可承受，可能造成农村返煤或大量清洁取暖设备闲置停用，导致环保成果倒退，中央资金浪费，群众满意度降低。

（三）财政补贴依赖高

清洁取暖目前过度依赖财政，缺乏内生动力。近三年全国43个试点，中央与地方配套财政资金投入达千亿元，补贴规模大、强度大，给中央和地方财政带来极大的压力，存在不可持续的风险。探索开辟财政资金新来源，研究补贴到期后的清洁供暖方案，形成商业化模式，让清洁供暖自我持续造血，是清洁取暖长效可持续的原生动力。

（四）售后维护待加强

大量终端用户设备的售后维护监管成为难题。清洁能源高效利用，需要高效的输配系统，需要可靠的终端设备。相比终端用户和终端设备，燃气管网、电网等输配系统管理难度相对较小。而农村地区终端清洁取暖设备鱼龙混杂，不少地区低价中标，导致厂家降低配置或降低服务规格，存在较大的质量隐患，由于缺乏有效管控手段，农村地区约1000万农户清洁取暖设备面临售后维护监管的问题。"一年看成本、三年看质量、五年看维保"，维护将成为未来清洁热源高效利用的最大难题之一。

四、清洁供暖发展趋势

（一）能源形式——以电为主　多元共存

根据我国清洁取暖三年试点工作的发展，清洁取暖技术应用呈现以下趋势："煤改电"将成为清洁取暖的主流形式，"煤改气"发展持续放缓，可再生能源供暖中生物质能供暖占比将进一步扩大。

实施"煤改电"供暖设施改造工程是降低群众供暖成本、改善居民供暖条件、加强生态环境保护的重要举措。从时间上来看，2018年开始，伴随"煤改气"规模下滑，"煤改电"规模明显提升。2017～2019年，在"煤改气""煤改电"双代工作中，煤改电占比分别达到26.8%、50.1%、55.0%，其中2017年完成127.3万户，2018年完成238.5万户，2019年完成374.1万户。从地域上分析，目前我国以"煤改电"为主的地区包括北京、天津、河南，其中河南是"煤改电"最大的市场，约占全国"煤改电"市场的半壁江山。2020年河南省全省双替代供暖累计完成104.6万户，其中，"电代煤"102.5万户，占比达97.99%。陕西作为北方清洁取暖重点区域的新晋省份，技术路径上以"煤改电"为主，市场潜力正在逐步释放。

我国能源正在向高效、清洁、低碳、多元化的方向转型和变革，能源转型的最终目标是实现大规模开发利用清洁能源并提高电能在终端能源消费中的比重，因此提高电取暖规模占比是能源高效利用的最佳方式。近年来可再生能源应用技术不断革新，发电成本不断下降，预计2020～2040年，光伏与风电成本将以年均3%的速度下降，到2050年，光伏发电成本将比现在再降低60%，只有煤电的1/4，发电正在逐渐成为最好的可再生能源利用方式，电取暖契合能源发展趋势与潮流。

（二）区域格局——范围扩大　力度不减

"2＋26"重点城市工作重心转向严防散煤复燃。按照规划总体目标，"2＋26"重点城市到2021年城市城区全部实现清洁供暖，县城和城乡结合部清洁供暖率达到80%以上，农村地区清洁供暖率60%以上。初步预计该目标将顺利实现，在"十四五"期间"2＋26"重点城市清洁供暖改造量会剧减，但以"2＋26"大气污染通道城市为代表的京津冀地区，仍是大气污染防治的重点区域，监管重点将主要从重点城市扩至重点区域，从注重改造建设到注重运维和防止散煤复烧。

汾渭平原进入"增速"期。陕西、山西是产煤大省，同时也是煤炭消费大省，汾渭平原煤炭消费更集中，煤炭在能源消费中占比近90%，远高于全国60%的平均水平。随着京津冀地区空气质量的改善，汾渭平原污染问题逐步凸显，且受山脉阻挡和背风坡气流下沉作用影响，汾渭平原地区易形成反气旋式的气流停滞区，污染物不易扩散，汾渭平原的清洁取暖工作需加大力度。

其他地区将更具针对性开展。除京津冀、汾渭平原外，清洁供暖工作也会扩至东北、西北等地区，主要是针对性开展。目前东北地区（吉林、辽宁、黑龙江、内蒙古）总清洁供暖率、城区清洁供暖率、县城和城乡结合部清洁供暖率、农村地区清洁供暖率等多项指标均低于北方地区平均水平。西北和东北等区域地广人稀，相比京津冀及其周边地区环境污染的程度较小，因此试点城市大多集中在华北地区，但随着燃煤锅炉替代进程的推进，东北、西北地区预计也将加入其中。纵观东北地区雾霾情况，空间分布差异显著，整体呈现工业和经济发达的大中型城市霾日日数远多于经济相对较落后的地区。因此东北、部分西北地区一方面要紧跟清洁取暖实施计划整体目标，加快清洁供暖工作进度，另一方面要有目标有针对性地进行。

（三）政策推进——由点及面　聚焦运维

从2017年第一批12个试点城市到2018年第二批23个试点城市再到2019年第三批8个试点城市，清洁供暖试点工作已基本覆盖"2＋26"大气通道及汾渭平原城市。随着清洁供暖工作的深入，后期运维的规模逐渐增大，各级地方政府的工作重心将转向运维。

目前部分省市已经逐步依托物联网、大数据与"互联网＋"技术的应用全面提升清洁取暖工作管理水平。北京市建立了"北京市农村地区清洁取暖监控平台"和"乡镇供暖服务中心"，为全市清洁供暖工作全流程提供平台服务，目前已有13个区近3000个村庄纳入平台管理。河北省建立了城市智慧供热模式，目前河北省70%以上市、县已不同程度地开展了供热监管信息平台建设工作。鹤壁市建立多元高度融合的综合性智慧监管平台，集财政、能源、工程于一体，集审批、报修、监管于一体，实现全市80余个不同部门36万余户群众的清洁供暖建设成效的智慧管控。

探索技术监管创新模式，从源头实现可持续是大势所趋。提前布局维保服务，提早布局后清洁供暖期服务保障工作将成为后期工作布局重点。地方政府建立统一的运营维护平台，政府监管企业更好地让清洁取暖用户放心，企业统一运维降低用户维保成本，数据智能分析支撑科学决策。

五、"十四五"清洁供暖工作重点建议

（一）积极推进农房建筑能效提升

"十三五"期间，清洁供暖工作取得阶段性成果，清洁供暖比例逐步攀升，蓝天保卫战成效初显，农村地区在热源清洁化改造后冬季室内舒适度有了明显提升，但百姓对清洁供暖的供暖费用有很大顾虑，多地出现散煤复烧现象，甚至有的城市返煤率高达近40%，清洁供暖建设成效面临重大考验。为在"十四五"期间守住战果，扩大战功，推动清洁供暖高质量发展迈上新台阶，全面防止散煤复燃，亟需在"十三五"热源侧清洁供暖改造基础上，重点加强用户侧建筑能效提升工作，推进"清洁供、节约用、能承受、可持续"的长效清洁技术模式。

清洁供暖实施前，北方农村地区冬季户均供暖散煤耗量约2~3t/户，供暖费用在1000~2000元。在经过电代煤、气代煤等热源侧清洁化改造后，北方农村地区冬季户均供暖费用显著提升，居民普遍反映取暖贵、用不起，出现较为严重的不可承受现象。当前能源价格相对稳定，短期内难有大幅波动，清洁能源供暖成本高于散煤的现象难以逆转，百姓对清洁供暖的供暖费用有很大顾虑，亟需因势利导，主动发挥建筑能效提升工作对于降低返煤风险、提高清洁供暖可持续性的重要作用。

开展用户侧建筑能效提升，是提升农村地区清洁供暖改造效果，降低取暖运行成本的治本之策，能够有效降低返煤风险，提升清洁供暖可持续性。以节能30%为目标，综合考虑农村地区间歇取暖、仅在活动区供暖等朴素的节能理念，预计进行农宅能效提升的清洁供暖用户的冬季户均供暖费用将降低至2000元以下，与原先使用散煤供暖成本基本接近，大大降低热源清洁化改造用户的供暖经济负担。从前期试点城市实践经验看，经过建筑能效提升改造后，相比改造前供暖成本降低13%~30%，在同等支出水平下，冬季室内温度提升2~4℃。未来将用户侧既有建筑能效提升改造作为工作重点，确保清洁供暖"用得起、用得好、用得久"。

但是，由于北方大部分村庄缺少统一规划，基础设施建设水平滞后，农房长期以来自建自用，结构较差，农民经济承受能力有限，节能意识和习惯尚未养成，无法直接照搬城镇地区建筑节能改造技术途径。因此，应加强统筹规划和顶层设计，做好全流程规范指导工作，拓展用户侧建筑节能改造新思路；强化重点难点工作示范引领，在坚持试点先行、思路创新、模式突破的原则下，不断摸索技术上可行、成本上可接受、操作上可推广、效果上可保障的技术方案，突破改造前方案可行、建成后效果可持续的关键问题，形成经济性好的技术新模式。

（二）充分发挥监管平台预警作用

清洁取暖试点城市建设陆续进入收官期，但清洁供暖长效运营工作几乎还停留

在起跑线上。财政补贴在清洁供暖建设过程中发挥着重要引导作用，建议当前各级财政由支持重点区域试点城市工程建设转入支持长效机制建设，特别是加大对长效运维机制建设的支持力度，不断向保障供暖成本可承受、设备运行高效、维修售后可靠等目标方向迈进，彻底解决群众后顾之忧，牢守大气环境改善成效。

清洁供暖智慧监管平台已成为后清洁供暖时代的关键技术保障，在此背景下应当超前布局，建立"互联网＋清洁供暖"的工作管理模式，运用科技手段破解清洁供暖设备点多面散无监管的难题，打通清洁供暖长效可持续发展的最后"一公里"。以"运行可持续、服务可追踪、绩效可评判"为目标，积极运用互联网＋大数据，实现资料可检索、管理可在线、过程可跟踪、效果可查看、决策有支撑等多项智能化功能，提升管控水平，降低返煤风险。

农村用清洁供暖监管平台已有试点，但缺乏针对用户报修和政府监管的实用性，需要通过集成平台建设，做到"平台用起来""数据跑起来""工作管起来""市场转起来"，实现"建、管、补、用、查、修"一体化，切实做好清洁供暖设备维保工作。用户层面，应当加强一户一档信息管理，使用详情定期反馈，以清晰账单引导用户转变生活理念，提升设备使用效能。城市层面，应当建立市、县（区）、乡镇（街道办）三位一体的应用体系，细化政府、企业"分级管理、属地管理"角色权限，监管各类企业服务高质，支撑各级政府管理高效。国家层面，建立国家清洁供暖监管平台，分难点有重点完成国家级平台功能架构，监管重点城市、重点数据，对出现过"气荒"的城市，重点监管能源供应，对财政补贴发放不到位的城市，重点监管资金使用分配情况，对目标完成情况不理想的城市，重点监管项目实施情况。以监管促提升，准确掌握不同城市返煤风险，科学决策政策支持方向和力度。

（三）稳步扩大清洁供暖覆盖范围

从清洁供暖发展态势看，越来越多省份、城市将清洁供暖作为一项提升群众生活品质的民生工程来抓，除中央对试点城市有补贴政策外，北方多个省份积极探索，利用省级财政逐步确立省内试点城市建设办法，积极推动清洁供暖工作全面铺开。基于政策、需求等多个利好面分析认为，清洁供暖涉及范围逐步扩大的趋势不可改变，西北地区、东北地区开展清洁供暖工作是大势所趋。对于清洁供暖暂未大规模覆盖的扩展地区，由于气候条件、用热需求、经济水平等方面与"2＋26"试点城市及汾渭平原存在较大差异，建设步伐相对落后，并且缺乏实施推进经验，因此核心工作在于"明确重点"与"清晰路线"。

对于扩展地区，一是要深入分析客观需求，着重解决突出矛盾，明确重点、分类型、有选择性扩大范围。从大气污染防治需求来看，西北、东北地区空气质量整体优于华北地区，应当点对点集中力量在污染严重地区优先开展清洁供暖。纵观东北、西北地区雾霾情况，霾日主要集中在冬季，且霾日空间分布差异显著。辽宁中部和黑龙江中北部霾日相对较多，年平均霾日超 50 天，吉林西部地区霾日最少，年平均霾日不超过 2 天。工业和经济发达的大中型城市霾日远多于经济相对较落后的地区。从气候条件和人口情况来看，西北、东北地区供暖需求大、供热稳定性要求高、人员流动性大，应当在考虑未来人口迁徙趋势的基础上，综合研判改造必要性。

二是要客观分析资源现状，积极借鉴重点地区实践经验，优化布局，科学明晰技术路线。从当地能源资源需求与燃煤排放标准看，优先解决燃煤标准未达超低排放要求地区的改造工作，积极优化资源规划格局，科学合理确定技术路线。从实际工作需求来看，优先选择能源保障好、改造进度快、群众用得起、设备用得久的清洁供暖技术路线。

由于地区空气质量、经济发展水平、能源产业结构以及能源禀赋差异较大，因此"十四五"期间对于没被列入"十三五"清洁取暖重点规划的扩展地区，首先应对环境治理的影响程度开展论证，根据大气污染防治需求，分类型有选择性扩大范围，确定规划重点。在此基础之上，综合考虑这些地区的气候、人口、供暖时间、人口城镇化率等因素，借鉴重点地区的成功案例，对不同技术路线的适宜性进行论证。最后，对新确定规划重点地区的当地能源资源需求等级与燃煤排放标准进行情景设定，合理确定"十四五"期间的改造量。

参考文献

［1］发改委. 关于印发北方地区冬季清洁取暖规划（2017—2021年）的通知［EB/OL］. https://www.ndrc.gov.cn/xxgk/zcfb/tz/201712/t20171220_962623.html，2017.12.5.

［2］国家能源局. 奋进，打开能源高质量发展新局面 - 全国能源工作2019年终综述［EB/OL］. http://www.nea.gov.cn/2019-12/16/c_138635653.htm，2019.12.16.

［3］国家电网有限公司. 国家电网大力实施"煤改电"助力打赢"蓝天保卫战"［EB/OL］. http://www.sasac.gov.cn/n2588025/n2588124/c9550223/content.html，2018.9.7.

［4］中创机电. 国家电网完成2018年清洁取暖煤改电任务［EB/OL］. https://www.sohu.com/a/290452505_100030648，2019.1.21.

［5］中国清洁供热平台. 国家电网："煤改电"配套电网建设工程已投资338亿元［EB/OL］. http://shoudian.bjx.com.cn/html/20200326/1058179.shtml，2020.3.26.

零能耗建筑发展与典型案例

徐 伟 张时聪 于 震 陈 曦 杨芯岩

（中国建筑科学研究院有限公司 近零能耗建筑国际科技合作基地）

随着社会发展和人民生活水平不断提高，我国建筑能耗总量及其中电力消耗量均大幅增长。2018 年，建筑运行总能耗首次突破 10 亿 tce，占全国能源消费总量的 22%。2015 年 12 月，联合国气候变化大会首次提出到 2050 年使建筑物达到碳中和的发展目标，建筑物迈向超低能耗、近零能耗、零能耗，是达到碳中和的重要发展节点。各国纷纷响应，提出了 2030 年、2050 年实现零能耗建筑的目标。"十三五"时期，我国也在建筑迈向零能耗建筑的工作上取得了重要进展，并得到国际社会高度认可[1]。

一、零能耗建筑国际发展情况概述

（一）欧盟

欧盟于 2010 年 7 月 9 日发布《建筑能效指令》，提出各成员国应确保在 2018 年 12 月 31 日后，所有的政府拥有或使用的建筑应达到"近零能耗建筑"水平，在 2020 年 12 月 31 日前，所有新建建筑达到"近零能耗建筑"。《建筑能效指令》定义零能耗建筑为"具有非常高能效"的建筑，强调建筑用能强度的绝对值下降到一定程度后再通过可再生能源进行补充[2]。欧盟各国在此要求之下纷纷提出适合自己国情的目标，具体见表 1。

部分欧盟国家 2020 年发展目标　　　　　　　　　　　表 1

国家	目标
德国	无需化石燃料
丹麦	建筑能耗比 2006 年降低 75%
法国	建筑可对外供能
荷兰	达到能源中和

丹麦：2020 年可再生能源占比达到 35%，发展风电等可再生能源发电能力，使可再生能源占比达到 80%，其中风电占 50%；到 2030 年，全国全部淘汰以石油和煤为燃料的采暖；到 2035 年，电力生产和供暖完全由可再生能源提供；到 2050 年，包括交通在内，所有能源消耗完全摆脱对化石燃料的依赖，届时，丹麦可再生能源

占能源消费的比例将达到 100%[3]。

瑞士：自 2018 年 1 月 1 日起，全面实施"能源战略 2050"计划，这标志着瑞士进入了能源"新时代"。根据"能源战略 2050"，建筑能效提升是重中之重。到2050 年，要在全瑞士建筑领域实现人均一次能源（可再生和不可再生）消耗功率降到 3500W[4]。

近几年，随着欧盟国家建筑能耗越来越小，关注的焦点逐渐由建筑单体转向社区。2018 年，欧盟战略能源技术计划中首次提出智慧城市与社区项目，计划到2025 年支持 100 个产能社区，该项目包括新技术与融资机制试验、认证体系、相应工具开发、社区的复制与推广以及数据监测与后评估。2019 年欧盟联合研究中心（JRC）发布了技术报告《从近零能耗建筑到净零能耗社区》，以支撑欧盟能源效率指令（2012/27/EU）。

（二）美国

美国是较早提出发展零能耗建筑的国家，近年来发展迅速，技术体系成熟并有其自身特点，已经形成了"科研先导-试点验证-政策扶持-市场推广"的良性循环模式。随着零能耗示范建筑项目陆续建成，美国从政府到行业组织纷纷提出零能耗建筑发展目标。2008 年 1 月，美国暖通学会发布"ASHRAE Vision 2020"："到2030 年，实现净零能耗建筑市场化运作"。同年，美国能源部宣布了"到 2020 年实现零能耗居住建筑市场化，到 2025 年实现商业建筑市场化"的战略目标。美国奥巴马政府于 2015 年 3 月颁布了"未来十年联邦可持续发展规划"（13696 号行政令），要求自 2020 年起，所有新建的建筑须以零能耗建筑设计为导向，至 2030 年所有新建联邦建筑均实现零能耗目标，并于同年正式发布零能耗建筑的官方定义。根据新建筑研究所统计数据，2018 年全美共有零能耗建筑项目 482 个，分布于 44 个州，相较于 2014 年增幅超过 90%（图 1）。

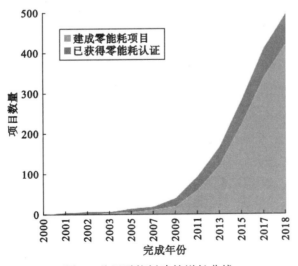

图 1　美国零能耗建筑增长曲线

美国首栋零能耗建筑是 1982 年 Amory Lovins 在科罗拉多地处海拔 2200m 的落基山脉深处设计建造的自有住宅 Amory's House，是美国零能耗建筑早期形式。美国能源部于 2008 年正式通过设计提案并拨款支持美国国家可再生能源实验室科研楼（NREL Research Support Facility）的建设，这是美国首次对于大型零能耗办公园区的尝试。在此期间，以布利特基金会、落基山研究所为代表的众多民间组织相继开始零能耗建筑的研究，位于西雅图的布利特中心（The Bullitt Center）和位于 Bassalt 的落基山研究所创新研发中心（RMI Innovation Center）就是美国夏热冬冷气候区和寒冷气候区零能耗办公建筑的典型代表。2018 年，位于美国加利福尼亚州库比蒂诺市的苹果新总部（Apple Park）正式落成并投入使用，整个建筑全年 70% 的时间可通过自然通风解决建筑内冷热负荷，并结合多种可再生能源利用达到零能耗，代表了目前美国零能耗建筑的最高水平。

（三）日本

2008 年日本经济对策内阁会议正式提出了零能耗建筑发展规划，2009 年 5 月日本经济产业省的"ZEB（Zero Energy Building）发展和实现研究会"成立，标志着日本零能耗建筑正式进入起步阶段。

2012 年，日本暖通空调卫生工程师学会（SHASE）制定了零能耗建筑实现路线图：即 2030 年之前确立 ZEB 技术路径、2050 年前制定"相关领域实现零能耗"时间表，同年 SHASE ZEB 定义研讨小组成立，提出了公共建筑和住宅建筑实现零能耗的路线图。

日本对于推动零能耗建筑的目标为：2030 年前，新建公共建筑和新建独栋住宅建筑平均水平达到零能耗。近期，日本不仅将关注的焦点停留在零能耗建筑上，还延伸至零能耗社区方面。日本首个下一代净零能耗社区"晴美台智能生态城"坐落于大阪府堺市泉北新区，开发面积达 16833.44m^2，由 65 个独立公寓、一个会议中心组成。采用太阳能发电与蓄电池相结合的方式，进行可再生能源的有效利用以及能源的错峰供应。另外，各住宅安装了 HEMS，实现了能源的可视化。通过收集上述数据，使整体街区的能源情况可视化，并对节能贡献度进行排名，推进居民环境的思想转变。此外，街区还拥有共享设备——电动汽车，该电动汽车使用安装在街区公共部分的太阳能发电系统产生的电力充电。

（四）韩国

韩国为了加速推动零能耗建筑，将广义的"零能耗建筑"具体划分为 3 个类别[5]，分别是"低层零能耗建筑""高层零能耗建筑"以及"零能耗建筑社区"。零能耗建筑的推广实施不能一蹴而就，为此，韩国制定了详细的阶段性发展目标。韩国政府颁布了"绿色增长国家战略及五年计划"，针对零能耗建筑目标做出三步规划：到 2012 年，实现低能耗建筑目标，建筑制冷、供暖能耗降低 50%；到 2017 年，实现被动房建筑目标，建筑制冷 / 供暖能耗降低 80%；到 2025 年，全面实现零能耗建筑目标，建筑能耗基本实现供需平衡。

（五）小结

通过对不同组织与国家对零能耗建筑的政策引导、定义术语和示范工程的分析可以看出：各个国家为降低碳排放水平，都制定了零能耗建筑发展规划；各个国家根据各自国情，给出了适合自己国情的零能耗建筑定义，并确定了各个阶段目标；各个国家在推进零能耗建筑发展的同时，逐步将研究重点转移至零能耗社区，实现由单体向区域的转变。

二、"十三五"时期我国近零能耗建筑发展

"十三五"时期，各省市对超低/近零能耗建筑的发展都给予了极大支持。截至 2020 年 6 月，10 个省及自治区和 17 个城市出台了关于超低能耗建筑政策共 47 项，政策规定 2020 年全国范围内总建筑面积目标超过 1100 万 m^2。河北、河南和山东省及各市政策数量最多，既有政策主要分布在寒冷地区。超低能耗建筑政策体系已初步形成，并且政策在级别、范围、奖励力度和发展目标等方面均有提升。针对超低能耗建筑项目的激励政策主要涵盖明确发展目标、资金奖励补贴、容积率奖励、用地保障等 15 项内容，按照其激励模式和鼓励力度可分为流程支持类、间接经济效益类和直接经济效益类三类。

（一）标准体系逐步建立

"十三五"时期，编制完成以我国首部引领性建筑节能国家标准《近零能耗建筑技术标准》GB/T 51350—2019 为母标准，涵盖近零能耗建筑设计、施工、检测、评价 19 项技术标准的标准体系，其中包含国家标准 3 项。

《近零能耗建筑技术标准》以 2016 年国家建筑节能设计标准《公共建筑节能设计标准》GB 50189—2015、《严寒和寒冷地区居住建筑节能设计标准》JGJ 26—2010、《夏热冬冷地区居住建筑节能设计标准》JGJ 134—2016、《夏热冬暖地区居住建筑节能设计标准》JGJ 75—2012 为基准，对不同气候区近零能耗建筑提出不同能耗控制指标。严寒和寒冷地区，近零能耗居住建筑能耗降低 70%～75% 以上，不再需要传统的供热方式；夏热冬暖和夏热冬冷地区近零能耗居住建筑能耗降低 60% 以上；不同气候区近零能耗公共建筑能耗平均降低 60% 以上。

2018 年 10 月 17 日，国家标准《近零能耗建筑技术标准》审查会议在北京召开。以中国工程院刘加平院士为组长的审查专家组评价：（1）《标准》紧密结合我国气候特点、建筑类型、用能特性和发展趋势，广泛借鉴和吸收了发达国家先进经验，对我国已经完成的近零能耗建筑示范项目进行了深入研究，《标准》技术内容科学合理、可操作性强。《标准》对我国未来中长期（2025-2035-2050）强制性建筑节能标准逐步提升具有重要的指导意义，为我国实现更高室内环境舒适性和节能目标提供了技术依据，为我国近零能耗建筑的设计、施工、检测、评价、调适和运维提供了技术支持。（2）《标准》首次界定了我国超低能耗建筑、近零能耗建筑、零能耗建筑等相关概念，明确了室内环境参数和建筑能耗指标的约束性控制指标，提

出了相应的技术性能指标、技术措施和评价方法，开发了近零能耗建筑计算和评价工具。（3）《标准》提出的室内环境参数、建筑能耗控制指标、围护结构和能源设备与系统等技术指标，较国内现行标准大幅提升，整体上达到了国际先进水平。

（二）设计、检测、施工方法逐步健全

"十三五"期间研究开发了近零能耗建筑多目标多参数非线性优化方法与工具。提出了多目标多参数下建筑技术方案优化均衡解，建立了基于 NSGA-II 算法均衡解析理论，开发了以 Matlab 和 TRANSYS 为基础的多目标协同优化解析工具，丰富了我国目前建筑性能指标优化领域中多目标多参数优化理论，计算效率提高 40% 以上。研发系列适用于近零能耗建筑的高性能产品及部品。

针对适用于近零能耗建筑的高性能门窗保温性能检测方法开展研究，对于 $U \leqslant 1.0\text{W}/(\text{m}^2 \cdot \text{K})$ 的门窗，测试精度可达 $\pm 0.03\text{W}/(\text{m}^2 \cdot \text{K})$，相较于传热系数 U 为 $2.0\text{W}/(\text{m}^2 \cdot \text{K})$、测试精度为 $\pm 0.1\text{W}/(\text{m}^2 \cdot \text{K})$ 的普通门窗，测试精度大幅度提高。相关内容已纳入国家标准《建筑外门窗保温性能分级及检测方法》GB/T 8484—2020。

获得近零能耗建筑装配式夹心保温外墙板体系施工工法、装配式近零能耗建筑高气密性高性能保温无热桥屋面施工工法等省部级施工工法。近零能耗建筑装配式夹心保温外墙板施工工法已成功应用，突破了近零能耗建筑外墙外保温系统的保温层耐火性能差、易发生开裂和脱落现象，可应用于严寒和寒冷地区的装配式近零能耗建筑夹芯保温外墙板的施工，攻克了严寒寒冷地区近零能耗建筑保温体系的"卡脖子"技术难题。与普通现浇混凝土外墙相比，施工快速便捷，每平方米节省人工费约 80 元，施工工期可减少 25%。

（三）高性能产品部品研发创新

针对现有近零能耗建筑中围护结构节能技术的研究及应用现状，通过文献调研、实验研究、工程测试和理论分析等方法，对近零能耗建筑外围护结构节能设计、应用等方面进行了研究与总结，完成高性能关键产品部品国产化。我国自主完成近零能耗专用能源环境一体机样机制造，具有高效新风热回收、净化、供冷、供热、过渡季直流及内循环等多种运行模式，可以全面满足近零能耗居住建筑室内能源环境的需求，产品目前已经完成 $150\text{m}^3/\text{h}$ 新风量，制冷量 4200W 的样机试制，通过经第三方检测标定过的试验台检测，制冷工况下全热交换效率达到 70.3%，制热工况下全热交换效率达到 78%，单位风量耗功率 0.3，制冷能效比 3.69，制热能效比 3.84，各项性能均优于同类产品，处于国际先进水平。

（四）全尺寸实验平台落成

建成"未来建筑实验室"——以我国居住建筑能源和环境为主题，集科研、展示、体验等功能于一体，可开展可重复、可变换、可比对科学实验的大型综合建筑实验平台。对应十九大建设社会主义现代化强国的目标，探索我国未来三个阶段建筑环境质量提升、能源消耗降低、智慧化水平提高的路径与方法，开展全尺寸、长时间、真实应用的模拟实验研究。

实验平台建筑面积约 1500m²，由东西 3 排共 6 套面积 130m² 的户型构成，东侧 3 套为实验户型，西侧 3 套可入住。1 套为"先导"建筑，按照 2020 年的节能设计标准建造，作为开展比对的基准建筑。3 套为"先锋"建筑，探索 2035 年可能的建筑技术应用，分别达到超低能耗、近零能耗的建筑标准。2 套为"未来"建筑，展望 2050 年零能耗及产能建筑的技术路径。

（五）示范工程全国覆盖

我国在建及建成超低能耗建筑集中分布在北京市、河北省、河南省和山东省。这四个省市累计在建及建成超低能耗建筑示范项目 164 个，总面积 573.32 万 m²。其中，北京超低能耗建筑示范项目共计 32 个，示范总面积 66 万 m²；河北省建设超低能耗建筑 67 个，建筑面积 316.62 万 m²，其中竣工 22 个项目共计 55.52 万 m²，在建 45 个项目共计 261.1 万 m²；河南省郑州市目前超低能耗建筑示范项目 12 个，总面积约为 78.4 万 m²；山东省省级示范工程 7 批 59 个，总建筑面积达 112.3 万 m²。"十三五"时期，随着近零能耗建筑技术逐渐成熟，展览馆、档案馆、学校等公共建筑也在逐步探索过程中，部分企业出于战略影响力考虑，将其员工宿舍楼、办公楼等进行超低能耗建筑尝试，起到较好的示范作用。国家标准的颁布标志着适合我国国情的完整的近零能耗建筑技术体系已经形成，示范试点项目从早期的摸索尝试阶段逐渐向以实际应用为主的阶段转变。近零能耗建筑探索尝试的建筑形式范围逐渐扩大，既有建筑近零能耗改造，装配式＋近零能耗建筑等新的探索逐步开始进行。为进一步提升近零能耗建筑设计标准、推动产业发展、全面覆盖，还需要对各类型建筑进行评价认证，鼓励其发展，使近零能耗建筑全方位、大面积普及开来。

三、典型案例：中德生态园被动房技术体验中心

中德生态园被动房技术体验中心项目（图 2）是中德被动房合作重点项目，项目设计及被动式超低能耗建筑咨询由中国建筑科学研究院与德国 ROA 事务所合作完成，项目获得德国被动房认证与中国被动式超低能耗建筑认证以及绿色建筑三星级设计标识，是亚洲体量最大、功能最复杂的通过德国 PHI 权威认证的单体被动式建筑，是国内最具示范效应的近零能耗建筑之一。项目建成后受到社会各界广泛关注，住建部、山东省领导多次到访，中央电视台、新华社等多个主流媒体进行了相关报道，建成以来，参观人数突破 5000 人，有力地推动了近零能耗建筑在中国的发展。

项目于 2015 年 3 月开工建设，2016 年 9 月投入使用。建设方为青岛被动屋工程技术有限公司。项目总用地面积 4843m²，总建筑面积 13768.6m²，其中地上面积 8187.15m²，地下建筑面积约为 5581.45m²，容积率 ≤ 1.7，建筑密度 ≤ 35%，绿地率 ≥ 30%。项目地上 5 层，半地下 1 层，地下 1 层，功能主要包括会议、展厅、办公及部分体验式公寓等。

图2　青岛中德生态园近零能耗技术体验中心

项目建成后进行了全面的能源和环境监控，供暖、空调和照明年平均能耗仅为 $23.85kWh/m^2$，远低于同类建筑能耗水平。总能耗中暖通空调比例为63%，插座用电6%，照明用电11%，其余用电20%，暖通空调用电和照明用电是公共用电的主要部分。室内各项环境指标均在舒适范围内，具有较好的室内环境水平。

建筑设计：本项目建筑体形系数为0.17。各朝向窗墙面积分别为：南向0.69，北向0.53，东向0.5，西向0.21。外挑阳台设计，建筑造型本身即具备遮阳功能；大面积开窗主要布置在东南朝向，以得到较好的采光面和景观面；室内功能布局优化，把卫生间和楼梯间等空间放在北侧。中庭绿化采用室内外一体化的设计手法，将绿化引入室内，可以调节室内的微气候。中庭引入自然采光和自然通风，提升室内环境，降低过渡季建筑能耗。

围护结构：外墙采用250mm厚、耐火等级A级、导热系数为0.035的岩棉保温板。各围护结构传热系数：外墙为 $0.17W/(m^2·K)$，屋面为 $0.12W/(m^2·K)$，架空或外挑楼板为 $0.19W/(m^2·K)$，铝包木（外铝内木）三玻两中空Low-E玻璃窗 U 值为 $0.8W/(m^2·K)$，全面高于国家现行标准，对接欧洲最先进的性能指标。

机电系统及可再生能源：采用土壤源热泵提供建筑供冷供热，创新应用温湿度独立控制的无动力冷梁及双热回收新风机组技术，节能效益显著，室内舒适度标准高。

四、发展建议

（一）加强零能耗建筑研究的战略规划和顶层设计

（1）应按照目标导向、学科交叉、分类统筹、经济适用的原则，研究我国不同气候区的不同类型建筑物迈向零能耗、产能的科技统筹机制。

（2）开展零能耗建筑社区研究，推动近零能耗建筑规模化发展。由于社区在可用面积、资源条件等方便都较单体建筑有更多富裕空间，因此社区建筑群较单体建筑更容易达到零能耗。研究可再生能源供给、用能负荷调节、蓄能装置的跨时空协同技术，推动高比例可再生能源情境下的弹性零能耗社区能源系统构建，开发零能耗建筑可再生能源热电联供系统能量管理平台；研制可接入建筑微网的移动式储能装置和适合建筑环境的高效率相变储热装置。

（3）在未来城镇化发展的重点区域，尽快开展不同气候区、不同建筑类型的零能耗、产能试点示范工作。

（4）加快推动产业发展。建筑迈向产能，对建筑被动式产品、主动式系统、可再生能源、蓄能蓄电产品都有广阔的市场需求，需加快推动。

（二）开展老旧小区近零能耗改造研究与示范

全国需要改造的老旧小区约 16 万个，建筑面积约 40 亿 m^2，涉及住户上亿人，将建筑近零能耗改造纳入老旧小区中，提升建筑室内环境和舒适度，节约建筑能源应用。

（三）依托国际合作基地推进本领域国际科技合作

依托"科技部近零能耗建筑国际科技合作基地"，加强与国际顶尖水平科研机构的合作，如美国劳伦斯伯克利国家实验室（LBL）、加拿大康戈迪亚大学、日本名古屋大学等，举办有影响力的国际科技会议，牵头国际合作项目，使中国成为本领域国际合作的领头羊，推动近零能耗建筑技术体系在"一带一路"国家中的推广和应用。

参考文献

［1］International Energy Agency.World energy outlook 2018 [EB /OL]. (2018－11－13) [2019－04－01]. https: //webstore.iea.org /worldenergy-outlook-2018.

［2］张时聪、徐伟，姜益强，等. Research on Definition Development and Main Content of Zero Energy Building% "零能耗建筑"定义发展历程及内涵研究［J］. 建筑科学，2013，29（10）：114-120.

［3］陈洪波，王新春，储诚山. 欧盟近零能耗和近零碳建筑进展及对我国的启示［J］. 中国建材，2015（1）：108-111.

［4］张时聪，陈七东. 瑞士近零能耗建筑的发展实践及启示［J］. 建设科技，2019（24）.

［5］孙晓仁，郭茂林，武金旺. 韩国新能源和可再生能源的发展［J］. 全球科技经济瞭望，2008（9）.

数字化转型篇

当前，新一轮科技革命和产业变革加速演进，推动"数字技术"和"数字经济"蓬勃发展，以信息化、智能化为典型特征，以大数据、云计算、新一代移动通信、物联网、人工智能为代表的数字化技术持续涌现，数字经济日益成为经济增长的核心驱动力。习近平总书记指出，世界经济数字化转型是大势所趋，我们要把握数字化、网络化、智能化融合发展的契机，以信息化、智能化为杠杆培育新动能。

党的十九大报告在论述创新型国家时，提出了"数字中国"的概念，为中国特色智慧城市的建设指明了发展方向。党的十九届五中全会提出，要坚持创新在我国现代化建设全局中的核心地位，把科技自立自强作为国家发展的战略支撑；要发展数字经济，推进数字产业化和产业数字化，推动数字经济和实体经济深度融合。

建筑行业作为国民经济支柱产业，在数字化变革的大趋势下，通过数字技术赋能建筑产业已变得迫在眉睫。建筑信息模型（BIM）技术作为建筑业数字化转型的核心引擎，掌握自主可控的 BIM 核心技术，融合新技术提升集成应用能力，将使行业发展的可持续性和国土资源的信息安全得到保障，为建筑业数字化转型、数字城市建设和管理提供强有力的技术支撑。

本篇梳理了国内 BIM 应用现状和主要问题，介绍了自主 BIM 技术的研发历程和最新成果，提出了应用推广自主 BIM 技术的总体思路和措施；分析了城市信息模型（CIM）的发展需求，介绍了 CIM 平台建设的总体思路和研究成果；介绍了建筑智慧运维技术体系研究进展，提出了建筑智慧运维的未来发展趋势、前景方向和发展建议。

自主 BIM 技术推动建筑行业转型升级与高质量发展

许杰峰

（中国建筑科学研究院有限公司）

当前，新一轮科技革命和产业变革加速演进，新型信息技术融合发展，"数字技术"和"数字经济"已成为新一轮经济社会生产的核心要素。与此同时，我国正处于"十四五"规划开始的关键节点上，建筑行业正从"高速增长"向"高质量发展"转变，绿色化、工业化和信息化的三化融合已成为必然趋势，数字化转型成为新的行业热点，新型信息技术推动智能建造与建筑工业化协同发展，数字城市建设和智慧城市管理也是未来城市发展的主题，所有这些都离不开"数字技术"的支撑。

一、发展现状

建筑行业作为国民经济支柱产业，在推动经济社会发展过程中持续发挥重要作用，国家统计局数据显示，2019 年建筑业增加值占国内生产总值比例达到了 7.16% 的近十年最高点。但作为传统行业，建筑行业还长期存在着发展模式粗放、生产效率低、工业化程度低、资源浪费大、建设成本高等问题，严重阻滞了建筑业的健康发展。在数字化变革的大趋势下，通过数字技术赋能建筑产业已变得迫在眉睫。

（一）国内推动 BIM 应用的政策措施

数字化是建筑行业发展的趋势，建筑信息模型（BIM）技术作为建筑业数字化转型的核心引擎，可实现建筑全生命期数据信息的集成和管理。BIM 技术正在建筑、市政、铁路、公路、电力、石化等多个工程领域中得到应用，已成为实现产业现代化的重要抓手，近年来我国在政策方面给予了极大的支持。这些政策支持不仅包括 BIM 技术推广的政策性要求，也有具体项目的推进目标和技术层面上对于工程全过程 BIM 应用的指导意见。住建部在 2015 年、2016 年、2017 年分别颁布了《关于推进建筑信息模型应用的指导意见》[1]（以下简称《指导意见》）、《2016—2020 年建筑业信息化发展纲要》[2] 及《建筑业 10 项新技术（2017 版）》[3]，对 BIM、物联网、云计算、大数据、GIS、VR/AR 等技术在建筑工程全生命期各阶段的应用进行了全面指导。

根据《指导意见》的精神，相关部门积极推进 BIM 标准的制定，完善建筑行业体制、规范，助力整体建筑产业应用 BIM 技术。各省市建设主管部门相继制定了 BIM 技术的应用推进指导意见，同时采取了各种相应的保障措施推进 BIM 技术的应用。BIM 发展较快的北、上、广、深、渝等省市逐渐建立了政府机构主导、行业协会牵头的多层次推进组织构架，通过强制性政策和鼓励性措施推动 BIM 的广泛应用，如大型公共建筑 BIM 应用要求、示范工程、评奖评优、BIM 应用大赛等。各级政府、科研单位、院校、企业也相继成立了 BIM 相关组织、部门，为推动 BIM 发展提供标准、技术支持，国家和省部级课题立项也向 BIM 方向倾斜。

（二）国内 BIM 应用现状

国内 BIM 应用总体来说并不均衡，发达地区应用优于不发达地区，东部地区应用优于西部地区，施工阶段应用优于设计阶段，而运维阶段的应用相对较少，从项目类型来看大型复杂工程应用较多。同时随着装配式建筑的发展，大量住宅建筑也开始进行建造全流程 BIM 应用。从 BIM 技术应用点上看主要集中于三维模型展示、碰撞检查、成本管理、施工进度管理等。目前，国内应用 BIM 的领先企业可以分为四类：一是民用建筑的设计企业，二是大型施工企业，三是大型地产企业，四是基础设施与工业设计企业。

国内多家科研院所、软件公司、科技企业纷纷针对 BIM 技术进行深入研发，目前有中国建研院、广联达、鸿业、天正、鲁班等一大批 BIM 各阶段各专业应用软件；大型企业也逐步建设各自的参数化构件库，建立企业 BIM 应用组织和标准流程。

为了满足 BIM 快速发展对人才的大量需求，国内部分高校和教育机构陆续成立了 BIM 教学研究组织，据不完全统计，目前全国至少有 100 余所高等本科院校、90 余所高职院校成立了 BIM 中心或 BIM 工作室研究 BIM 技术。也有部分学校将 BIM 引入并整合到教学与课程当中，开设相关学院、课程等，国内各大建筑类协会、学会纷纷开展各种 BIM 资格认证和社会化技术应用培训。

从总体上看，国内各省的多数大型企业和国有投资的重点项目、绿色建筑采用了 BIM 技术，有关单位和企业均能制定 BIM 应用发展规划、分阶段目标和实施方案，建立适合 BIM 应用的工程管理模式和人才培养机制，各省推进 BIM 应用的总体情况良好。

（三）当前 BIM 应用推广过程中存在的主要问题

当然，我国 BIM 应用推广过程中也存在着一些急需解决的问题，包括：

（1）BIM 相关标准不完善。没有与 BIM 设计相适应的制图标准；无统一的数据标准，软件间数据交换信息容易丢失；缺乏 BIM 审图标准；BIM 计费标准不统一，很多地区未制定明确的取费标准。

（2）数据不能共享。市面上 BIM 软件种类繁多，不同专业需要应用不同的软件，BIM 软件之间存在数据壁垒，相互之间的交互协同转换不完全，导致应用上的障碍。

（3）一体化集成应用较少。建筑企业的 BIM 一体化集成应用较少，缺乏 BIM 平台化应用，BIM 应用还停留在一些点状应用层面，项目各参与方信息共享和协同工作不足，未发挥出BIM信息集成的优势。

（4）设计-施工未打通。各个阶段存在信息孤岛，由于设计和施工关注点不同，造成建模方式、模型精度、命名规则和表达方式均存在差异，设计施工一体化较难实现。

（5）缺少完全自主BIM软件。由于没有自主三维图形平台和BIM平台，国内各种BIM软件基本都是基于欧美BIM软件做二次开发，以此建立的BIM模型也都是国外软件的数据格式，存在数据安全隐患。

二、趋势分析

进入21世纪以来，移动通信、物联网、大数据、人工智能等现代信息技术和机器人等相关设备的快速发展和广泛应用，形成了数字世界与物理世界的交错融合和数据驱动发展的新局面，正在引起生产方式、生活方式、思维方式以及治理方式的深刻革命。数字化、网络化、智能化深入发展，在推动经济社会发展、促进国家治理体系和治理能力现代化方面发挥着越来越重要的作用。当前"数字技术"和"数字经济"已成为新一轮经济社会生产的核心要素。党的十九大报告在论述创新型国家时，提出了"数字中国"的概念，为中国特色智慧城市的建设指明了发展方向。加强新型城镇化建设，加快城镇老旧小区改造也是当前建筑业发展的重点。

（一）BIM技术助力行业数字化、智能化和工业化转型

当前，建筑行业正向着以BIM为核心，集成物联网、云计算、大数据、人工智能等现代信息技术的智能建造方向发展，主要体现在：

（1）图纸化向数字化过渡。从总体上来说，现阶段建造过程虽然已经强化了信息技术的应用，但是依然是以传统二维平面图纸为基础开展相关管理。未来，以三维BIM模型为核心载体的建造全过程技术架构，能够实现全方位的数字化建造。

（2）粗放化向精细化转变。精细化建造是建筑业转型发展的基本要求，而通过数字化手段，改变以往依赖工程人员经验的模式，将工程人员经验规则化、知识化和软件化，将是建筑行业从粗放化走向精细化的必然途径和方法。

（3）信息化向智能化发展。数字孪生技术和智能设备将成为重要的建造工具和手段，可将虚拟模型与工程实体对比分析，及时发现并纠正问题。

2020年7月3日住建部等13部门联合印发了《关于推动智能建造与建筑工业化协同发展的指导意见》[4]，提出要推进数字化设计体系建设，统筹建筑结构、机电设备、部品部件、装配施工、装饰装修，推行一体化集成设计。积极应用自主可控的BIM技术，加快构建数字设计基础平台和集成系统，实现设计、工艺、制造协同。

2015年7月，国务院出台《关于积极推动"互联网＋"行动的指导意见》[5]，首次提出培育发展人工智能产业；2016年，发展人工智能产业被写入"十三五"规划，人工智能已被写入政府工作报告，国家为人工智能的发展提供了充分的政策支

撑。人工智能技术在建筑领域拥有广阔的应用前景，针对广大建筑从业者往往只熟悉本专业知识和工作流程，又希望通过人工智能技术解决工程问题，提高智能化水平的需求，通过人工智能提供的智能计算方法，在计算视觉、自然语言处理、知识图谱等领域构筑机器学习基础能力，可为建造过程提供各类智能化应用服务。

（二）掌握自主可控 BIM 技术，建立自主 BIM 生态和应用体系

在当前错综复杂国际环境下，中美贸易摩擦持续，美国对我国高新技术产业进行持续封锁和打压，中国发展对美国技术依赖的风险在不断加大。国内 BIM 软件市场长期被国外企业垄断，以之建立的建筑数据将存在着巨大的安全隐患。这就要求我们要尽快掌握自主可控的 BIM 技术，解决关键技术的"卡脖子"问题，建立我国自主 BIM 软件生态环境，保障行业发展的可持续性与建筑行业的数据安全。

2020 年 3 月，工业和信息化部新闻发言人、信息技术发展司司长谢少锋指出：在基础软硬件方面，我们将实施国家软件重大工程，集中力量解决关键软件的"卡脖子"问题，着力推动工业技术的软件化，加快推广软件定义网络的应用。

在此形势下，从国家层面组织研发完全自主可控的 BIM 技术，加强在技术、软件、应用模式等方面的自主创新，研发具有完整自主知识产权的三维图形引擎、BIM 平台和应用软件，形成系统性软件方案，实现 BIM 软件的国产化替代和升级已是非常紧迫的任务。

与此同时，从政策、标准、培训、试点、推广等多方面建立适应 BIM 一体化、集成化应用的数字化体系，逐步建立自主 BIM 软件生态环境，也是今后建筑行业数字化转型的重点工作，它将从根本上推动建筑行业的质量变革、效率变革和动力变革，提高全要素生产率，实现建筑行业的转型升级与高质量发展。

三、发展建议

（一）建筑企业数字化转型总体思路

在新的形势下，建筑企业不但面临着一系列系统性发展问题，还要积极破解发展中的诸多结构性矛盾。行业企业需要顺应时代要求，通过业务创新、技术创新、组织创新，推进企业的蜕变升级，从而真正成为时代的企业。

面向未来，提出构建以客户与用户的显性需求和隐形需求为核心的技术与服务应用场景，重新定义产品与服务；企业之间的业务布局要走出同质化竞争的困境，迈向差异化发展战略。要结合当前新的市场需求，从培育企业核心竞争力出发，立足构建服务场景，瞄准服务价值提升，创新服务模式和业务模式。

今后，数字化技术以及技术创新将成为建筑企业驱动发展的新要素和新引擎。数字化转型不等于信息系统建设，其既包括数字化管理、数字化服务、数字化业务、数字化生态的系统性工程，也包括数字化组织、数字化人才、数字化文化的系统化构建，需要进行顶层设计、分步实施、分层迭代。建筑企业应通过数字化能力打造提升内部管理效率，从而降低管理成本；通过数字工具的应用，代替可重复性劳动力，解放部分生产力，聚焦高价值服务，真正实现智力密集型；通过数字业务的探索，实现业务快速增值，走出低价竞争的陷阱，推动业务创新升级。

以数字技术提升全行业基于 BIM 的一体化集成应用能力和综合管理能力，通过可视化、智能化、精细化，提升企业管理效率，解放全要素生产力，提供高价值智力型服务，提高核心竞争力；从应用软件、专业协同、人工智能、标准体系、数据管理、共享资源、质量保障、系统集成、科研开发等多方面提供数字化转型整体解决方案，为企业赋予高质量的技术、管理、服务、人才支撑，提升综合效益，实现可持续发展。

掌握自主可控 BIM 技术将保障国土资源的信息安全，有利于研发更适应中国建筑工程标准和工作流程的 BIM 应用软件，同时能根据国内工程师的使用习惯把软件做得更易上手，专业深度更强，针对本土化需求响应更迅速，使 BIM 技术得到更广泛深入的应用，为今后建筑业数字化转型、智能建造和数字城市建设提供强有力的技术支撑，助力行业转型升级与高质量发展。

（二）推进 BIM 技术应用推广的措施建议

在 BIM 应用推广方面，应从以下几方面采取进一步的推进措施：

（1）建立 BIM 应用体系：根据我国建筑行业数字化转型的发展要求，明确 BIM 三维模型作为交付、审查和归档的合法成果，建立涵盖政策体系、标准体系、技术体系和知识体系的三维 BIM 技术应用体系。

（2）制定标准：出台更加精细的专业应用标准，交付标准，制图标准，预算定额标准，BIM 模型技术文件编制深度、审图标准，应用软件标准等。

（3）专项取费：制定 BIM 专项取费标准或者指导价，特别是国有资金投资项目中应设立 BIM 应用专项经费，纳入项目可行性研究阶段的投资估算，解决工作量增加报价不增加、报价增加无依据的问题。

（4）BIM 审图：政府主管部门出台相关政策和配套措施推动 BIM 数字化报建审批，采用 BIM 数据标准集成项目模型数据，建立从工程源头应用 BIM 的政策和政府监管环境。

（5）BIM ＋装配式建筑：以装配式建筑为抓手推动 BIM 应用，借助装配式建筑全流程一体化、精细化的特点，推动 BIM 在设计、生产、施工、运维、报审、监管等全产业链的应用。

（6）一体化集成：通过业主主导、EPC 模式、建筑师负责制、全过程咨询等形式推动设计-施工一体化 BIM 应用，带来整体效益的提升。鼓励施工技术人员提前参与设计，使设计 BIM 模型更好地应用于施工阶段。

（7）自主软件研发与推广应用：软件企业开发更加适用中国市场的 BIM 平台和软件，有效提高 BIM 正向设计的效率；政府主管部门出台相关政策和配套措施支持自主 BIM 软件的应用。

（8）人才培养：建立完善合理的人才培养体系。推广校企联合培养、企业导师制、企业学徒制等方式从高校培养 BIM 人才；鼓励行业协会学会等开展 BIM 急缺专业的人才教学；鼓励职业继续教育和企业在培训体系中增加 BIM 培训的比重。

（9）示范应用：继续大力推进示范项目建设，鼓励挖掘 BIM 应用点和效益点，通过举办行业研讨会交流先进经验技术。

（10）数字城市：将 BIM 与 GIS 集成形成更大范围的城市信息模型（CIM），使 BIM 成为数字城市中的基础数据平台，通过融合各类新技术实现城市的智慧管理。

四、总结与展望

建筑信息化是建筑业发展战略的重要组成部分，也是建筑业转变发展方式、提质增效、节能减排的必然要求。今后，建筑绿色化、工业化和信息化的三化融合将成为必然趋势，以 BIM 为基础并融合新技术的信息技术集成应用能力，将使建筑业数字化、网络化、智能化取得突破性进展。只有实现 BIM 技术的自主可控，并更加全面和深入地应用 BIM 技术，才能为行业发展提供持续动力。

参考文献

［1］《关于推进建筑信息模型应用的指导意见》（建质函〔2015〕159 号）［J］，住房和城乡建设部，2015 年 6 月 16 日

［2］《2016-2020 年建筑业信息化发展纲要》（建质函〔2016〕183 号）［J］，住房和城乡建设部，2016 年 8 月 23 日

［3］《建筑业 10 项新技术（2017 版）》（建质函〔2017〕268 号）［J］，住房和城乡建设部，2017 年 10 月 25 日

［4］《住房和城乡建设部等部门关于推动智能建造与建筑工业化协同发展的指导意见》（建市〔2020〕60 号）［J］，住房和城乡建设部，2020 年 7 月 03 日

［5］《关于积极推动"互联网＋"行动的指导意见》（国发〔2015〕40 号）［J］，国务院，2015 年 7 月 04 日

自主可控 BIM 平台软件的研究与应用

（中国建筑科学研究院有限公司　国家建筑工程技术研究中心）

当前，"数字技术"已成为各大科技强国重点关注和大力投入的焦点，作为战略资源开发，在提升综合国力方面发挥着越来越重要的作用，也是实现建筑业数字化、网络化、智能化的重要基础。BIM 技术作为建筑业数字化的关键技术，掌握自主可控的 BIM 核心技术，搭建自主 BIM 平台，建立国产 BIM 软件生态，将为行业发展的可持续性与国土资源的数据安全提供有力保障。

一、发展现状

从世界范围来看，BIM 技术已成为工程建造、城市建设与管理相关的核心技术，引起了世界各国政府和行业及软件企业的高度重视。ISO、buildingSMART、CEN 等国际标准化组织在各国的积极参与下，制定了多项 BIM 数据标准、应用标准，并在不断发展与更新。目前，BIM 技术正在建筑、市政、铁路、公路、电力、石化等多个工程领域中快速应用并发展。

（一）国外现状

国外发达国家经过几十年的发展，BIM 技术已实现了广泛应用，北美、欧洲、日本、新加坡等地区和国家，基于 BIM 的数字化建造模式日趋成熟。

现阶段国外 BIM 软件主要包括：美国 Autodesk 公司的 Revit 建筑、结构和机电系列软件，是在世界范围内应用最广的 BIM 软件；美国 Bentley 公司的 Microstation 系列产品，在工业设计和市政基础设施领域有着悠久历史，在民用建筑方面拥有建筑、结构和设备系列软件；法国 Dassault 的 CATIA 和 Digital Project 软件，是全球最高端的机械设计制造软件，在航空、航天、汽车等领域占据垄断地位；匈牙利 Nemetschek 公司的 ArchiCAD 软件作为一款最早的、具有一定市场影响力的 BIM 三维建筑设计软件，在欧洲和日本应用较广；绿色建筑分析软件主要有 Echotect、IES、Green Building Studio，可使用 BIM 模型信息，对项目进行日照、风环境、热工、景观可视度、噪声等方面的分析和模拟；结构分析软件主要有 ETABS、STAAD、Robot 等，它们是目前与 BIM 核心建模软件配合度较高的产品，基本上可实现双向信息交换；BIM 深化设计软件主要有 Xsteel，BIM 模型综合碰撞检查软件有 Navisworks、Navigator 和 SolibriModel Checker 等；BIM 造价管理软件有 Innovaya 和 Solibri；BIM 运营管理软件有 ArchiBUS。

从发展趋势看，BIM 软件云化转型明显。2015 年以来，以美国 Autodesk、天宝、法国达索为代表的国际建筑软件企业，通过技术收购、并购等方式加快向云化转型，从卖软件使用权转型为卖在线订阅服务，如 Autodesk 发布的"Autodesk BIM360"。

（二）国内现状

2011 年住建部发布《2011-2015 年建筑业信息化发展纲要》[1]，第一次将 BIM 纳入信息化标准建设内容，2013 年推出《关于推进建筑信息模型应用的指导意见》[2]，2016 年发布《2016-2020 年建筑业信息化发展纲要》[3]，BIM 成为"十三五"建筑业重点推广的五大信息技术之首；2017 年，国家和地方加大 BIM 政策与标准落地，《建筑业十项新技术 2017》[4]将 BIM 列为信息技术之首；2018 年住建部发布《城市轨道交通工程 BIM 应用指南》[5]，交通运输部发布《关于推进公路水运工程 BIM 技术应用的指导意见》[6]。

我国的 BIM 应用虽然起步较晚，但发展速度很快，许多企业有了非常强烈的 BIM 意识，出现了一批 BIM 应用的标杆项目。同时，BIM 的发展也逐渐得到了政府的大力推动，但大多用于设计、施工和招投标阶段，运维阶段的应用软件相对较少。大多数 BIM 软件以满足单项应用为主，集成性高的 BIM 应用系统较少，与项目管理系统的集成应用更是匮乏，BIM 数据标准、软件标准体系尚未建立。软件商之间存在的市场竞争和技术壁垒，使得软件之间的数据集成和数据交互困难，制约了 BIM 的应用与发展。

现阶段我国的三维图形平台、BIM 平台和软件主要以国外产品为主，软件的开发语言、开发工具等由美国微软、欧特克，欧洲达索、内梅切克等企业控制，缺少全系列的大型设计软件，国外软件处于优势地位。自主建筑信息模型（BIM）平台和应用软件虽有一定基础，但整体还处于起步阶段，未形成产业规模。

1. 三维几何引擎和图形渲染引擎方面

三维几何引擎和图形渲染引擎的核心技术绝大多数掌握在国外企业的手中，使得 BIM 信息的创建面临着重大的技术限制。目前，国内三维图形引擎研发主要集中于机械行业和一些高校，可以分为以下几类：

（1）基于国外三维几何核心引擎 ParaSolid 或 ACIS 基础研发的，其代表有北航海尔软件公司的核心产品 CAXA、武汉天喻科技公司开发的天喻 CAD、武汉开目信息技术有限责任公司开发的开目 CAD、南京航空航天大学与江苏杰必克超人高技术有限公司合作开发的面向制造业的超人 CAD/CAM、北京新洲协同软件技术有限公司开发的 Solid2000 等。

（2）全部源代码自主产权的，其代表包括清华大学 CAD 国家工程中心开发的实用化几何造型系统 GEMS、杭州浙大大天信息有限公司开发的软件 GS-CAD、广州红地科技公司开发的金银花 MDA2000、广联达科技股份有限公司正在研发中的面向施工领域的 BIM 平台。

（3）购买或合作获得源代码产权的，其代表有山东山大华天软件有限公司获得日本 UEL 公司的三维 CAD 软件系统的源代码授权和广州中望龙腾软件股份有限公司购买美国 VX 软件公司的三维 CAD/CAM 知识产权以及研发团队。

（4）基于开源的三维图形平台 OpenCASCADE 研发的开源 FreeCAD 软件。

2. BIM 平台与应用软件方面

目前，国内建筑行业自主知识产权的 BIM 平台软件研发已有一定积累。中国建筑科学研究院有限公司于 2011 年开始 BIM 平台及 BIM 专业设计工具软件的研发，在国外图形引擎技术授权的基础上，基本形成了基于 PKPM-BIM 全专业协同设计解决方案，并在装配式建筑及建筑工业化全产业链集成应用领域取得了可喜的成果；2019 年开始完全自主知识产权的 BIM 三维图形平台研发，已经初步实现了国产替代。广联达科技股份有限公司 BIM 建造相关的工具软件产品也在施工领域获得一些应用。

（三）中国建筑科学研究院有限公司在自主图形平台和 BIM 平台软件的研发成果

中国建筑科学研究院有限公司始终致力于推动国内建筑行业信息化的发展，1988 年开始研发自主版权图形平台 CFG、建筑结构和绿色建筑设计系列软件，并创立了 PKPM 品牌，2011 年开始研发自主 PKPM-BIM 平台和协同设计系统，近年来又将 BIM 与建筑工业化结合，研发出基于自主 BIM 平台的装配式建筑全产业链集成应用系统，业务已涵盖建筑规划、设计、生产、施工等诸多领域，有效地打破了国外软件的垄断。

1. 自主图形平台

坚持图形平台的自主研发与创新，借助 PKPM 广大用户群的实际应用，在专业软件发展的同时，保证图形平台的持续发展。建研院 PKPM 图形平台 CFG 提供建筑模型的建立、专业计算结果的图形显示、施工图绘制与修改等各方面的应用（图 1），是国内为数不多的完全自主知识产权的成熟图形平台之一，2003 年获华夏建设科学技术一等奖。

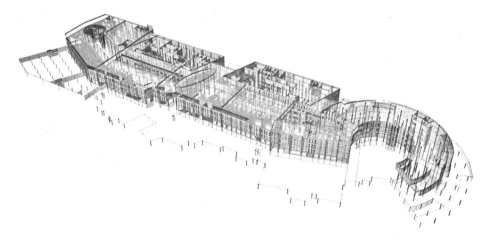

图 1　基于 CFG 图形平台开发的建筑设计软件

2000 年研发的自主三维图形平台 PKPM3D 融合了国内外著名三维平台的特点并做了大量功能扩展，在智能造型、三维空间捕捉定位、参数化专业构件设计、虚拟现实、实时渲染、动画制作等方面均有独创设计。在复杂三维几何造型、参数化实体数据编辑、大尺度大体量模型数据处理、专业设计可视化模拟等方面均达到了实用化（图 2）。PKPM3D 平台于 2006 年获华夏建设科学技术二等奖。

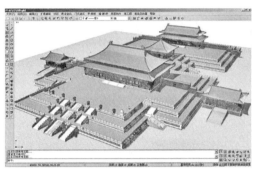
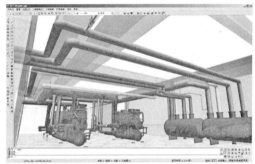

图 2　基于 PKPM3D 图形平台开发的三维设计软件

2. 自主 BIM 平台和 BIM 软件

2014 年与 Bentley 公司合作，开始研发 PKPM-BIM 平台，致力于 BIM 技术在项目全生命周期的综合应用，通过统一的三维数据模型平台架构，实现了全专业和全流程数据共享和协同工作。以 PKPM-BIM 平台为基础研发了多种应用和管理软件，包括多专业建模及自动化成图、结构分析设计、装配式建筑设计、绿色建筑分析、铝模板设计、构件厂生产管理、施工项目管理等（图 3）。PKPM-BIM 平台荣获 2017 年华夏建设科学技术一等奖。

二、趋势分析

进入 21 世纪以来，移动通信、物联网、大数据、人工智能等现代信息技术和机器人等相关设备的快速发展和广泛应用，形成了数字世界与物理世界的交错融合和数据驱动发展的新局面，正在引起生产方式、生活方式、思维方式以及治理方式的深刻革命。

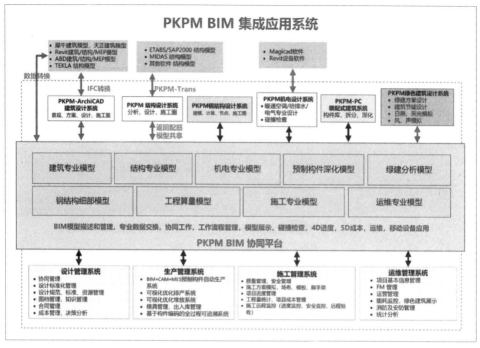

图 3　PKPM-BIM 平台和集成应用系统

当前，我国工程建设行业虽然规模巨大，发展迅猛，但在信息化应用方面还存在着一些影响发展的重大问题亟待解决，突出表现在：

1. 工程建设行业整体工业化和信息化水平亟待提升

我国工程建设行业整体工业化和信息化水平还偏低，建筑业的生产过程连续性差，设计、采购、施工、运维等各环节相对脱节，各阶段的信息数据并没有得到有效传递，我国要从建造大国走向建造强国，就必须彻底改变当前工程建设行业传统的建造方式，实现产业转型升级。

2. BIM 软件缺乏系统性，未打通工程建设全生命周期

当前，我国建设行业 BIM 应用普遍还停留在一些点的应用层面，集成化应用少，没有发挥出 BIM 的全生命周期数据共享和协同工作的优势。设计模型不能有效地为施工和运营阶段所使用，逆向 BIM 盛行，众多环节还延续着传统的图纸成果提交和审核方式，没有为工程建设带来整体效率和价值提升。

3. 未掌握 BIM 软件核心技术，基础平台受制于人

现有的 BIM 平台和软件主要由国外企业研发，大量核心技术还掌握在国外软件公司手中，国内自主研发的软件相对薄弱。在中美贸易战持续深入的背景下，自主研发 BIM 平台软件，将核心科技掌握在自己手中，不仅可以提升国家科技硬实力，而且可实现把握国家命脉、推动国家发展进步的高层目标。

4. 国家大型项目和涉密项目数据安全问题

随着我国综合国力的增强和科技的不断进步，有关国家军事设施、网络安全、

重大科技专项等涉密项目越来越多。如果大量采用国外 BIM 平台和软件完成这些重大工程项目，特别是高保密需求项目的建造，将无法保证信息数据的安全可控，对国家安全造成很大影响。随着我国数字城市建设的推进，包含城市所有基础设施和建筑项目的数字资产更需要有效的安全保证。

2020 年 3 月，工业和信息化部新闻发言人、信息技术发展司司长谢少锋指出：在基础软硬件方面，我们将实施国家软件重大工程，集中力量解决关键软件的"卡脖子"问题，着力推动工业技术的软件化，加快推广软件定义网络的应用。

在此形势下，2019 年中国建筑科学研究院有限公司联合国内相关企业和高校开始自主研发三维图形引擎、BIM 平台和应用软件，力求全面解决我国建筑信息化领域的"卡脖子"问题，实现核心技术可替代，提升我国建筑行业整体创新能力，在技术上达到国际先进水平。在前期工作基础上，经过两年的联合攻关，已取得了大量成果。2020 年推出了完全自主知识产权的三维图形引擎（P3D）和 BIM 平台（BIMBase）。

BIMBase 平台是完全自主知识产权的国产 BIM 基础平台，基于自主三维图形内核 P3D，结合数据管理和协同管理引擎，由三维图形平台、BIM 专业数据库、共性模块库、BIM 组件库、多专业协同管理、多源数据转换、二次开发包等组成。平台可满足建筑工程大体量建模需求，实现多专业数据的分类存储与管理，以及多参与方的协同工作，支持建立参数化构件库，具备三维建模和二维工程图绘制功能。通过集成人工智能、云计算、物联网、GIS 等新型信息技术，可为各行业提供广泛的专业应用服务。平台提供桌面端、移动端、Web 端二次开发接口，支持公有云、私有云、混合云架构云端部署（图 4）。

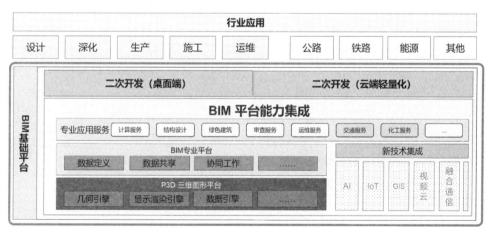

图 4　BIMBase 平台开发和应用架构

目前 BIMBase 平台已在建筑、市政、公路、铁路、石化能源、电力等多个行业应用，基于完全自主 BIM 技术的装配式建筑 BIM 设计软件和三维石化工厂设计软件已正式推向市场，大量基于 BIMBase 平台开发的全国产 BIM 应用软件也将陆续完成（图5），逐步建立起国产 BIM 软件生态环境，有力推动各行业数字化转型，助力数字化城市基础设施建设。

图 5　基于 BIMBase 平台开发的全自主 BIM 设计软件

三、发展建议

近年来，在我国建筑领域推进 BIM 应用已成为很多政府和企业的共识，但是在 BIM 的发展中还普遍存在着一些问题和认识误区，项目应用中各专业和各阶段信息未能共享，条块化严重，BIM 应用的深度不够，一线专业人员缺乏使用动力等。因此，如何真正发挥自主 BIM 技术的优势和价值，使它成为助力我国建筑产业转型升级的有力工具，是广大建筑从业者共同努力的目标。

BIM 技术作为信息记录的最佳手段，它的技术优势主要体现在建筑全生命期的信息集成性，只有通过多专业、多阶段的集成应用才能发挥出 BIM 的更大价值。今后，自主 BIM 平台和软件的研发将主要向以下几个方向发展：

1. 掌握 BIM 的核心技术，实现关键技术可替代

高效图形引擎和轻量化图形引擎是 BIM 平台的关键，研究自主可控的高效数据库技术、参数化对象与约束机制，可扩展的基础几何库和三维编辑工具集，组件式、可视化的开发环境、多源数据共享格式与机制和 API 应用接口，突破基础数据结构与算法、数学运算、建模元素、建模算法、大体量几何图形的优化存储与显示、几何造型复杂度与扩展性、BIM 几何信息与非几何信息的关联等核心技术，建立二次开发环境，是自主 BIM 平台的关键。

2. 研发基于 BIM 技术的协同工作平台

通过 BIM 平台集成各参与方技术成果，提供多方协同工作模式，消除信息孤岛。通过模型参照、互提资料、变更提醒、消息通讯、版本记录、版本比对等功能，强化专业间协作，消除错漏碰缺，提高建造效率和质量。多专业数据应通过数据库存储来避免数据过大时的模型拆解，通过模型轻量化实现互联网、移动设备和虚拟现实设备的应用。

3. 研发基于 BIM 技术的工程项目全生命期集成管理平台

通过 BIM 技术与工程项目 EPC 建造模式的结合，对工程建设的设计、采购、施工、试运行各阶段的信息进行统一管理。通过建立基于 BIM 的项目总控中心，使建筑信息在项目建设的各阶段逐步丰富，通过满足应用需求的交付标准使信息传递更有效，避免重复性工作，带来整体效益的提升。在建设周期中的各个阶段交付的不仅是施工图，而是具备更完备信息的 BIM 模型，为 BIM 数字化报建审批创造条件。项目竣工后，建设方将在给业主提供实体建筑的同时，提供一个集成全部信息的虚拟建筑 BIM 模型，用于业主后期的运维管理。

4. 研发更具专业深度的 BIM 应用软件

发挥 BIM 的技术优势，实现 BIM 在专业领域的深入应用，即所谓的"BIM ＋"，其中最典型的是"BIM ＋装配式建筑"。装配式建筑作为实现建筑工业化的主要途径之一，是最能体现数字化优势的现代化建造方式，BIM 是装配式建筑体系中的关键技术和最佳平台。利用 BIM 技术可实现装配式建筑的标准化设计、自动化生产、智能化装配，可有效提高建造效率和工程质量。

5. 将 BIM 技术向广度发展，建立数字城市模型（CIM）

随着我国数字城市建设的逐步展开，以往单纯依托 GIS 平台的城市管理已不能满足精细化管理的要求，数字城市越来越需要拥抱 BIM 来获得海量的建筑设施数据，通过 BIM 数字化审批和归档实现数据汇集，通过 GIS ＋ BIM ＋ IoT 形成更大范围的城市信息模型（CIM），将为城市提供全方位的智能服务，实现城市的智慧管理和运行。

6. 建立国产 BIM 软件生态环境

以推动全行业 BIM 应用为出发点，总结针对不同类型企业和部门的应用模式及价值体现，研发更适应国内企业应用的国产 BIM 软件，通过创造原生价值，提升效率和品质，降低成本。与此同时通过建立与国产 BIM 软件相配套的数据标准、交付标准、应用标准、开发标准和测试标准，建立基于自主 BIM 数据格式的共享资源库，建立人才培养体系，搭建国产 BIM 软件产业互联网，使各方都能主动参与，达到共创共赢的目标，形成国产 BIM 软件产业的良好生态环境。

今后，建筑绿色化、工业化和信息化的三化融合将成为必然趋势，以 BIM 为基础并融合新技术的信息技术集成应用能力，将使建筑业数字化、网络化、智能化取得突破性进展。只有掌握自主可控的 BIM 核心技术，建立国产 BIM 软件生态环境，更加全面和深入应用 BIM 技术，才能为行业发展提供持续动力，创造不可估量的巨大价值。

参考文献

［1］《2011-2015 年建筑业信息化发展纲要》（建质〔2011〕67 号）［J］，住房和城乡建设部，2011 年 05 月 10 日

［2］《关于推进建筑信息模型应用的指导意见》（建质函〔2015〕159 号）［J］，住房和城乡建设部，2015 年 06 月 16 日

［3］《2016-2020 年建筑业信息化发展纲要》（建质函〔2016〕183 号）［J］，住房和城乡建设部，2016 年 08 月 23 日

［4］《建筑业 10 项新技术（2017 版）》（建质函〔2017〕268 号）［J］，住房和城乡建设部，2017 年 10 月 25 日

［5］《城市轨道交通工程 BIM 应用指南》（建办质函〔2018〕274 号）［J］，住房和城乡建设部，2018 年 5 月 30 日

［6］《关于推进公路水运工程 BIM 技术应用的指导意见》（交办公路〔2017〕205 号）［J］，交通运输部，2017 年 12 月 29 日

CIM 基础平台研究、探索和实践

赵 昂 张菲斐 王良平

（中国建筑科学研究院有限公司 北京构力科技有限公司）

近几年，基于建筑信息模型（BIM）与地理信息系统（GIS）等技术建立城市信息模型（CIM）成为城市规划建设管理领域的新趋势和新方向。本文基于住建部试点城市的 CIM 平台建设实践，分析发展需求，阐述研究成果，提出发展建议。

一、发展现状

学术界认为，国内使用 BIM 的开端是 2008 年奥运会场馆的建设，但在 CIM 的应用上并没有一个公认的开始。目前，国内外 CIM 平台的发展均处于研究和探索阶段。

（一）国外 CIM 发展现状

国外 CIM 发展研究是在城市三维空间可视化的基础上，通过数据的融合贯通服务于城市管理与市民服务。韩国首尔在城市设施管理方面，利用无线传感器网络，管理人员可随时随地掌握道路、停车场、地下管网等设施的运行状态；在城市安全方面，利用红外摄像机和无线传感器网络，提高了灾难监测的自动化水平；在城市环境方面，智慧环境系统可自动将气象和交通信息发送到市民的移动终端；在城市交通方面，智慧交通系统可实现对公交信息和公共停车信息的管理，并智能地实现支持残障人士出行和控制交通信号；英格兰和威尔士地区的商业地产市场空间可视化项目（Thompsonetal，2016），融合了约 4.65 亿 m^2 商业建筑的数据，包括楼层、产权、具体用途和租金等，以及结合空间分布数据，进行税收和产业创新能力的仿真，并且更持续地规划办公、零售和产业的分布；瑞典尝试开发城市信息模型，为附近的埃斯基通纳城（Eskilstuna City）的城市发展部门信息管理提供更好的技术支持。

（二）国内 CIM 发展现状

2018 年 11 月 12 日，住房和城乡建设部向北京市人民政府、南京市人民政府、河北雄安新区管理委员会下发《住房城乡建设部关于开展运用建筑信息模型系统进行工程建设项目审查审批和城市信息模型平台建设试点工作的函》（建城函〔2018〕222 号），要求 2019 年底前完成运用 BIM 系统实现工程建设项目电子化审查审批、探索建设 CIM 平台、统一技术标准、加强制度建设等试点任务。

目前我国的 CIM 平台建设主要集中于超大和特大城市。根据《2018 年城市建设统计年鉴》对于超大特大城市的定义，18 个超大、特大城市均已启动研究 CIM 基础平台建设研究工作，其中 80% 的城市的 CIM 平台或类 CIM 平台已在应用或建设中，约 20% 的城市也已开展对 CIM 平台的研究。CIM 工作牵头部门主要集中在住房城乡建设主管部门、自然资源规划部门和大数据部门等。数据积累方面，各地基于多规合一平台、智慧城市时空大数据平台、国土空间基础信息平台等建设契机，均已建成二维城市信息数据库，具有丰富的数据基础。然而在三维模型数据方面，规模和精度具有较大的差异性和不规律性，部分城市具备白模、倾斜摄影模型、三维精细模型或 BIM 模型等三维模型数据基础，为 CIM 平台的三维空间数字底板积累了经验和基础。但是三维数据的体系化技术路径、应用场景及运营模式尚在探索之中。在 CIM ＋应用方面，各地结合"城市大脑"或智慧城市建设，现有 CIM 类平台的应用场景主要集中在交通管理、城市管理等领域，以展示功能为主，结合三维模型数据的应用建设尚有较大的发展空间。不少研究认为各种 BIM 的集合就构成了城市级别的信息模型，可为城市的规建管提供信息化支撑；而这些 BIM 的集合与地理信息系统（GIS）和物联网（IoT）相融合，构成城市信息模型 CIM。

二、发展需求

CIM 基础平台是现代城市的新型基础设施，是智慧城市建设的重要支撑，可以推动城市物理空间数字化和各领域数据、技术、业务融合，推进城市规划建设管理的信息化、智能化和智慧化，对推进国家治理体系和治理能力现代化具有重要意义。

（一）新型城市基础设施基础平台

在数字中国、智慧城市发展的大背景之下，为加快推进新型城市基础设施建设，CIM 平台已成为当前智慧城市发展领域的热点话题。CIM 平台不仅是城市全域三维空间的展示，更多是运用城市地上地下、静态动态等数据，根据城市规划建设管理的需求，服务于提升政府侧的治理能力，充分利用物理模型、传感器更新、运行历史等数据，集成多物理量、多尺度、多概率进行仿真，未来还将向公众服务、政企共建等方面延伸。

此外，有别于我国起步较晚的 BIM 等基础技术，处于国内外探索期的 CIM 技术，其信息安全问题需要具有自主知识产权的软硬件技术支撑。

（二）城市规建管的空间数字底板

目前从广州、南京、厦门、雄安、北京城市副中心等地的 CIM 平台建设实践来看，我国 CIM 平台的建设是以建立城市空间数字底板为核心，以 BIM 报建审查为切入点，围绕工程建设项目的行政许可环节，采用 BIM 技术，建立基于 BIM 的报建审查审批，即在规划、设计、施工、竣工的工程建设项目全流程全周期过程中，提交项目 BIM 模型，实现设计规范等强制性条文的自动化审查，逐步替代原有项目审批的人工审查方式，形成机器审查为主、人工核查为辅的工作目标，从而达到缩短审批周期、提升审批质量、采集保存建设过程数据的效果。项目竣工之后，项目 BIM 模型依据运行管理要求，挂接城市感知动态数据，辅助城市的监测评估预警。在此过程中，CIM 平台作为城市规建管的空间数字底板，不仅可以加快推进工程建设项目审批三维电子报建，加快实现行业全程网办便捷化、审批服务智能化、可视化、自动化，提高审批效率，进一步优化建设领域的营商环境，同时还将促成尽快建成智慧城市的基础平台。

（三）城市大数据融合贯通的容器

基于 BIM、GIS 等系统，CIM 平台基于建筑构件、单体建筑、地块等不同空间单元，从实体空间的角度构成了多源异构的海量城市信息。借助 IoT、大数据等技术，进一步为城市实体空间挂接各类活数据，从而构建起数字城市的复杂巨系统。

然而城市大数据能够融合贯通的关键是解决各行业、各专业甚至不同数据格式的存储、展示、计算的一体化打通，消除数据壁垒，CIM 平台的工作难点之一是对异构数据的融合处理。一是要研究制定多层次通用性空间数据标准，形成兼容不同类型、不同机构信息系统的统一时空数据框架，确保空间定位编码一致，实现多源信息准确集成，以及多模态数据融合表达；二是要构建涵盖 GIS、BIM、倾斜摄影、激光点云、地质体、传感器等多源异构数据的融合处理能力，实现跨行业、跨领域的数据实时接入，进而构建规划、建设、监测、调整的管理闭环；三是需要 GIS 技术支持 CIM 多源数据融合处理分析，提供高效、稳定的空间计算能力，借助后台支撑能力，能够实现百万级、千万级、亿级庞大体量时空数据的接入处理、分析挖掘，以此建设底层数据打通、自主可控、安全可靠的 CIM 平台，使其成为智慧城市建设的重要支撑。

三、发展建议

自从 2018 年国家推行 CIM 平台试点工作以来，雄安新区、厦门、广州、南京、天津生态城、湖南省等省市区域建设了 CIM 平台，并推行 BIM 报建逐步替代纸质报建或二维电子报建，成为建筑行业的研究热点，也为建筑行业的三维数字化转型提供了新路径。

（一）形成上下联动的组织体系是关键

近年来，在住房和城乡建设部的相关政策指导下，CIM 试点城市陆续建立并应用了 CIM 平台，对于推进城市规划建设管理的信息化、智能化和智慧化，助力国家治理体系和治理能力现代化具有重要意义。需要明确的是，CIM 平台是城市级的平台，在建设过程中需要市政府高度重视，需要全市统一领导、统一思想、统筹建设，将 CIM 平台作为该市的空间底板，并承担统筹协调各部门的责任，构建一套上下联动的组织体系、统筹协同的工作机制，明确领导小组和部门分工，各部门分头推进，形成整体统一的技术标准、激励机制是关键。

（二）以 BIM 报建审查审批为切入点

作为城市级应用平台的空间底板，CIM 平台发挥更大的应用价值是基于其数据资源的完备性和高质量。作为 CIM 平台的重要组成细胞，BIM 模型的汇聚和收集是各地面临的重要一环。同时，结合工程项目报建审批制度改革、行业 BIM 技术发展趋势，政府需要首先建立 BIM 报建审查审批系统，以此为切入点，汇聚 BIM 数据，不断丰富 CIM 平台上的数据内容，并通过审查确保 BIM 数据的质量。在此基础上，集成其他各类数据，整合构建一套贯通的数据体系，从而基于空间及数据进行各类分析应用。

（三）以需求为导向构建 CIM ＋应用体系

推进 CIM 平台建设需要统筹规划、体系化布局，避免追逐新概念、新技术，另起炉灶。尤其是城市三维空间模型的建立耗资巨大，动辄千万级，在未摸索出行之有效的运营盈利模式之前，CIM 平台的建设要全部依靠政府投资，资金需求量大，投建和维护成本都很高。后续 CIM 平台在各地的发展要注重数据建设，应以实际应用需求为导向，按需建立三维空间精细化数据，尤其要避免各部门重复建设，或在未经顶层设计及应用效用评估的前提下盲目建设全市三维空间精细化模型。

（四）增强国产技术储备和应用，确保数据安全

CIM 的信息安全问题需要具有自主知识产权的软硬件技术支撑。在 CIM 平台的发展中，从国家信息安全和城市数据资产保密的角度考虑，建议确保 CIM 平台自主可控和 CIM 数据安全，推动自主知识产权平台软件研发，所有软硬件均应满足自主可控要求，尤其是精细化的 BIM 数据源，特别是超大型建筑、重要公共建筑、基础设施等必须确保是由国产自主可控的 BIM 软件创建并提交。

1. CIM 平台关键数据生产要素

对于新建建筑，可以将 BIM 报建审查审批系统与 CIM 平台进行衔接。BIM 报建作为 CIM 数据收集的卡口，以数字化、智能化的 BIM 自动审查方式，推动城市建设和城市管理的数字化转型，将为我国工程建设项目审批制度改革、持续推动营商环境改善提供新的管理手段。同时也通过为城市"种 BIM"的方式，汇聚优质新建项目的精细化三维数据。

对于存量建筑，需推进国产自主可控 BIM 软件结合人工智能技术，将标准化、有规律的建模步骤由自主可控 BIM 软件自动完成，快速协助设计人员简化操作步骤、提高建模效率，探索一条快速、低成本的存量建筑三维数字化的技术路径。

2. CIM 平台"卡脖子"技术

鉴于 BIM 所包含的海量建（构）筑物属性及几何信息，BIM 数据源的完备性在 CIM 平台精细度与适用性保障等方面不可或缺，然而 BIM 数据源的生产和加工却未能实现国产化，这是城市级别的数据管理和应用的安全隐患。因此，实现 CIM 大数据，尤其是 BIM 数据的自主可控是 CIM 平台建设过程中不可回避的问题。

3. 建筑业数字化转型关键技术

BIM 技术作为建筑全生命周期数字化和信息化的集成，贯穿了整个建筑行业的过程管理。中国的建筑企业在数字化转型之旅中拥有巨大的发展潜力，尽管全球众多企业都已拥抱数字化转型，并不断在其业务中引入新的创新，但由于建筑行业本身所面临的独特挑战，使得其尚未充分体验到数字化带来的好处，因此，开发一款基于本土需求、易学好用、自主可控的 BIM 软件是建筑业数字化转型的关键。

参考文献

[1] 吴志强. 智能城市 城市必须智慧起来：智能规划，城市未来 [M]. 上海：上海科学技术出版社，2020.

[2] 杜明芳. 数字孪生建筑：实现建筑一体化管控 [J]. 中国建设信息化，2020（20）.

[3] 陈才，张育雄. 加快构建 CIM 平台，助力数字孪生城市建设 [J]. 信息通信技术与政策，2020（11）.

[4] 杨滔，张晔珵，秦潇雨. 城市信息模型（CIM）作为"城市数字领土" [J]. 北京规划建设，2020（6）.

[5] 中华人民共和国住房和城乡建设部办公厅. 建办科〔2020〕45 号城市信息模型（CIM）基础平台技术导则.

建筑智慧运维技术体系研究与应用

曹　勇　毛晓峰　崔治国　于晓龙　王　晨

（中国建筑科学研究院有限公司　建科环能科技）

近年来，随着物联网、互联网、人工智能、5G 等新型技术的成熟，建筑业进入了一个全新的发展阶段。新型信息技术的发展，更加强调建筑系统的自学习、自适应、自决策能力。建筑运维阶段是实现建筑设计和使用要求、服务于人的重要环节，智慧建筑核心理念的实现最终体现于建筑智慧运维的方方面面。本文针对建筑运营阶段和新技术的发展，根据建筑的特点，基于物联网、大数据、人工智能等技术，结合一系列的智慧化技术对策和手段，提出了集智慧监测、智慧巡检、智慧调控、智慧管理于一体的建筑智慧化运行维护管理技术体系。

一、发展现状

建筑在经历了传统电气化、自动化的发展后，智能建筑逐渐发展，全世界的主要国家都开展了大量的智能建筑建设，一些世界级的大型企业，如江森自控、西门子、施耐德等在建筑智能化应用领域开展了大量的应用和实践工作。我国《智能建筑设计标准》GB 50314 将智能建筑表述为：以建筑物为平台，基于对各类智能化信息的综合利用，集架构、系统、应用、管理及优化组合于一体，具有感知、传输、记忆、推理、判断和决策的综合智慧能力，形成以人、建筑、环境互为协调的整体，为人们提供安全、高效、便利及可持续发展功能环境的建筑[1]。显然，智能建筑的内涵突出的是各项智能化系统，如建筑设备系统、公共安全系统、应急响应系、机房系统等的应用。

然而，随着技术的快速发展与人们对建筑性能要求的提高，智能建筑已经不能满足人类的使用需求，其不足之处主要体现在三点：（1）缺乏统一的数据层，各个智能化系统之间的数据没有实现共享互通；（2）缺乏统一的智慧建筑综合运营管理平台，各项智能化系统相互割裂，各自为战；（3）忽略服务，智能建筑强调了智能化系统的使用，忽略了建筑以人为本、服务于人的宗旨。

随着经济、技术的全面发展，智能建筑发展到了另一个阶段——智慧建筑：以建筑物联网为基础，以数据互联互通为核心，以云计算平台为手段，以大数据及人工智能算法为驱动，实现各系统和设备不断自我感知、自我学习、自我推断、自我决策等能力，为人们提供更加安全、高效、便捷、节能、健康空间的建筑物（图 1）。

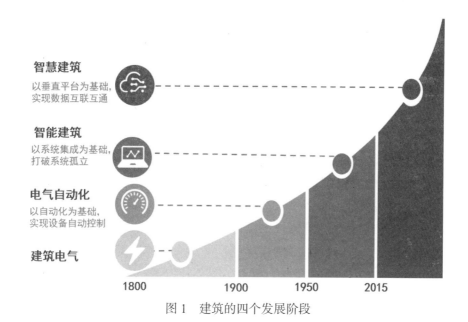

图 1　建筑的四个发展阶段

　　智慧建筑是智能建筑的再发展，突出在新型信息技术应用的基础上，建筑由智能向智慧发展，突出统一数据、统一平台的高度集成，建筑更加具有自我学习、决策、更新的智慧能力，从而更加安全、高效地服务于人。

（一）智慧运维体系

　　建筑运维是实现建筑设计和使用要求、服务于人的重要环节，智慧建筑核心理念的实现最终体现于建筑的智慧运维阶段。从技术架构看，建筑智慧化运行维护技术体系如图 2 所示，由感知层、AI 体系、业务中台、调度应用组成。

图 2　建筑智慧运维技术架构

　　（1）感知层：智慧建筑运营管理技术的底层系统，也是直接与设备、外界相连接的部分，包含：物理设施，如空调设备、照明设施、电梯设施、消防设备、摄像头等；物理参数，即空气、能耗、图像、照度、声音等。

（2）人工智能：这是智能建筑所不具备的特性，建筑智慧化运维管理系统的"大脑"中枢，也是智慧最直接的体现之一。通过近年来快速发展的机器学习、深度学习等智慧算法，在满足建筑使用需求的条件下，以安全持久、节能优化等为目标，实现对建筑物机电系统及设备的智能调控。

（3）业务中台：由数据中心、云资源管理系统、公共服务支撑三大系统组成。数据中心是数据汇集之地，包含基础数据库、建筑物联网、设备数据库等各类结构型和关系型数据。云资源管理包含对数据、计费、安全、资源等的集中管理。公共服务部分旨在基于运行平台、移动服务、GIS 服务、第三方平台等，为开展后续应用提供技术支撑。

（4）调度应用：调度应用的本质是云端管理。云端协管是在集中智能控制下的更高一级的管理，侧重于对系统的宏观分析、决策和管理，是一个综合管理平台，可实现人员、设备、服务、安全等公共服务体系的集中统一管理，实现云端协作高效运维，实现低碳慧行服务。

（二）智慧运维技术应用

1. 建筑"四位一体"管控系统与平台

借助于各种传感器、设备设施等物联网设备，对建筑机电系统及设备的参数进行采集存储，通过 C/S 或者 B/S 架构的监测平台形式，对数据进行实时展示、分析。在建筑智能化时代，构建了大量的建筑能耗监测系统平台。然而，建筑能耗监测平台仅仅处于"监测为主" 1.0 阶段，其数据利用不充分、数据挖掘功能偏弱、系统管理控制功能缺乏。因此，在智慧建筑阶段，需要建立一个涵盖能耗监测、环境监测、用能设备管理、智能调控的建筑能源一体化监控系统平台，实现智慧能源运维 2.0 阶段升级，打造管理节能、行为节能、技术节能和精细化节能，如图 3 所示。

能耗监测：包括建筑实际能源资源消耗监测，系统运行参数监测，系统负荷监测，实现建筑能源利用情况的采集、展示和分析 [2-4]。

环境监测：建筑室内外环境信息的采集和分析。

用能设备管理：基本管理控制功能，如系统（设备）的基本启停控制、时长管理、能耗阈值管理、节能诊断等 [5-6]。

智能调控：实现基于全参数化优化调控的智能管控功能，重点针对能源利用系统的智能调控、参数优化、自动整定等，提供控制调优功能，实现基于实际运行数据的智能调控 [7-8]。

哈尔滨工业大学多能源互补智能管控平台采用"四位一体"平台技术，如图 4 所示。根据校园的实际用能特点、可再生能源利用情况等条件制定了光伏—热泵—蓄能多能互补的高效节能运行方案，通过合理优化，构建了涵盖分布式光伏发电系统、浴池污水源热泵废热回收冷热源系统、空调系统、公寓热水系统以及储能系统等多种能源综合互补、梯级利用的新型高效校园能源体系。通过"四位一体"管控系统与平台，实现了能源系统的能源监测与分析、本地化智能控制、自适应调优运行、集中云平台数据分析等功能，保证多种能源供能与需能的匹配，实现系统高效智慧运行。

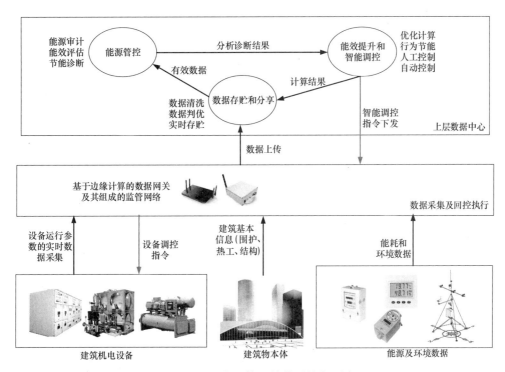

图 3　"四位一体"管控系统与平台

图 4　哈尔滨工业大学多能源互补智能管控平台拓扑图

2. 建筑冷源系统自适应无人值守控制

当前，空调系统控制方式和策略还是以单点反馈为主，系统的控制优化与节能潜力受到了限制。针对当前暖通空调管控策略的局限性，在楼宇自控系统积累的空调系统大数据基础上，利用数据挖掘技术，建立基于实际运行数据的冷源系统自适应无人值守控制。

实时负荷＋多参数优化基础上的空调系统自适应控制技术：在冷源系统实际运行模型基础上，以系统实际负荷作为输入参数，以冷源系统能耗最低（能效最高）为目标，以冷冻水出水温度、冷冻水流量等多个控制参数为优化目标，通过全局优化算法（粒子群算法）得到控制参数的数值解，即实现控制策略的自适应[9]。

无人值守系统与装置：基于空调系统的自适应控制方法，集成物联网监测模块、数据在线采集模块、数据存储模块、故障识别与报警模块、节能数据分析模块、集中优化控制策略模块，通过精工化安装、模块化设计，形成自适应无人值守控制柜（图5）[10]。

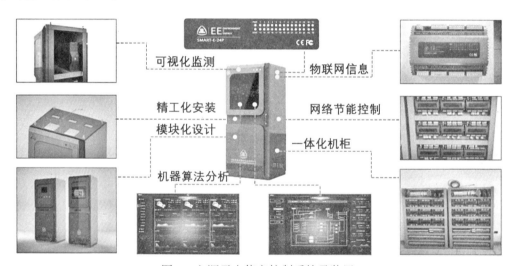

图 5　空调无人值守控制系统及装置

通过技术应用，空调冷源系统自适应无人值守控制技术和装置可以实现冷源系统 COP 5.0 以上，极大提高系统运行水平。

广东省博物馆（新馆）的空调冷源采用自适应控制技术与无人值守系统（图6）：基于室外气象参数、系统历史运行数据计算得到空调系统的实时控制参数，作为控制设备的参数设定值；根据实时负荷需求，对制冷机组进行负荷匹配、加减载调控；实现对实时用能、实时运行情况的监测、展示、分析，以及系统"一键启停、自动运行"。无人值守控制系统实际运行中，可以实现趋于恒定的供回水温度，满足博物馆类建筑对温湿度精细化控制的要求。同时系统显示了良好的节能效果，系统节能率在 18% 左右。

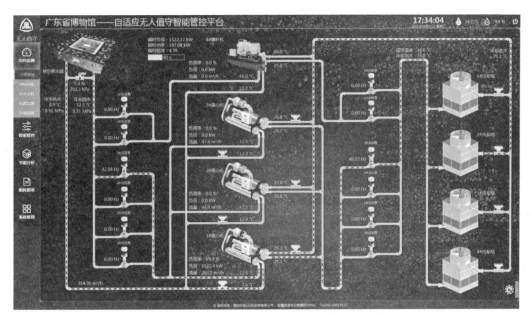

图6　广东省博物馆空调冷源自适应无人值守智能管控平台

3. 人工智能巡检机器人

公共建筑内涉及大量的机电系统，如暖通空调、供配电系统等，这些机电系统的运行管理和维护需要大量的工作人员参与，甚至于有些机房需要 7×24 小时不间断巡检，造成了人力的极大浪费。

针对典型的机房系统，开发人工智能巡检机器人，基于模式识别技术和多传感器数据融合技术的人工智能巡检机器人，可以实现定时定点自动机房巡查、遥控巡查、表计读数识别、接电端子温度监测、管道破损或泄漏、机房侵入报警等。典型的巡检机器人如图7所示，典型的现场表具识别如图8所示，故障识别与诊断如图9所示。

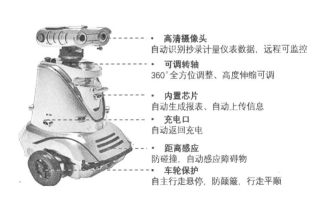

图7　公共建筑人工智能巡检机器人系统

图8　现场表具识别图

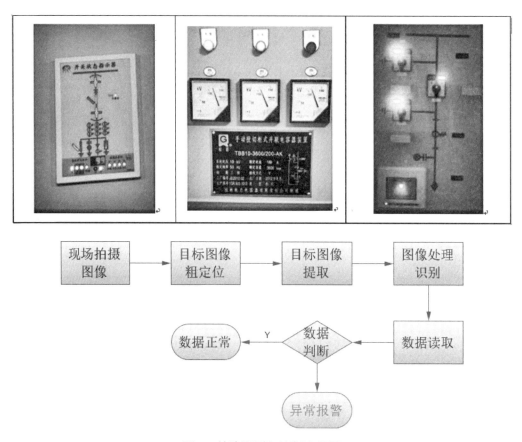

图 9   故障识别与诊断流程图

二、趋势分析

（一）基于 IP 化的公共建筑智慧运维技术

在建筑运维方面，当前安防、消防、暖通空调、照明、电梯等系统的控制系统中主要采用传统工业通信协议，包括 Modbus、LongWorks、BACnet 等，不同通信协议的传输原理、协议方式、数据格式等存在着巨大的差异，导致各个机电控制系统数据不能互联互通、处于相互孤立的状态，因此无法对建筑内的控制系统开展综合统一的管理和调控。

目前，随着新型互联网技术和新型传感器、控制器的发展，尤其 IP 协议以及基于 IP 协议的控制器（iDDC）的发展，基于统一协议下的建筑楼宇自控和运维系统成为重要的发展契机。开发形成具备安防、消防、暖通空调、照明、电梯等机电系统通用接入能力和数据互联互通功能的智慧运维系统成为未来建筑智慧运维的重要发展方向。在传统 BA 系统基础上进行升级，塑造 iBA 系统结构，基于 ICT 技术发展构建 iBA 体系，实现软硬件解耦，降低建设、运维的成本，提升运营效率。基于 IP 的控制器 iDDC 和传统 PLC、DDC 控制器的差异如表 1 所示。

基于 IP 的控制器（iDDC）与传统 PLC、DDC 的差异　　　　表 1

	PLC	传统 DDC	iDDC
应用领域	① 面向工业自控领域，强调通用性，楼宇自控场景针对性不强 ② 风量末端：市面上没有成熟的 VAV 成品，定制量大，成本高	① 楼宇自控领域，国内外主流是 DDC，尤其是中大型领域，针对性很强，场景适配性强 ② 风量末端：空调舒适性专有控制器；VAV，内置集成风量传感器和执行部件预集成	① 楼宇自控领域，国内外主流是 DDC，尤其是中大型领域，针对性很强，场景适配性强 ② 风量末端：空调舒适性专有控制器；VAV，内置集成风量传感器和执行部件预集成
网络种类	通信方式：总线组环连接，私有协议（Profinet），接口单一	通信方式：星型组网，开放（BACNet），接口单一（以太网、串口）	通信方式：星型组网，开放（Hlink），接口多样性（以太网、WiFi、电力载波、PON、4G/5G）
维护成本	① 维护成本高：编程工具和许可掌握在原厂，软件修改依赖原厂 ② 维护手段单一：PC 安装专有客户端	① 维护成本高：编程工具和许可掌握在原厂，软件修改依赖原厂 ② 维护手段单一：PC 安装专有客户端	① 维护成本低：通用、开放编程工具，无需特殊许可，软件修改不依赖于原厂 ② 维护手段便捷多样：PC IE 浏览器、手机 APP（设备内置蓝牙）
软件配套	① 缺少楼宇自控软件模块：针对楼宇自控，没有内置经过严格检验的能源管理和节能程序，需要非常专业的人员做大量现场调试工作，工期长 ② 软件接口开放性：厂家独有，不对外开放	① 丰富的楼宇自控软件：PID 算法及能源管理等程序固化到 DDC，例如：峰值负载控制、优化启停控制、多种空调运行模式、临时计划更换、节假日时间表、基础日历时间表、趋势记录、报表 ② 软件接口开放性：厂家独有，不对外开放	① 丰富的楼宇自控软件：PID 算法及能源管理等程序固化到 DDC，例如：峰值负载控制、优化启停控制、多种空调运行模式、临时计划更换、节假日时间表、基础日历时间表、趋势记录、报表 ② 软件接口开放性：控制逻辑、组态应用、通信软件开放
安全性	数据无安全加密	数据无安全加密	国产化安全可控，通信加密

（二）基于 BIM 的建筑运维技术

BIM 是建筑工程及其设施物理和功能特性的数字化表达，包含了建筑最基本的结构模型、环境模型、机电模型和设备模型，可以在全生命期内提供共享的信息资源，并为各种决策提供基础信息。

在当前的建筑运维领域，已经初步实现了对 BIM 静态信息的使用，基于建筑物信息、设备信息实现建筑的三维可视化表达，基于 BIM 实现建筑的空间、设备可视化管理等功能。如结合 BIM 和安防系统的结合，实现对建筑物内重要空间的安全防范；结合 BIM 和消防系统，可以随时把控建筑内的火灾情况，实现及时的应急消防响应。

然而，BIM 模型与建筑楼宇自控系统存在天然的数据屏障，基于 BIM 的建筑动态管理和运行维护目前仍存在瓶颈。随着 BIM 数据标准和楼宇自控系统数据标准、协议标准的进一步衔接完善，在 BIM 上实现建筑机电系统和设备的实时通信、动态运行、即时调控是未来建筑智慧运维的发展着力点。

（三）基于数字孪生的虚实交融运维技术

数字孪生技术是在对物理实体实际数据的采集、处理基础上，构建出实体的"等价"数字化表达，充当物理世界和数字世界的桥梁。数字孪生自提出以来，广泛应用于航空、航天、机械、电力等重要领域。

对于智慧建筑而言，在数字孪生基础上，通过数字化建立高度集成的数据闭环运维新体系是未来重要的发展趋势。通过生成建筑三维数字化映像空间，利用在线化手段，全面感知、获取建筑运行方方面面的动态信息，结合人工智能、大数据和模拟仿真技术，形成软件定义建筑、数据驱动决策、虚实交融的数字建筑孪生体，使得建筑的运行、管理、服务由实入虚，可在虚拟空间准确记录、仿真、演化、操控，同时也可以由虚入实，改变、促进物理空间中建筑资源要素的优化配置，形成智慧建筑运维新范式。物理建筑和数字建筑孪生双体，通过由实入虚和由虚入实的不断迭代和优化，逐渐形成深度学习、自我优化的内生发展模式，大大提高智慧建筑运维能力和水平。

基于数字孪生的虚实交融运维，一方面，在数字建筑模型基础上可实现对各种运行维护过程的动态模拟仿真，测试设备和系统的运维控制方法与策略，为开展实际运维奠定基础；另一方面，建筑物的实际运维过程可以及时、动态地反馈到孪生体，运维管理人员可以更直观、高效地开展建筑物的数据分析处理、故障诊断、运营管理决策等过程。

（四）基于机器学习算法的机电系统精细化调控技术

智能化时代以来开展了大量的建筑楼宇自动化方面的工作，尤其是 2005 年以来，我国开展了大量的建筑能源监测平台的建设，积累了大量的建筑实际运行数据。这些数据本身就是巨大的财富，其中蕴含着建筑运行过程中最原始、最本质、最真实的规律。

通过机器学习算法，利用建筑积累的大量数据，学习其中蕴含的模式、规律，从而指导建筑机电系统进行智能调控，充分实现建筑运行过程中的以人为本，发挥高效节能潜力，是建筑智慧运维最具前景的方向之一[11-12]。

如对于照明系统而言，通过历史数据识别出建筑物内空间使用规律、人员活动规律，指导照明系统按照运行时间、建筑使用功能、光照度进行调控；对于空调系统，通过历史数据学习到冷热源系统运行规律，同时集合气象参数，建立起自适应预测控制，实现能效最高目标的参数最优化运行；对于供热系统，通过历史数据学习供热系统、管网、末端的动态特性，以实现供热需热匹配的集中调度和调控；对于梯控系统，通过历史数据，识别出建筑中人员移动、运动规律，动态调整电梯运行，达到人员电梯的匹配运行。

（五）基于云计算的城市能效运营中心

建筑中一直存在着"重建设、轻运营"的问题，导致治理水平低下，无法实现高效统一管理。目前城市中绝大部分建筑的运维系统都建立在自行搭建的私有云或者公有云的个性化服务基础上，无法形成横向对比和纵向优化提升。

随着云计算技术的发展，依托公有云强大的云计算、大数据处理以及云安全能力，针对城市级建筑的智慧运维，构建城市级能效运营中心是未来智慧城市发展的方向，可以盘活数据资源，推动治理与服务的全局化、精细化和实时化。

城市能效运营中心通过接入各建筑系统的运维数据，建设城市建筑运维智慧大脑，通过数据集成、数据预处理、训练预测、数据仓库、分析挖掘，形成建筑运维的通用物理模型和逻辑模型，实现运维监管、能效管控、节能分析、系统远程诊断等功能。利用强大的数据接入和云计算能力，通过数据比对，分析、找到差距，进一步优化建筑系统的运营。

三、发展建议

（一）以 IP 协议为基础的智慧建筑运维标准体系

标准体系是行业发展的引领性、规范性文件。对于建筑运维而言，要实现其未来的高效可持续发展，需要一个健全的、科学的、可执行的标准体系。纵观当前建筑方面的标准，主要集中于建筑及其机电系统的设计、施工、检测和评价方面，而运维方面的标准则是少之又少。

因此随着 IP 技术的发展，构建一个基于 IP 协议的建筑智慧运维标准体系是下一阶段的重要工作。首先是打造数据标准。为了避免各个建设单位、各类建筑运维数据的不统一，需要建立一个涵盖数据类型、数据格式、数据上传、数据结构、数据处理的数据标准。其次是技术措施和系统建设规程。对建筑运维过程中涉及的大量智能化系统和智慧化措施，基于 IP 协议，将实现以人为本、高效节能作为各项技术运维的核心目标，以先进技术作为手段，以产出投入比为约束，构建每个单项运维技术对应的系统建设规程。最后是运维效果评价标准。以实现建筑设计、使用功能为首要目标，以人员满意、技术先进、系统高效为评价准则，打造运行效果的评价标准。

（二）以数据共享构建建筑、园区、城市统一的基础数据库

互联网技术最核心的本质之一是开源和共享，建立在互联网核心技术基础上的建筑智慧运维也不例外。当前的许多建筑，都建立起了复杂的建筑楼宇自控系统、建筑信息管理平台、建筑能耗监测系统。但是从整体的实施效果上看，不同建筑之间的数据基本上都存在数据壁垒，这对决策管理机构的统计分析、管理决策形成了很大的阻碍。

根据国家在智慧建筑、智慧园区、智慧城市方面的发展部署，打破数据壁垒、实现数据共享已经成为一个亟待解决的问题。在技术发展角度，即是建立一个建

筑、园区、城市统一的基础数据库——涵盖城市、园区、建筑的基本信息数据，涵盖子系统的实际运行数据，涵盖能源资源消耗数据，涵盖人员信息数据等。数据库应能实现定时、分区、分系统的数据分类管理和归档，对外提供不同的调用权限和接口。最终建筑、园区、城市统一的基础数据库成为城市基础设施的一部分。

（三）以场景为导向构建建筑智慧运维应用生态

完整的生态是一个行业、一项技术得以健康可持续发展的重要推动力。对于建筑智慧运维而言，从场景上又可以区分为智慧校园、智慧医院、智慧社区、智慧园区等的建筑运维。不同的场景，其涉及的实施目标、技术类型、技术方案具有明显的差异。

为了能促进不同场景下的建筑运维技术的长久发展，在技术发展过程中，可以以联盟、行业协会、专委会、企业协会等不同的手段，组织起相关的智慧解决方案供应商、设备产品供应商、系统集成商、软件开发商等行业的上下游，打造涵盖全场景、全产业链的建筑智慧化运维应用生态合作伙伴关系，促进行业的整体进步与发展。

（四）以云平台技术打造城市能效运营中心

对于绝大多数建筑而言，机电系统和设备的运行维护更多的是本地化、单机房、分散式的管理，这种管理模式是特定技术条件和发展需求的产物。然而随着技术的发展，这种运维管理模式的弊端越来越明显，如分散式管理带来的人员效率低下和运行水平参差不齐。以空调冷源系统为例，由于采用分散式管理，缺少对运行效果的实时横向比对、运行参数的实时集中优化，严重影响了冷源系统的运行效率，根据相关调研和统计，现在绝大多数空调冷源系统能效水平处于3.5的水平，亟需改善。

大数据技术的发展，尤其是云平台技术的发展，为打造区域级、城市级的城市能效运营中心带来了契机。在对系统进行良好调控的基础上，在云平台上对大量的机电系统或机房进行统一管理，实现系统的故障诊断和二次调优，最终实现系统的迭代升级和逐步优化。通过筹划构建城市级能效运营中心，或者城市级能源管理中心，统筹一定区域内的建筑运维系统，实现纵向管理、横向对比的深度管控，进一步提高管理的科学性和可持续性。

（五）以国产自主软件、装置确保数据和系统可控

在建筑电气自动化和智能建筑时代，一些国外的大型电气智能化企业，如江森自控、西门子、施耐德、霍尼韦尔等在建筑系统的智能化应用领域开展了大量的应用和实践工作，在一些技术方向，如控制器、控制系统等方面，逐渐形成了一些技术壁垒。国内的企业在使用其技术的过程中都或多或少地遇到了一些屏障，如通信协议不开放、数据库不完全共享等。尤其是随着国际贸易逆全球化趋势的发展，技术壁垒和屏障所导致的问题也越来越突出。

近年来兴起的人工智能技术、物联网技术使得建筑智慧化运维取得了长足的进

步，在技术方面，目前国内外尚未形成具有垄断地位的技术。因此，在建筑智慧化工作开展的过程中，需要以当前先进技术为核心，以自主生产、加工、开发、研制为手段，打造我国自主知识产权的智慧运维操作系统、楼宇 IP 控制器、建筑 BIM 系统软件、建筑冷热源控制装置等，形成具有自主知识产权的应用产品和系统。

参考文献

［1］中华人民共和国住房和城乡建设部. 智能建筑设计标准：GB50314-2015［S］. 北京：中国计划出版社，2015.

［2］龙惟定. 我国大型公共建筑能源监管的现状与前景［J］. 暖通空调，2007，37（4）：19-23.

［3］刘丹. 大型公共建筑能耗监测平台及监管模式［J］. 西安建筑科技大学学报（自然科学版），2014，46（1）：96-100.

［4］丁洪涛，刘海柱，殷帅. 我国公共建筑节能监管平台建设现状及趋势研究［J］. 建设科技，2017（23）：10-11.

［5］刘益民，曹勇，毛晓峰，等. 基于能耗监管平台数据的医院建筑双指标评价技术体系研究［J］. 暖通空调，2019，49（1）：38-41＋72.

［6］Fan C, Xiao F, Yan C.A framework for knowledge discovery in massive building automation data and its application in building diagnostics [J]. Automation in Construction, 2015, 50: 81-90.

［7］Liu Yimin, Cao Yong, etc. Development and research on energy performance assessment method of heat-exchanging stations based on real data [J]. Sustainable Cities and Society, 2020, 59: 1-8.

［8］Anjukan K, Mattia DR, Eleni M, etc, Data-driven predictive control for unlocking building energy flexibility: A review [J]. Renewable and Sustainable Energy Reviews, 2021, 135: 1-17.

［9］崔治国. 基于数据挖掘技术的空调系统管控方法研究［D］. 北京：中国建筑科学研究院，2018.

［10］曹勇，毛晓峰，崔治国，等. 一种空调系统的无人值守机房控制系统及方法［P］. 中国，发明专利，CN201810906798. 4. 2018：1-17.

［11］肖赋，范成，王盛卫. 基于数据挖掘技术的建筑系统性能诊断和优化［J］. 化工学报，2014，65（S2）181-187.

［12］Zhao Yang, Zhang Chaobo, Zhang Yiwen, etc. A review of data mining technologies in building energy systems: Load prediction, pattern identification, fault detection and diagnosis [J]. 2020, 1(2): 149-164.

新型建筑工业化篇

　　建筑工业化是建造方式的根本变革，推进装配式建筑的发展和应用是实现建筑工业化的主要手段，是实现整个建筑行业升级转型和可持续发展的必由之路。《住房和城乡建设部等部门关于加快新型建筑工业化发展的若干意见》（建标规〔2020〕8号）提出：未来要进一步发展以"通过新一代信息技术驱动，以工程全寿命期系统化集成设计、精益化生产施工为主要手段，整合工程全产业链、价值链和创新链，实现工程建设高效益、高质量、低消耗、低排放"为特点、以装配式建筑为代表的新型建筑工业化。

　　装配式建筑技术的升级和相应标准体系的完善是新型建筑工业化顺利推进的重要保障。一方面，要在总结现有装配式建筑技术的基础上，研究建立满足新型建筑工业化发展要求的新型装配式结构技术体系；另一方面，要研发满足新型建筑工业化需求的工程建设标准，进一步完善适应新型建筑工业化要求的标准体系。本篇中，有对装配式建筑技术体系的发展分析与展望，也有对装配式混凝土结构这一工业化建筑主要结构形式的标准体系建设的分析与建议，还包括装配式农房建筑技术体系的发展分析与展望。

装配式建筑技术体系的应用现状及发展

田春雨　朱礼敏

（中国建筑科学研究院有限公司）

近十几年来，我国新型装配式建筑发展迅速，在自主研发的基础上参考国外技术体系并与国内的需求相融合，形成了具有我国特色的装配式建筑技术体系。为实现装配式建筑"两提两减"的目标，装配式建筑技术体系将继续朝着一体化、标准化和数字化的方向发展。

一、装配式建筑技术体系概况

（一）装配式建筑的定义

装配式建筑是指结构系统、外围护系统、设备与管线系统、内装系统的主要部分采用预制构件部件方式集成的建筑，其主要特征为采用标准化设计、工厂化生产、装配化施工、一体化装修、信息化管理、智能化应用等技术。装配式建筑是对传统建造方式的根本变革，推进装配式建筑的发展和应用是实现建筑工业化的主要手段，实现整个建筑行业升级转型和可持续发展的必由之路。与传统施工方法相比，装配式建筑的构件部件通过工厂制作和现场组装，可以有效缩短现场建造工期；减小现场人为因素的过多干扰，提升工程质量；在节水、节材、节地等方面效果非常显著，可以大幅度减少建筑垃圾和施工扬尘，更加有利于保护环境；可以有效提高劳动生产率、节约劳动成本，能从根本上解决目前我国人口红利逐渐消失、人工费用比例越来越高等问题。

（二）装配式建筑技术体系的组成及分类

装配式建筑技术体系目前通常按照主体结构材料划分，可分为装配式混凝土建筑、钢结构装配式建筑和木结构装配式建筑等。

1. 装配式混凝土建筑

装配式混凝土建筑是指主体结构采用装配式混凝土结构的建筑。装配式混凝土结构按照主要受力预制构件的连接方式，可分为装配整体式混凝土结构和全装配式混凝土结构。前者预制构件之间采用湿式连接，性能等同或者接近于现浇结构，主要参照现浇结构进行设计；后者预制构件之间采用干式连接方法，直接利用螺栓连接、焊接、搁置、销接等方式连接，安装简单方便，但其整体受力性能、结构设计方法、构件及节点构造要求等方面均与现浇混凝土结构有明显差异。

按照结构形式可以划分为装配式框架结构、装配式框架-支撑结构、装配式剪力墙结构、装配式框架-剪力墙结构、装配式框架-核心筒结构等。目前应用最多的是装配式剪力墙结构体系，其次是装配式框架结构、装配式框架-支撑结构、装配式框架-剪力墙结构体系。

2. 钢结构装配式建筑

钢结构装配式建筑是指主体结构采用钢结构的装配式建筑。钢结构在我国已经有多年的发展经验，结构设计理论和方法比较成熟。钢结构可分为钢框架结构、钢框架-支撑结构、钢框架-延性墙板结构、交错桁架结构、门式刚架结构、冷弯薄壁型钢结构等形式。其中钢框架结构、钢框架-支撑结构常用于多、高层居住建筑、办公楼、酒店、工业建筑中；门式刚架结构常用于单层工业厂房、仓库等建筑类型；冷弯薄壁型钢结构常用于低层居住建筑。

3. 木结构装配式建筑

木结构装配式建筑是指主体结构由木承重构件组成的装配式建筑。根据木承重构件的材料不同，可划分为轻型木结构、重型木结构和木混合结构。轻型木结构是由采用规格材、木基结构板材等制作的木基剪力墙、木楼盖和木屋盖组成的结构体系，适用于3层及3层以下的民用建筑。轻型木结构建筑抗震性好，绿色环保，施工简单快捷。当采用轻型木结构建筑时，应满足当地自然环境和使用环境对建筑物的要求，并应采取可靠措施，防止木构件腐蚀或被虫蛀，确保结构达到预期的设计使用年限。重型木结构是指采用工程木产品以及方木或者原木作为承重构件的大跨度梁柱结构。重型木结构因其外露的木材特性，能充分体现木材的天然色泽和美丽花纹，可应用于别墅、体育场馆等建筑中。木混合结构由木构件与钢构件或钢筋混凝土构件混合承重，并以木结构为主要结构形式，包括下部为钢筋混凝土结构或钢结构、上部为纯木结构的上下木混合结构以及混凝土核心筒木结构等。

4. 围护、内装及机电系统

装配式建筑中，除结构系统外，外围护、内装、机电管线等也可采用预制部品部件集成建造的方式。

外围护系统包括外墙、门窗、屋面等。装配式建筑常用的外墙系统包括预制混凝土外墙、轻质条板墙、龙骨复合墙体、玻璃及石材幕墙系统等。外墙推荐采用结构、保温、饰面一体化的做法，装配式混凝土建筑中常用夹心保温预制外墙，钢结构中常用条板外墙或者轻质复合外墙系统；木结构中一般采用木龙骨复合外墙系统。

装配式装修是将工厂生产的部品部件在现场进行组合安装的装修方式。主要包括干式工法楼（地）面、隔墙系统、集成墙面系统、集成卫浴系统等。机电系统包括各类设备及管线，在装配式建筑中推荐采用管线分离的布置方式，便于在建筑全寿命期内的维护和更换；管线系统推荐采用标准化的产品和接口。机电系统和内装系统需要进行集成化设计。

二、装配式建筑技术的应用现状

（一）发展现状

2016 年 9 月，国务院发布了《关于大力发展装配式建筑的指导意见》（国办发〔2016〕71 号），明确了"**以京津冀、长三角、珠三角三大城市群为重点推进地区**"，"**因地制宜发展装配式混凝土结构、钢结构和现代木结构等装配式建筑**"，提到了"力争用 10 年左右的时间，使装配式建筑占新建建筑面积的比例达到 30%"，此外还补充了"逐步完善法律法规、技术标准和监管体系，推动形成一批设计、施工、部品部件规模化生产企业，具有现代装配建造水平的工程总承包企业以及与之相适应的专业化技能队伍"的总体工作目标。住房和城乡建设部为配合这一发展目标，也在近几年出台了多项文件，发展装配式建筑、实现建筑工业化成为我国建筑业发展与改革的主要方向。

为了促进装配式建筑技术的推广应用，我国先后发布、修订了多项相关标准，主要国家及行业标准见表 1。另外，多地也陆续发布实施了地方技术标准。这些标准成为我国装配式建筑产业全面发展的技术支撑。

装配式建筑主要技术标准　　　　　　　　　　　　　　　　表 1

实施时间	标准名称
2014 年	《装配式混凝土结构技术规程》JGJ 1
2016 年	《装配式混凝土建筑技术标准》GB/T 51231
2016 年	《装配式钢结构建筑技术标准》GB/T 51232
2016 年	《装配式木结构建筑技术标准》GB/T 51233
2017 年	《装配式建筑评价标准》GB/T 51129

装配式建筑技术、标准等体系的建立与完善，不断促进装配式建筑迅速发展、步入良性发展的快车道。自 2012 年全国各地逐步开始装配式建筑的试点工程，到 2020 年，全国 31 个省、自治区、直辖市和新疆生产建设兵团新开工装配式建筑共计 6.3 亿 m²，占新建建筑面积的比例约为 20.5%，完成了《"十三五"装配式建筑行动方案》确定的到 2020 年达到 15% 以上的工作目标。

从结构形式看，2020 年以来新开工装配式混凝土结构建筑 4.3 亿 m²，较 2019 年增长 59.3%，占新开工装配式建筑的比例为 68.3%；装配式钢结构建筑 1.9 亿 m²，较 2019 年增长 46%，占新开工装配式建筑的比例为 30.2%。装配式钢结构集成模块建筑得到快速推广，为新冠肺炎疫情防控发挥了重要作用。

装配式混凝土建筑以其成本合理、取材便捷等优势，占据着装配式建筑的主要市场份额。为迅速发展装配式混凝土建筑，现阶段主要应用"等同现浇"的设计理念，依赖已经成熟的现浇混凝土结构技术和标准体系，发展完善适合我国国情的装配整体式混凝土结构技术体系。现阶段我国钢结构装配式建筑总体应用规模较小，目前钢结构建筑主要应用于工业厂房、仓储、大型公共建筑等领域。2020 年新开工装配式钢结构住宅 1206 万 m^2，较 2019 年增长 33%，未来有巨大的发展空间。木结构建筑是我国最具传统特色的装配式建筑，已有 3500 多年的历史。现阶段由于我国建筑用木材供应量较少，主要依靠进口，导致木结构建筑的成本较高，发展受到一定制约。

（二）技术体系中存在的主要问题

1. 装配式混凝土建筑

目前我国装配式混凝土结构的研究及应用已经有了很大发展，但是还存在一些制约发展的瓶颈问题，主要包括：（1）装配式混凝土结构主要参照现浇结构的设计理论及施工经验进行设计施工，未充分发挥成本及效率优势，创新性和适用性明显不足。（2）标准化程度不够，不仅建筑设计的标准化与构件的标准化程度不足，而且尚未建立起完善的标准化预制构件、部件的产品库。（3）信息化技术应用不够，BIM 的信息化技术没有在建筑设计、构件制作与施工安装等方面全面得到应用。（4）现场装配施工工期与现浇体系相比不具有优势，施工操作与管理水平低，有质量隐患。（5）内装及机电系统与结构系统集成度不高。

2. 钢结构装配式建筑

目前我国钢结构装配式建筑技术体系存在的问题主要有：（1）建造成本偏高。与装配式混凝土建筑相比，钢结构建筑的材料防腐、防火等维护成本较高，造价不占优势。（2）连接节点工业化程度不高，现场焊接作业量偏大。现阶段钢结构连接节点最常用的类型主要有栓焊节点和全焊接节点，导致现场焊接量较大，现场焊接仍主要依靠人工。（3）围护体系与主体结构的匹配性较差，能与钢结构主体构件连接可靠、安装方便、耐久性好的墙体材料较少。目前常用的几种轻质板材墙体材料，都存在一定程度的易开裂、易渗漏、易因连接缝隙处理不当导致隔声较差等缺陷。（4）部品化体系尚未完善，部品化率偏低。目前我国轻钢结构住宅的部品化率稍高，其余钢结构建筑的部品化率均较低。

3. 木结构装配式建筑

主要问题有：（1）产品质量认证体系不足。我国目前在结构用木材和木产品的质量管理方面投入不足，相关产品的质量得不到有效管理，从而影响了产品的标准化生产和工程项目的高效实施。（2）缺乏关键技术创新与研究。在绿色建筑与建筑工业化背景下，我国现代木结构在木质新材料、组合构件、新型节点和新体系的研究方面还有很大发展空间。（3）设计理论与规范体系尚待完善。近年来，我国现代木结构的应用呈现加速发展趋势，然而相较于欧洲和北美等地，我国木结构理论与规范体系还不够完善。

三、装配式建筑技术体系的研究

针对目前应用中存在的各种问题，包括中国建筑科学研究院有限公司在内的企业、科研单位等均进行了针对性的研究开发工作，也取得了大量的成果，包括结构系统、装配式内装修、部品部件等方面。

（一）结构系统

1. 装配式混凝土结构

中国建筑科学研究院自 20 世纪 60 年代以来，一直在预制混凝土构件及装配式混凝土结构领域开展研究工作。尤其是近十多年来，结合装配式建筑的发展需求，开展了系统的研究工作和技术推广工作。中国建筑科学研究院负责了"十二五"国家科技支撑计划项目"新型预制装配式混凝土建筑技术研究与示范"，是"十二五"期间关于装配式混凝土建筑的唯一研发项目，并直接负责该项目中的"装配式建筑混凝土框架结构关键技术研究"和"安装施工关键技术研究与规模化应用示范"两个课题，完成了大量的装配式混凝土结构领域的基础及应用性研究工作，包括钢筋套筒灌浆连接技术研究，混凝土界面受力性能研究，装配式混凝土框架结构、新型装配式剪力墙结构、多层墙板结构体系研究等，并对装配式混凝土结构的施工方法、集成化应用技术进行了充分的调查及研究。在上述研究工作的基础上，"十三五"期间，中国建筑科学研究院负责了国家重点专项"绿色建筑与建筑工业化"中 4 个项目及若干个课题研究任务，包含装配式混凝土结构的新型体系及连接节点、配套产品、标准体系及标准化技术、检测及评价技术、信息化技术应用等方面的研究工作（图 1～图 5）。

在总结国内其他企业和研究单位的研究成果、工程实践经验基础上，中国建筑科学研究院会同中国建筑标准设计研究院等单位共同编制完成了行业标准《装配式混凝土结构技术规程》JGJ 1—2014（以下简称《规程》）。《规程》除了结构设计的内容外，还补充、强化了建筑设计、加工制作、安装、工程验收等环节，强调了从设计、生产到施工等全过程以及各专业相互协同的理念。《规程》发布以来，各地均将其作为装配式混凝土结构工程建设的主要技术依据，为我国推广装配式混凝土建筑提供了标准规范支持，促进了装配式混凝土结构的良性有序发展。据不完全统计，按照《规程》进行设计、施工、验收的工程总量已经超过 1 亿 m^2，创造了巨大的社会及经济效益。

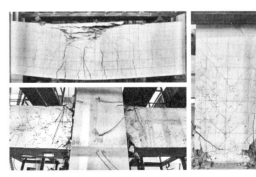

图 1　预制拼装梁柱节点研究　　图 2　采用新型配筋的梁、柱构件及节点性能研究

图3　装配式混凝土框架整体试验研究

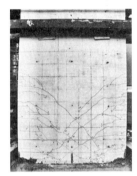
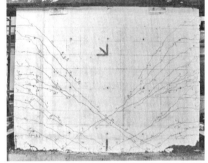

图4　L型大板剪力墙结构
　　　试验研究

图5　新型装配式剪力墙结构试验研究

除现行国家和行业标准以外，为了满足行业发展的需要，补充国标和行标的不足，反映最新的研究和工程实践经验，配合目前国家标准化改革的进程，装配式混凝土结构领域新编了一批团体标准，包括专用产品、专用技术体系等。其中《装配式多层混凝土结构技术规程》T/CECS 604—2019是我国装配式多层建筑结构的第一本重要的技术性标准，适用于装配式多层混凝土结构的设计、施工与验收。其内容密切结合我国装配式建筑发展状况和多层建筑的自身特点，与我国村镇建设近年来的发展水平相适应，与时俱进，提出"安全适用、技术先进、经济合理、保证质量"的编制原则，创新提出了干式接缝的连接及构造、配套的结构分析方法等，迈出了"装配式结构"按照"装配"特点来设计的第一步，对我国装配式多层混凝土建筑结构的设计具有重要的技术指导意义。其他重要团体标准包括《钢筋桁架叠合楼板应用技术规程》T/CECS 715—2020等，也都为目前装配式混凝土结构中关键的技术难点提供了较好的解决方案及技术支撑。

2. 钢结构及组合结构

近年来，各研究单位在已有的高层及超高层钢结构、大跨度钢结构体系研究的基础上，结合装配式建筑的发展需求，开展了一系列钢结构新型体系的研究工作，包括钢框架-耗能支撑体系、钢管束组合剪力墙结构技术体系、隐式框架结构体系、装配式轻型钢框架镶嵌填充条形复合板体系、组合钢板剪力墙结构体系、交错桁架体系等，并开展了示范应用工作。如钢管束组合剪力墙结构技术体系、隐式框架结构体系、组合钢板剪力墙结构体系等均在住宅建筑中开展了较多的示范应用。

另外，采用预制混凝土构件和钢构件组合成的装配式混合结构体系也有较多的研发和应用，如采用预制混凝土柱和钢梁的框架结构体系在学校等公共建筑中均得到了较好的应用。

3. 木结构

近十余年来，我国现代木结构研究呈现快速增长趋势。在多层木基剪力墙结构、高层 CLT 木结构、木组合结构的抗震性能、抗火性能、设计方法等方面开展了较多研究工作，并编制了《多高层木结构建筑技术标准》GB/T 51226—2017 等标准。

（二）外围护系统

对于装配式建筑尤其是钢结构装配式建筑，外围护系统是决定房屋建筑品质、使用功能与建设成本等的关键因素。外围护系统包括外墙、门窗、屋面等，其中外墙做法是研究的重点。

近年来，装配式外墙做法的研究重点主要在混凝土夹心保温预制墙体、轻质复合挂板、条板复合外墙系统等方面。中国建筑科学研究院有限公司等单位开展了预制混凝土外挂墙板、内嵌式预制外围护墙、夹心保温墙板、轻质钢丝网架保温墙板等外墙系统的研究工作，并编制了相关行业和协会标准，包括《预制混凝土外挂墙板应用技术标准》JGJ/T 458、《装配式建筑密封胶应用技术规程》T/CECS 655 等（图 6～图 8）。

图 6　外挂墙板试验研究　　图 7　内嵌式外墙板试验研究　　图 8　夹心保温墙板
　　　　　　　　　　　　　　　　　　　　　　　　　　　　　　　　试验研究

东南大学、杭萧钢构等单位开展了各类复合一体化外墙板的研究工作，北京市建筑设计研究院、金隅集团等开展了基于 ALC 墙板的一体化外墙围护系统研究。相关研究成果为装配式建筑外墙系统的功能和质量提升提供了技术支持。

（三）装配式装修

目前，国内若干企业在此领域已经进行了大量研发和实践工作，以和能人居等为代表的各类企业开发出了各种集成系统，主要包括干式工法楼（地）面、隔墙系统、集成墙面系统、集成卫浴系统等；主要采用的部品包括各类轻质隔墙板、硅酸钙板或木塑等装饰面板、一体化架空地板模块、卫浴整体托盘等，并在公租房、人才公寓等项目中进行了大量的应用，取得了较好的效果，全生命周期成本优势明显。

四、技术体系的发展趋势

装配式建筑是一个系统工程，为了实现提高工程质量、提升生产效率、减少人工作业、减少浪费和污染的目标，即体现装配式建筑的"两提两减"，装配式建筑技术体系将朝着一体化、标准化和数字化的方向发展。

（一）一体化

装配式建筑应该从多个角度去实现和推广一体化。第一是建筑各专业的一体化，即建筑、结构、装修、机电等各个系统之间的一体化集成设计。第二是全产业链上各个环节的一体化，即需要统筹策划、设计、生产、运输、施工和运营维护，实现全过程的协同。第三是更广义上的一体化，即需要实现技术、市场和管理的一体化，通过合适的建设管理模式，让更好的技术体系发挥优势，在市场竞争中脱颖而出。

目前，受限于传统的条块分割的建设模式，装配式建筑的很多优势并未充分发挥，市场上的竞争力不强。在后续的发展中，建筑市场的管理者和参与者需要通过推动 EPC 总包模式，在建造过程中尽量实现全专业的集成和全产业链的协同，从而推动装配式建筑更好地发展。

（二）标准化

标准化是实现工业化的前提之一。目前，由于多年来广泛采用现浇混凝土结构及手工作业为主的施工方式，忽略了对于建筑标准化及模数化的要求。在推广应用装配式建筑时，应大力推动标准化工作。从设计角度，装配式建筑应按照通用化、模数化、标准化的要求，以少规格、多组合的原则进行设计。建筑结构系统、外围护系统、内装系统、设备与管线系统之间应进行模数及尺寸协调。建筑中的部品及部件推荐主要采用工厂生产的标准化产品，并在现场采用标准化的节点及接口进行连接，将现在的构件及部品订单式生产逐渐转为标准构件与标准部品的库存式生产，大大提高效率和有效降低成本。施工过程中采用标准化的装备、措施及工具，采用标准化的施工方式、施工流程与组织形式。

（三）数字化

数字化技术是装配式建筑实现全专业一体化和全过程一体化的技术支撑。利用数字化技术即 BIM 技术可以实现各专业间的协同配合，保证建筑、结构、内装、机电设备及管线系统的集成，以及设计、生产、施工的协同。数字技术也是实现装配式建筑部品部件全过程质量控制和追溯的关键，必将在装配式建筑的发展中越来越重要。

参考文献

［1］马涛，张玉梅. 装配式建筑系列标准应用实施指南（装配式混凝土结构建筑）［M］. 北京：中国计划出版社，2016：1-5.

［2］郁银泉，王喆，董庆园. 装配式建筑系列标准应用实施指南（钢结构建筑）［M］. 北京：中国计划出版社，2016：1-5.

［3］黄小坤，田春雨，万墨林，李然. 我国装配式混凝土结构的研究与实践［J］. 建筑科学，2018，34（9）：50-55.

［4］秦迪，陈进宝. 我国装配式钢结构建筑的发展及现状研究［J］. 智能城市，2017（11）：19-21.

［5］刘伟庆，杨会峰. 现代木结构研究进展［J］. 建筑结构学报，2019，40（2）：16-31.

［6］林树枝，施有志. 装配式木结构建筑的应用现状及展望展［J］. 建设科技，2019，375：46-51.

［7］齐宝库，朱娅，马博，刘帅. 装配式建筑综合效益分析方法研究［J］. 施工技术，2016，45（4）：39-43.

［8］中国建筑标准设计研究院有限公司. 装配式混凝土建筑技术标准：GB/T 51231—2016. 北京：中国建筑工业出版社，2017：2-7.

［9］中国建筑标准设计研究院有限公司. 装配式钢结构建筑技术标准：GB/T 51232—2016. 北京：中国建筑工业出版社，2017：1-12.

［10］中国建筑西南设计研究院有限公司. 装配式木结构建筑技术标准：GB/T 51233—2016. 北京：中国建筑工业出版社，2017：2-10.

［11］中国建筑标准设计研究院有限公司. 装配式混凝土结构技术规程：JGJ 1—2014. 北京：中国建筑工业出版社，2014：2-5.

［12］中国建筑西南设计研究院有限公司. 木结构设计标准：GB 50005—2017. 北京：中国建筑工业出版社，2017：2-14.

装配式混凝土结构标准体系研究

姜　波　张渤钰　程　骐

（中国建筑科学研究院有限公司）

近年来，为推进建筑行业供给侧结构性改革、实现高质量发展，国家提出大力发展装配式建筑，并出台一系列政策文件推动以装配式建筑为代表的新型建筑工业化的发展，促进建筑行业从传统建造方式向新型工业化建造方式转变。国务院办公厅印发的《关于大力发展装配式建筑的指导意见》系统部署了装配式建筑发展的指导思想、主要目标、三大原则、八大重点任务和保障措施等。《意见》明确指出，发展装配式建筑是建造方式的重大变革，是推进供给侧结构性改革和新型城镇化发展的重要举措。健全标准规范体系是大力发展装配式建筑的八大重点任务之一。当前，我国装配式建筑相关标准虽然数量众多，但逻辑层级不够清晰，装配式建筑的设计和施工标准化程度不高，尚不能有力支撑产业发展。突破制约装配式建筑规模化发展的标准化瓶颈，显得尤为重要和迫切。

本文系统分析了国内外装配式混凝土结构标准发展现状与存在问题，研究构建了覆盖主要产业链、全过程的新型装配式混凝土结构标准体系，并提出了关键标准研制的建议。

一、代表性国家和地区装配式混凝土结构标准发展情况

（一）美国

美国从 20 世纪 20 年代就开始探索研究预制混凝土的材料、构件、生产方法、生产工艺及工程应用，到 20 世纪 70 年代预制混凝土技术已基本成熟，并陆续发布了一些规范和引导预制混凝土、预制混凝土构件、装配式混凝土结构应用的相关标准，随着预制混凝土材料及构件发展而更新，形成了较完整的技术标准体系，这些标准对指导促进装配式混凝土结构在美国的健康发展和规模化推广应用发挥了重要作用。如美国混凝土协会（ACI）和美国的预制与预应力混凝土协会（PCI）编制了一系列的技术标准、指南和技术报告，包括《建筑结构混凝土规范》ACI 318、《预制和后张混凝土构件组成的混合框架》ACIT 1.2、《预制混凝土墙板指南》ACI 533R、《PCI 设计手册》、《结构预制构件的制作质量控制手册》、《建筑预制构件的制作质量控制手册》、《预制与预应力混凝土施工偏差手册》、《PCI 预制与预应力混凝土结构连接手册》等相关标准、指南或技术报告，对装配式混凝土结构从设计、

预制构件生产、施工安装、节点连接等进行全过程的技术指导，规范了装配式混凝土建筑的工程应用。

（二）欧洲

欧洲的装配式混凝土标准主要包括三个方面：欧洲各国标准体系、欧洲混凝土规范和国际结构混凝土协会（fib）标准与技术报告。

欧洲各国的装配式混凝土建筑具有悠久的历史，各国在实践中积累了大量的经验，形成了系统的基础理论并各自颁布了关于混凝土预制构件、建筑部品等装配式混凝土结构相关的统一标准。

欧洲规范 0～欧洲规范 9 是由欧洲共同体委员会针对土建领域中各成员国国家规范不统一的情况，统一编制的土建行业工程技术规范，并随着行业和技术的发展不断修订完善。从 1980 年第一代欧洲规范开始，相继编制了《混凝土结构施工》EN 13670、《预制混凝土制品 楼梯》EN 14843、《预制混凝土产品通用规则》EN 13369 等标准。

现行的 fib 标准和技术报告由总部位于瑞士的国际结构混凝土协会发布的模式规范 MC 2010 以及为它提供参考的相关技术报告组成。MC2010 建立了完整的混凝土结构全寿命设计方法，包括结构设计、施工、运行及拆除等阶段，其中与装配式混凝土结构相关的技术报告详细规定了结构、构件、连接节点等设计要求。fib 还相继出版了《预制结构构件的缺陷处理》《预制混凝土建筑结构的连接》《预制保障性住房》等与装配式混凝土结构、构件、连接节点等相关的技术报告。

欧洲现行的装配式混凝土结构标准体系主要由欧洲混凝土规范和 fib 规范组成，可按类别分成综合、专用结构体系、设计、构件生产和施工等，它们对欧洲装配式混凝土结构工程全过程或主要阶段提出明确技术要求，是欧洲装配式建筑快速稳健发展的基石和保障。

（三）日本

日本是装配式混凝土结构技术最成熟、应用最广泛的国家之一，其装配式混凝土建筑从第二次世界大战以后持续发展，并在高烈度地震区的高层和超高层建筑中得到广泛的应用，这些建筑采用的预制、预应力混凝土技术已经达到世界领先水平，由预制、预应力混凝土构成的日本装配式混凝土标准体系在工程应用中发挥了重要作用。该装配式混凝土标准体系主要由日本建筑学会 AIJ 和日本预制建筑协会 JPA 制定的装配式结构相关技术的标准和指南组成，包括《预制钢筋混凝土结构的设计与施工》、《壁式钢筋混凝土建筑设计施工指南》、《预制建筑技术集成》丛书等，该标准体系完备，工艺技术先进，构造设计合理，部品的集成化程度很高，施工管理要求严格，体现了很高的综合技术水平。

（四）我国香港地区

我国香港地区主要有两项装配式混凝土结构的设计、施工技术指导标准，分别是《混凝土结构作业守则》和《预制混凝土建造作业守则》。其中，第一版《混凝土结构作业守则》承袭自 BS CP 114、BS CP 115、BS CP 116、BS CP 110、BS 8110 等英国技术标准内容，并在发展过程逐渐完善。2003 年，预制混凝土结构内容从《混凝土结构作业守则》中独立出来，成为《预制混凝土建造作业守则》，这项标准对于"减少施工现场产生的建筑垃圾数量，减少对现场的不利环境影响，提高混凝土施工的质量控制，减少现场施工量"发挥了积极作用。

（五）对我国装配式混凝土结构标准体系发展的借鉴意义

不同国家和地区由于装配式混凝土结构的发展历程不同，标准体系发展历程也存在一定差异性。大部分国家和地区，最开始并没有发展装配式混凝土建筑标准体系的明确目标，都是经过了几十年的探索，也走了一些弯路，才逐渐建立并完善了现在我们看到的装配式混凝土建筑标准体系。譬如美国，其装配式混凝土结构标准，是在数十年的发展过程中，根据发展需要，逐步编制了装配式混凝土结构相关的设计、施工、验收标准以及技术手册，并随着装配式混凝土结构的广泛推广应用、渐进式发展而成，成为全国通行的标准。目前我国在大力推进新型城镇化建设的大背景下，应充分借鉴发达国家和地区的成熟经验，并结合我国实际国情，先行建立适合我国发展的装配式建筑标准体系，再根据标准体系实现技术标准编制的"有的放矢"，以最大限度地推动我国装配式混凝土建筑的推广应用，实现建筑工业化领域的"弯道超车"。

二、我国装配式混凝土结构标准现状分析

我国第一本装配式混凝土技术标准《装配式混凝土结构技术规程》JGJ 1 于 2003 年开始编制，编制组开展了大量的研究工作，但由于当时装配式建筑工程量相对较少，工程实践积累不够，历时 11 年才完成编制工作。这本标准为装配式混凝土结构系列标准编制工作启动打下了扎实的基础，并带动了其他相关标准编制工作快速跟进。

近五年是装配式混凝土结构标准快速发展时期，现行装配式混凝土结构的相关标准中，国家标准和行业标准 38 项，地方标准 61 项，团体标准 135 项。随着各项新技术、新产品的发展成熟，新制订了一批适用于装配式混凝土结构全过程的专用技术标准；同时，设计、生产制作与运输、运行维护等阶段的适用标准也有显著增加。按照标准适用阶段对标准进行统计分析（图 1、图 2），可以看出目前我国装配式混凝土结构有关标准还集中在设计、生产制作与运输、施工、运行维护等阶段，对建筑规划、改造、拆除等环节涉及较少。

整体来看，现行装配式建筑标准的系统性不强、适用性和覆盖面不够，不能充分满足装配式混凝土结构快速发展的需要。具体表现在：

（1）标准之间层次、定位与内容划分不清晰。国家标准和行业标准总体呈现一定层次性，但在具体内容上，基础标准、通用标准、专用标准之间逻辑关系并不清晰。如《装配式混凝土结构技术规程》JGJ 1 与《装配式混凝土建筑技术标准》GB/T 51231，两项标准层次、定位划分不清晰，内容衔接不紧密。

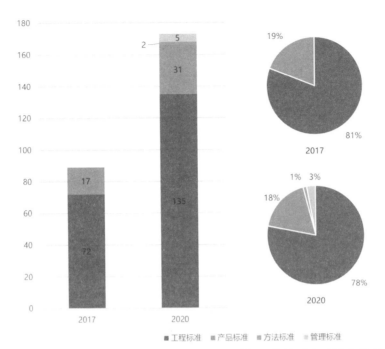

图 1　2017 年与 2020 年装配式混凝土结构相关标准数量对比（标准类型）

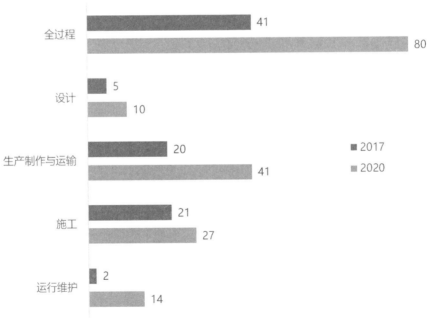

图 2　2017 年与 2020 年装配式混凝土结构相关标准数量对比（标准适用阶段）

（2）团体标准之间缺乏协调性。目前有上百家工程建设领域的社会团体组织团体标准编写，团体标准总体呈现一种无序、无体系性的发展状况，相互之间缺少协调性，经常出现标准重复立项、标准技术指标不协调的情况。

（3）标准覆盖面不够。与国外装配式混凝土标准相比，仍然存在标准缺失或薄弱环节，如涉及新型装配式体系的质量验收、装配式建筑运营管理、构件回收再利用、信息技术等方面的标准较少，尚需尽快制订相关标准。

三、新型装配式混凝土结构标准体系构建

1. 标准体系构建的原则

根据对现行标准体系的分析结合装配式混凝土结构发展趋势，新型装配式混凝土结构标准体系构建原则是：

（1）面向需求，适度超前。立足工程建设标准化改革方向以及装配式混凝土结构对于标准化的现实需求，分析未来发展趋势，建立适度超前、具有可操作性的标准体系。

（2）层次清晰，划分合理。从一定范围内的若干个标准中，提取共性特征并制定成共性标准，这种提取出来的共性标准构成标准体系中的一个层次。根据标准的适用范围，将列入标准体系表内的每一项标准安排在恰当的层次上，达到体系组成合理简化。

（3）开放兼容，动态优化。保持标准体系的开放性和可扩充性，为新的标准预留空间，同时结合行业发展形势需求，定期对标准体系进行修订完善，提高标准体系的适用性。

2. 标准体系的多维度层次划分

依托国家重点研发计划项目"建筑工业化技术标准体系与标准化关键技术"研究成果，以全寿命期理论、霍尔三维结构理论为基础，研究确定覆盖装配式混凝土结构标准体系的层次划分。标准体系包含多维度，如属性维、级别维、类别维、目标维、专业维、阶段维、状态维等。其中，属性维指强制性标准、推荐性标准、团体标准；级别维包括国家标准、行业标准、地方标准、团体标准等；类别维包括工程标准、产品标准；功能维包括标准化设计、工厂化制作、装配化施工、一体化装修、信息化管理；阶段维覆盖整个产业链、全过程，具体包括设计、生产、制作、施工、验收、检测、评价、维护、拆除及再利用等。

装配式混凝土结构标准体系以上下层次结构为主线，构建以强制性标准为约束层，以推荐性标准为指导层，以团体标准为实施支撑层的新型标准体系（图3）。强制性标准主要为全文强制性工程规范，推荐性标准主要为通用技术标准，团体标准为专业技术标准。除装配式混凝土结构专用标准体系外，其他对于装配式混凝土结构应用非常重要，但又不是专门针对装配式混凝土结构的标准，如《建筑结构可靠性设计统一标准》GB 50153 等，单独形成基础共用标准体系，基础共用标准体系是装配式混凝土标准体系的配套支撑标准体系。为便于特定领域工程应用，可以从装配式混凝土结构标准体系中围绕某一主题，将相关系列标准提炼出来，形成主题标准体系，主题标准体系是装配式混凝土结构标准体系的子体系。

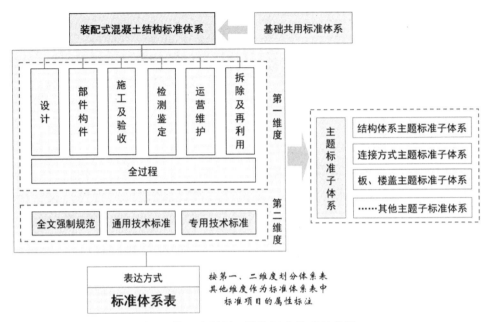

图 3　装配式混凝土结构标准体系示意图

3. 标准体系表

根据标准体系层次以及维度划分，将标准体系按全文强制性工程规范、通用技术标准和专用技术标准维度划分为三个部分，每个部分形成一个标准体系总表。其中专用技术标准总表数量较多，再按照阶段维划分为若干子表。除了属性维和阶段维之外，其他维度作为标准属性在表 1 中进行标注（表 1 仅为示例，未全部列出）。

装配式混凝土结构标准体系　　　　　　　　　　　表 1

体系编码	标准名称	级别	类别	适用阶段	目标	状态	需求
全文强制规范							
PC1001	混凝土结构通用规范	GB	GC	A	BD	在编	涉及装配式全过程的强制性条文
通用技术标准							
PC1002	装配式混凝土结构技术规程 JGJ 1—2014	HB	GC	A	BD、FP、AC	现行	建议合并
PC1003	装配式混凝土建筑技术标准 GB/T 51231—2016	GB	GC	A	BD、FP、AC	现行	
……	……	……	……	……	……	……	……
专用技术标准							
PC1057	混凝土及预制混凝土构件质量控制规程 CECS 40：92	TB	GC	M	FP、AC	现行	
PC1061	预制构件运输技术标准	GB	CP	M	FP、AC	待编	
……	……	……	……	……	……	……	……

全文强制性工程规范层次中设置一项标准，即为全文强制性工程规范《混凝土结构通用规范》。

通用技术标准主要指推荐性标准。推荐性国家标准重点制定基础性、通用性和重大影响的标准，突出公共服务的基本要求。推荐性行业标准重点制定本行业的基础性、通用性和重要的标准，推动产业政策和战略规划贯彻实施。通用技术标准包括7项，除一本综合标准《装配式混凝土结构通用技术标准》外，其他按照装配式混凝土的不同阶段划分为6项标准。

专用技术标准主要指团体标准。团体标准主要为全文强制性工程规范或通用技术标准中需细化的部分，以及面向新技术、新产品的标准。团体标准主要由市场主体自主制定，具有灵活性、先导性，能快速反映市场需求、促进行业自律水平提升。

四、装配式混凝土结构标准体系发展建议

要突破制约装配式建筑规模化发展的标准瓶颈，形成覆盖装配式混凝土建筑全过程、主要产业链的标准体系，重点应在以下几个方面进行完善：

1. 修订部分基础共性标准。围绕装配式混凝土结构发展的需求，对部分基础共性标准进行修订，如《混凝土结构设计规范》GB 50010、《建筑抗震设计规范》GB 50011、《混凝土结构工程施工规范》GB 50666、《混凝土结构工程施工质量验收规范》GB 50204 等，这类标准主要针对现浇混凝土编制，对装配式混凝土适用性不强，相关内容规定较少且内容分散，如整体结构设计、构件连接、施工阶段验算等方面的内容不够充分、不具体，建议对相关内容进行研究和修订完善。

2. 通用技术标准精简、合并。现有装配式混凝土结构国家标准、行业标准38项，按照标准化改革要求，建议重新梳理国家标准、行业标准层次结构，精简、整合现行标准，或将部分标准转化为团体标准，提高推荐性标准的完整性、逻辑性和协调性，如将《装配式混凝土结构技术规程》JGJ 1 与《装配式混凝土建筑技术标准》GB/T 51231 进行合并形成装配式混凝土结构通用技术标准。

3. 加快制定专用技术标准。一是加快体系中缺失标准的编制，如使用涉及维护、拆除及改造、回收再利用等相关标准的研究制定，编制《装配式混凝土结构改造技术规程》《装配式混凝土建筑使用维护规程》等，填补标准体系空白；二是针对不同装配式混凝土结构形式，尽快编制相关标准促进技术推广应用，如编制《装配式混凝土结构设计标准》《预制混凝土构件设计标准》《预制混凝土柱-钢梁混合框架结构技术规程》，各类夹芯剪力墙体系标准等。

4. 把握行业技术发展动向，标准体系与时俱进。现阶段智慧建造与装配式建筑协同发展是未来重要的发展方向，应研究装配式混凝土结构智慧建造技术，提升装配式混凝土结构智慧建造水平，配套制定有关技术标准，填补标准体系空白。

装配式混凝土结构是我国未来新型城镇化建设进程中应用的主要建筑结构体系，装配式混凝土结构标准体系的构建、完善以及应用推广，将有力保障我国装配

式混凝土建筑的质量与安全，为装配式混凝土建筑的快速发展提供助力。

本文部分节选自：

［1］姜波，高迪，王亚安，等．装配式混凝土结构现行标准体系分析研究［J］．工程建设标准化，2018（6）：42-47.

［2］姜波，高迪，王亚安，等．装配式混凝土结构新型标准体系构建［J］．工程建设标准化，2018（6）：48-53.

装配式农房发展综述

李东彬　　王建军

（中国建筑科学研究院有限公司中国建筑技术集团
北京市既有建筑改造工程技术研究中心）

近年来，随着人民生活水平的提高，采用传统农房结构，按照传统模式建造的农房，已不能满足新时期农民对农房品质的需求。相比城市建设中装配式建筑的快速发展，农房建设中装配式建筑的应用比例不足 2%，尚处于发展初期。随着我国乡村振兴战略的实施和美丽乡村建设的推进，结合农村的实际情况，针对性地发展适用于农房建设的装配式建筑，将成为解决美丽乡村新时期农房建设的有效途径。

一、发展现状

（一）总体情况

据统计，截至 2018 年，我国存量农房建筑面积约 278 亿 m^2，农村人均住房面积 47.3 m^2 [1]。农房中，砌体结构约占总量的 80% 以上，混凝土结构约占 8%，土、木、石、轻钢结构以及其他新型结构约占 10% [2]。我国农房建设在经济发达和欠发达地区发展不平衡，传统村落没有得到很好的传承、保护和利用，农房建设同质化严重，农房建设缺乏监管，农房在抗震、节能、外观、功能、舒适性等方面还存在较多问题 [3]。

（二）技术体系

适用于农房的装配式建筑主要包括混凝土结构、轻钢结构、轻钢轻混凝土结构、竹木结构和其他新型结构等，常用的装配式农房技术体系见表1。

常用装配式农房技术体系　　　　　　　　　　　　　　表1

结构类别		体系简介	优缺点	应用情况	体系示意
1.混凝土结构	1.1 全装配混凝土结构	由预制混凝土墙、预制混凝土板等构件通过螺栓等干式连接方法连接	干式连接施工简便；构件较大、较重，对农村道路和场地以及吊装设备有一定要求	在部分地区已试点应用	
	1.2 EPS空腔模块混凝土结构	将 EPS 空腔模块依据设计尺寸错缝搭接形成模壳空腔墙体，在空腔内绑扎钢筋并现浇混凝土，形成保温承重一体化混凝土结构	简化模板施工工艺；实现结构保温一体化；现浇混凝土整体性好	农村地区已得到了较多的应用	

续表

结构类别		体系简介	优缺点	应用情况	体系示意
1. 混凝土结构	1.3 CL 结构体系	由 CL 网架板和两侧浇筑或喷射混凝土形成墙体自保温的建筑结构体系。CL 网架板有 2 层或 3 层钢筋网片，中间竖向布置保温板，用三维立体斜插钢筋焊接成空间骨架	保温层耐久性好，保温与结构同寿命；耐火性能好；现浇或喷射混凝土，现场有湿作业	在严寒和寒冷气候区的农房建设中推广应用	
2. 轻钢结构	2.1 冷弯薄壁密肋轻钢结构	以冷弯薄壁 C 型或矩形轻钢通过连接件螺钉连接形成基本轻钢骨架，墙体两侧安装采用 OSB 板、硅酸钙板等板材，中间填充岩棉或浇筑轻混凝土形成轻钢体系	轻钢尺寸小、自重轻，方便运输，安装简便；具有良好的抗震、防火、热工、隔声性能；三板一芯墙体，厚实感较差，有部分地区采用现浇轻混凝土代替岩棉	在全国大部分地区都有推广，特别是改良为实心墙的轻钢房屋得到广泛应用	
	2.2 轻型钢框架结构	由小截面轻钢柱和窄翼缘轻钢梁组成的钢框架、轻质楼板和围护墙板组成，围护一般采用加气混凝土轻质条板或轻钢骨架灌浆墙体；楼板一般采用钢边框轻质楼板或压型钢板混凝土组合楼板	技术成熟；梁柱截面小，不影响使用空间，无需大型吊装设备，具有较好的适用性；装配率高，施工速度较快	适用于低层和多层建筑，在农房建设中逐渐推广应用	
3. 轻钢轻混凝土结构		以冷弯薄壁轻钢和轻混凝土为主要材料，以快速搭建的轻钢构架为基础，集成免拆模板等新技术，将工厂制品装配施工与轻混凝土现浇相结合的新型结构体系	轻钢与轻混凝土协同工作，抗震性能优；轻钢被轻混凝土包裹，耐火性能好；实心墙，无空洞感，保温隔热、隔声性能好	适用于低层和多层建筑，在全国多个省市得到推广应用	
4. 竹木结构	4.1 竹结构	通过各种连接件将竹材连接成竹结构，竹结构的连接节点可以有效地耗散地震所产生的能量	材料低碳节能环保；抗震性能好	在部分地区有试点应用，尚未规模化应用	
	4.2 现代木结构	采用工业化的胶合木材或木基复合材作为结构的基本构件，并通过金属连接件将这些基本构件连接成为满足使用功能的建筑	质量轻，便于运输及安装；施工快，场地整洁；节能环保；成本较高	部分地区有应用，推广量不大	
5. 其他结构	5.1 草砖房	以草砖为主要材料建造的房屋。草砖是植物秸秆经过机械压制，用铁丝或塑料绳索捆扎成的砖块	保温隔热性能好，隔声效果好，自重轻；经处理后，有较好的防水防火防虫的效果	在北方部分村镇建筑有一定应用	

续表

结构类别		体系简介	优缺点	应用情况	体系示意
5.其他结构	5.2 单层板式房屋	以复合轻质条板为承重结构和围护系统的装配式建筑体系，主体结构由基础、墙体、屋面三大系统构成	工厂预制、现场装配；施工简便快捷；轻质墙板有一定的保温效果；材料回收利用率高；综合造价较低	适用于一层农房，在北方部分地区有试点应用	
	5.3 装配式轻钢框架-组合墙结构	由轻型钢管混凝土框架梁、轻型钢管混凝土边框组合剪力墙、围护墙板、预制楼板、轻钢屋架系统等组成	结构有两道抗震防线，抗震性能好；工厂预制、现场装配、施工简便；材料回收率高	适用于低多层房屋，在部分地区有推广应用	

（三）标准体系

我国工程建设领域的标准中，专门针对农房的标准不多，且尚未形成体系。现有的农房标准主要包括农房防火、抗震、节能、村庄整治、厕所改造等方面，农房相关标准见表2。

农房相关标准一览表 表2

序号	名称	标准号	级别
1	美丽乡村建设指南	GB/T 32000—2015	国家标准
2	农房防火规范	GB 50039—2010	国家标准
3	村庄整治技术规范	GB 50445—2008	国家标准
4	农村居住建筑节能设计标准	GB/T 50824—2013	国家标准
5	村镇住宅结构施工及验收规范	GB/T 50900—2016	国家标准
6	农村住宅卫生规范	GB 9981—2012	国家标准
7	镇（乡）村建筑抗震技术规程	JGJ/T 161—2008	行业标准
8	农村住房危险性鉴定标准	JGJ/T 363—2014	行业标准
9	农村危险房屋加固技术标准	JGJ/T 426—2018	行业标准
10	农村住宅用能测试标准	CECS 308：2012	团体标准
11	农村住宅用能核算标准	CECS 309：2012	团体标准
12	既有村镇住宅功能评价标准	CECS 324：2012	团体标准
13	既有村镇住宅建筑抗震鉴定和加固技术规程	CECS 325：2012	团体标准
14	既有村镇住宅建筑安全性评定标准	CECS 326：2012	团体标准
15	农村单体居住建筑节能设计标准	CECS 332：2012	团体标准
16	乡村公共服务设施规划标准	CECS 354：2013	团体标准
17	村庄传统住宅设计规范	CECS 360：2013	团体标准
18	农家乐（民宿）建筑防火导则（试行）	建村〔2017〕50号	其他
19	农房改厕技术规范（试行）		其他

目前，我国有关装配式建筑的国家、行业与团体标准通常按城镇建设的房屋需求制订，没有或较少考虑农村房屋的实际情况。此外，目前农村住房建设仍以村民自建为主，没有相关的体制机制进行引导和约束，农房建设时很少采用这些技术标准进行设计、施工和验收。

（四）建造模式

目前，我国农房建造模式主要有农户自建、合作建房和产业化建房等。农户自建房模式较为普遍，由农民自主投资，自己采购建房材料，自请工匠或自己建造。合作建房模式一般由政府部门主导，引导经济合作组织从事农村住房建设，与自行建造模式相比较，易于实现统建、联建，从而有利于建设过程的规范化管理。产业化建房模式是将城市中住宅建造模式移植到农村，政府或其他组织通过培植各种形式的农村房地产企业，以专业开发公司的形式接受政府、集体、农户的委托进行农房建设的模式，产业化建房模式多出现在经济发达、城镇化程度较高的地区。

（五）存在问题

目前，装配式建筑在农村推广时尚存在一些问题，主要表现在以下五个方面：

第一，新结构农房的认可度较低。长期以来村民习惯了砖混或混凝土结构住宅，接受装配式结构农房需要一个渐进的过程。

第二，既有技术体系对农房的适用性不强。城市适用的装配式技术体系在农村的适用性不强，农户居住较为分散，个性化需求强，这对规模化、标准化程度高的装配式建筑技术提出了更大的挑战。

第三，农村建造场地及配套设备受限。农村道路通常比较窄，宅基地周边没有施工场地和预制构件堆放场地，无法使用大型运输和吊装机械。

第四，农房品质和舒适度问题。受传统居住习惯影响，农户更愿意接受"实心墙体"，轻型结构特别是两板一芯的密肋轻钢结构房屋墙体的"空洞感"令农民难以接受。

第五，造价问题。装配式建筑的舒适性优于传统农房，但现阶段其造价普遍高于传统结构，也为装配式建筑在农村的推广应用带来了较大阻碍。

二、趋势分析

1. 市场需求。《国民经济和社会发展第十四个五年规划和二〇三五年远景目标纲要》明确提出"实施乡村建设行动"。农房建设是乡村建设的重要内容，也是体现乡村风貌的重要载体，是实施乡村振兴战略的重要任务。随着农民生活水平的提高，特别是农村人才的回归，农民对住房品质有更高的需求。装配式农房在提升农房建设质量、保障结构安全、提高居住舒适度等方面具有显著优势，发展空间巨大，市场前景非常广阔。

2. 技术体系。近年来，适用于低多层建筑的新型结构体系不断涌现，在农房建设中的应用也不断增多。新技术体系也不断完善，配套的材料、部品愈加丰富。以前农房基本没有节能措施，随着农户对住房品质要求的提高，增加墙体与屋面保温、采用中空玻璃节能窗的农房日趋增多；以前大部分农房采用清水墙或者粘贴小瓷砖，现在真石漆、文化石、装饰线条等也开始在农房中应用。

3. 建造模式。农房建设目前以自建房为主，设计和建造均没有专业的技术人员指导和监管。装配式农房对技术要求高，设计环节需要专业的设计人员或参考标准图集来保障，建造环节需要专业的技术人员在现场指导和进行质量管控。乡村首席规划师、设计师下乡、农村工匠等制度的推行，也为装配式农房的推广应用提供了技术保障。

三、发展建议

农村发展装配式建筑应以扶持和激励政策为引导，以完善现行装配式建筑结构技术体系和技术标准为支撑，以装配式农房试点为抓手，兼顾行政推动和市场培育，有序推进农村装配式建筑发展[4]。

1. 出台扶持政策，营造发展环境。研究出台推进农村装配式建筑发展的指导意见，明确"十四五"时期的装配式农房发展目标、实施路径和重点任务。研究制定符合农村实际情况和装配式建筑建设特点的资金支持和土地政策，制定不同层级的财政资金投入、补助资金奖励、基础设施建设等扶持政策，通过政策引导形成示范效应。

2. 创新技术体系，强化标准支撑。针对农村市场需求，加强技术研发，优化装配式农房技术体系及建造工艺，创新研发出更多适用于不同农村地区的低成本装配式农房建筑体系，制定配套的装配式农房技术标准，因地制宜地编制符合地区特色的户型图集和指导施工的建造图册，降低装配式农房推广的技术壁垒。鼓励各地将技术比较成熟、已应用于试点示范项目的装配式农房技术体系纳入区域性适宜推广建筑技术体系目录，在本区域内重点推广。

3. 推进试点建设，探索推广经验。选择在经济条件较好，农民意愿较强的村镇开展装配式农房试点。重点可选择在农村危旧房改造、集中安置、移民搬迁、扶贫搬迁、灾后重建以及村公务办公楼等项目开展试点。通过试点总结装配式农房推广应用中存在的问题，进一步完善技术、积累经验，探索推广路径；通过试点可以让农户更近距离了解装配式建筑，提升农户对装配式农房的认可度；通过试点还可以培养专业化的劳务队伍，以点带面，再向全国推广。

4. 培育骨干企业，提升供给能力。建议在全国各地市县，遴选装配式农房的规划、设计、部品生产、施工企业、康养文旅公司、生态休闲农业公司等单位，通过政策扶植，鼓励开展新产品、新材料的研发，引进先进技术和设备，提升设计水平和施工质量，降低建设成本。骨干企业着力提升技术成熟度，培养农房建设管理人员和施工人员，通过培训，参与装配式农房施工，形成有效市场供给能力。

5. 推进产学研建，加大人才培养[5]。装配式农房的发展需要大量研发、设计、生产、施工等专业人才，国家需要重视装配式农房人才的培养，完善人才培养体系。施工企业以提高工人的专业技能为目的，针对装配式建筑的特点，开展具体的施工工艺、安装技能等专项培训，提高建造效率，保证工程质量。

参考文献

［1］李一凡，汪可欣，徐学东. 新农村住宅建设中存在的问题及对策［J］. 山东农业大学学报，2017，48（5）：694.

［2］王建军，袁骥，等. 农房现状及轻钢结构在农房建设中应用情况调查［J］. 吉林建筑大学学报，2020，37（2）.

［3］沈程. 装配式建筑在村镇建筑中的发展对策研究［J］. 科技经济导刊，2017（1）：65-66.

［4］武振，刘洪娥，武洁青. 推进我国农村装配式建筑发展的建议［J］. 住宅产业，2016（12）：42-46.

［5］肖帅，郝生跃，任旭. 我国农村装配式建筑发展对策研究［J］. 工程管理学报，2018（2）：7-11.

行业改革篇

改革创新是"十三五"以来我国住房和城乡建设事业取得发展的根本动力。为满足人民日益增长的美好生活需要,提高完善工程建设标准体系,加强工程建设质量安全管理,建筑行业的管理理念和法规、制度也在不断改革完善。

国务院《关于印发深化标准化工作改革方案的通知》(国发〔2015〕3号)、住房和城乡建设部《关于深化工程建设标准化工作改革的意见》等政策的出台以及《标准化法》的修订实施为我国的工程建设标准化改革指明了方向。构建以全文强制性工程规范为基础的新型工程建设标准化体系将为未来建筑行业的高质量发展提供有力保障。2019年,国务院办公厅《关于全面开展工程建设项目审批制度改革的实施意见》提出推进建筑业"放管服"改革,进一步精简审批环节。随着取消施工图审查和设计人员终身责任制的推进,工程设计责任主体进一步明确,通过探索引入市场化的保险机制,建立个人执业责任保险制度,将是建筑业"放管服"改革的重要议题。2020年,住房和城乡建设部《关于落实建设单位工程质量首要责任的通知》明确建设单位是工程质量第一责任人,依法对工程质量承担全面责任。明确工程质量评价指标,建立完善、可量化的工程质量评价体系,实现复杂工程管理流程的统一化、标准化,是落实工程质量责任,实现建筑业工程质量宏观控制的必然要求。

本篇在总结建筑行业热点改革政策现状的基础上,分别针对工程建设标准化改革、工程质量保险制度改革、工程质量综合评价体系改革及电梯行业改革等热点改革话题提出了有关思考和建议。

工程建设标准化改革的有关思考

王清勤　黄世敏　姜　波　张渤钰　程　骐　张　森　赵张媛

（中国建筑科学研究院有限公司　建筑安全与环境国家重点实验室
国家建筑工程技术研究中心）

党的十九届五中全会审议通过《中共中央关于制定国民经济和社会发展第十四个五年规划和二〇三五年远景目标的建议》[1]（以下简称《建议》），提出到2035年要基本实现新型工业化、信息化、城镇化，并提出了推进以人为核心的新型城镇化。工程建设标准是推进以人为核心的新型城镇化的重要技术支撑。近年来，随着《国务院关于印发深化标准化工作改革方案的通知》[2]（国发〔2015〕3号）、住房和城乡建设部《关于深化工程建设标准化工作改革的意见》[3]等政策的出台以及《标准化法》的修订实施，我国工程建设标准化迎来了重大改革。2021年是"十四五"开局之年，在此关键时期，及时总结工程建设标准化改革经验，分析和思考我国工程建设标准化改革和发展存在的问题，对我国工程建设标准化未来的发展非常重要。

一、工程建设标准的发展历程

（一）工程建设标准发展历程

新中国成立以来，我国工程建设标准化的发展大致可分为四个阶段：第一阶段是1949年到1958年，这一阶段是工程建设标准化从分散到集中管理的阶段。工程建设标准化先后由国家计委、国家建委主管，主要工程建设标准为借用或参照苏联标准。第二阶段是1958年到1979年，受"大跃进"和"十年动乱"期影响，我国工程建设标准化工作受到严重冲击，发展较为曲折，标准管理较为混乱。国家建委经历了撤销、合并、重建的波折，最终重新制订了一批工程建设国家标准。第三阶段是1979年到2000年。党的十一届三中全会以后，社会主义经济建设成为全国工作重点，工程建设标准化工作迎来新的发展阶段。这一时期，制订颁布了《中华人民共和国标准化管理条例》等一系列标准化规章制度，标准化工作进入法制轨道，共编制形成了2700余项工程建设标准。第四阶段是2000年至今，以工程建设标准强制性条文和全文强制标准为突破的标准体制改革持续稳步推进，共陆续下达了17部工程建设标准体系的编制计划，建立完善、科学、规范的工程建设标准体系的目标和任务更加明确[4]。

（二）工程建设标准取得的成绩

经过 70 余年的不断探索，我国工程建设领域的国家、行业和地方标准已达 9000 多项，形成了覆盖经济社会各领域、工程建设各环节的标准体系，在保障工程质量安全、促进产业转型升级、强化生态环境保护、推动经济提质增效、提升国际竞争力等方面发挥了重要作用。据住房和城乡建设部标准定额研究所统计，截至 2019 年底，我国现行工程建设标准共有 9916 项。其中，工程建设国家标准 1325 项，工程建设行业标准 4032 项，工程建设地方标准 4559 项。经过多年发展，我国工程建设标准化工作成功实现两个重大转变。一是实现标准由政府一元供给向政府与市场二元供给的转变。在标准制定主体上鼓励具备相应能力的社会团体制定满足市场和创新需要的团体标准，供市场自愿选用，增加标准的有效供给，也涌现了一批如中国工程建设标准化协会标准、中国土木工程学会标准、中国建筑学会标准等优秀工程建设团体标准；二是实现国际标准由单一采用向采用与制定并重的转变，我国工程建设领域国际标准编制方面取得了积极进展，主导制定了《太阳能真空集热管的耐久性和热性能》ISO 22975-1∶2016 等近 30 项国际标准，有力提升了我国在国际标准化活动中的贡献度和影响力。

二、工程建设标准化改革的背景和目标

（一）工程建设标准化改革背景

尽管我国工程建设标准化工作已取得了突出的成绩，但随着市场经济的逐步完善以及我国标准国际化程度逐渐提升，工程建设标准化工作也面临一些问题，如：强制性标准和推荐性标准界限不清，强制性标准与技术法规的关系不够明晰，刚性约束不足，影响标准实施效果；强制性条文散布于各技术标准中，系统性不够；行业学协会等民间团体或研究机构的作用未能充分发挥，企业参与标准化工作热情总体不高；部分强制性标准和推荐性标准技术指标水平偏低，修订不及时，未能起到引领行业发展的作用；早期标准体系构建主要参照苏联模式，与现行的国际通行做法差异巨大，标准体系的国际化兼容性不强，国际标准话语权薄弱等。

（二）工程建设标准化改革的目标

为深入推进工程建设标准化改革，解决改革过程中遇到的问题，加大力度构建新型工程建设标准体系，住房和城乡建设部研究出台了《关于深化工程建设标准化工作改革的意见》，进一步明确了工程建设标准化改革的目标。到 2020 年，适应标准化改革发展的管理制度基本建立，重要的强制性标准发布实施，政府推荐性标准得到有效精简，团体标准具有一定规模。到 2025 年，以强制性标准为核心、推荐性标准和团体标准相配套的标准体系初步建立，标准有效性、先进性、适用性进一步增强，标准国际影响力和贡献力进一步提升。工程建设标准化改革将全文强制性工程规范作为工程建设标准体系的核心和"顶层"，推荐性标准和团体标准作为支撑。全文强制性工程规范将主要规定保障人身健康和生命财产安全、国家安全、生态环境

安全以及满足经济社会管理基本需要的技术要求。全文强制性工程规范发布后将替代现行强制性条文，并作为约束推荐性标准和团体标准的基本要求，规定了工程建设的技术门槛；在推荐性标准方面，要清理现行标准，缩减推荐性标准数量和规模，逐步向政府职责范围内的公益类标准过渡，将推荐性标准定位为工程建设质量的基本保障。同时，鼓励具有社团法人资格和相应能力的协会、学会等社会组织，根据行业发展和市场需求，按照公开、透明、协商一致原则，主动承接政府转移的标准，制定新技术和市场缺失的标准，供市场自愿选用。团体标准将有效增加标准市场供给，同时引导标准的创新发展。另外，鼓励企业结合自身需要，自主制定更加细化、更加先进的企业标准，通过企业自我声明制度，快速实现新技术、新产品的标准化。

三、工程建设标准化改革现状

目前，我国全文强制性工程规范、推荐性标准、团体标准、企业标准制定工作均取得了一定程度的进展，新型工程建设标准体系初见雏形。

（一）全文强制性工程规范

2005 年，住房和城乡建设部开始探索编制全文强制性标准，同年发布的《住宅建筑规范》GB 50368—2005 是我国住房和城乡建设领域第一部全文强制性标准。2009 年，另一部全文强制性标准《城镇燃气技术规范》GB 50494—2009 发布实施。这个时期全文强制工程建设规范的探索为后期系统地组织全文强制工程建设规范编制奠定了技术基础。

2015 年标准化改革启动以后，住房和城乡建设部工程建设标准化工作重心开始转向全面、系统地编制全文强制性标准（又称为全文强制性工程规范）。全文强制性工程规范是工程建设标准化改革的核心工作。在工程建设领域，包括城建建工、铁路、矿山等行业共立项了百余项全文强制性工程规范。2016～2020 年，住房和城乡建设部设立的工程建设领域全文强制性工程规范数量见表1。

2016～2020 年工程建设领域全文强制性工程规范立项数量（项） 表 1

年份	国家工程建设规范	全文强制性产品标准
2016	6	0
2017	30	0
2018	138	2
2019	40	2
2020	33	0

注：根据住房和城乡建设部发布的工程建设标准规范制修订计划项目数量计算，含研编、制订、修订项目。其中部分标准经过研编、制订两次立项。

在工程建设领域全文强制性工程规范中，城建建工行业共计有 47 项全文强制性工程规范。截至 2020 年底，7 项尚在研编阶段，15 项已完成征求意见，8 项已通过审查，17 项已报送住房和城乡建设部批准。47 项全文强制性工程规范主要包含项目规范和通用规范两大类，具体技术覆盖情况见图 1。

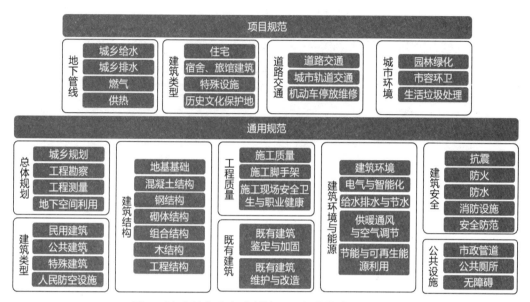

图 1　城建行业全文强制性工程规范技术覆盖情况

（二）推荐性标准

据住房和城乡建设部标准定额研究所统计，在我国现行工程建设国家标准涉及的 33 个行业中，城建建工领域的国家标准数量最多，共有 392 项，占工程建设国家标准总数的 30%。其中，相当一部分工程建设标准中仍包含有强制性条文。根据工程建设标准化改革的思路，全文强制性工程规范发布的同时，要对现行的工程建设标准进行梳理精简。现有工程建设标准需转变为推荐性标准，部分标准将转化为团体标准。

图 2 展示了 2015～2019 年工程建设标准的数量变化。随着工程建设标准化改革的深入，住房和城乡建设部每年新立项的工程建设国家标准和行业标准的数量逐年降低，国家标准数量增长放缓，占比有所降低；地方标准所占比例呈现逐年上升趋势，行业标准占比逐年下降。表 2 详细展示了 2015～2019 年的工程建设地方标准分布情况。

（三）团体标准

随着《标准化法》的实施，我国相继出台了《关于培育和发展团体标准的指导意见》[5]、《团体标准管理规定》[6] 等团体标准政策制度，并制定了《团体标准化》GB/T 20004 系列基础国家标准，为团体标准的发展设计了顶层制度，为社会团体规范化开展团体标准化工作提供了行为指南，也为下一步团体标准化评价工作的开展提供了基础支撑。

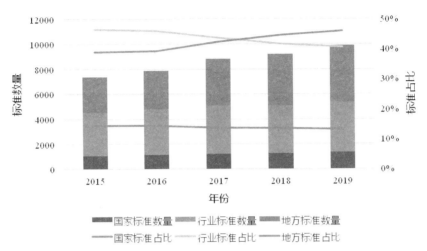

注：数据统计时间以批准发布日期为准。
数据来源：住房和城乡建设部标准定额研究所

图2 2015～2019年工程建设国家标准、行业标准、地方标准的数量

2015～2019年工程建设地方标准数量　　　　　　　　表2

年份	安徽	北京	重庆	福建	甘肃	广东	广西	贵州
2015	24	21	21	30	11	4	10	7
2016	20	23	31	36	21	11	21	9
2017	13	38	28	28	17	13	25	9
2018	6	12	35	28	27	17	23	7
2019	23	5	40	26	26	30	13	8
年份	海南	河北	河南	黑龙江	湖北	湖南	吉林	江苏
2015	6	27	10	25	8	7	14	25
2016	4	22	17	9	11	3	14	24
2017	11	34	24	23	7	22	11	15
2018	3	52	21	6	11	7	10	2
2019	4	45	17	7	13	26	14	1
年份	江西	辽宁	内蒙古	宁夏	青海	山东	山西	陕西
2015	5	11	2	6	4	17	9	10
2016	4	10	4	2	3	40	21	14
2017	4	10	4	6	4	21	18	33
2018	10	10	12	7	8	26	27	9
2019	9	11	10	5	7	22	19	15

续表

年份	上海	四川	天津	西藏	新疆	云南	浙江	
2015	39	19	15	0	3	36	11	
2016	50	12	13	2	4	8	20	
2017	48	22	13	0	12	0	16	
2018	49	25	23	1	20	13	19	
2019	41	38	17	4	18	0	25	

数据来源：住房和城乡建设部标准定额司。
注：未列出的省级行政单位地标数量为 0。

截至 2020 年 12 月底，全国团体标准信息平台（http: //www.ttbz.org.cn/）共注册 4334 家社会团体，公布团体标准 21350 项，涵盖了 20 个国民经济行业分类中的 19 个；其中已公布建筑业团体标准 1178 项，占比为 5.5%。作为对比，美国、德国、日本参与团体标准制定的社会团体分别有 600 余家、200 余家、近百家。社会团体对团体标准制修订工作的积极参与，是对我国标准化改革的充分肯定，也是我国标准化需求的集中体现。

在工程建设领域，随着住房和城乡建设部《住房城乡建设部办公厅关于培育和发展工程建设团体标准的意见》[7] 等政策文件的发布，参与团体标准制定的社会团体数量及团体标准数量也在逐年增加。中国工程建设标准化协会、中国土木工程学会、中国建筑学会、中国建筑业协会、中国节能协会等工程建设领域的学协会均已开展团体标准编制工作。以中国工程建设标准化协会为例，截至 2020 年底，已累计发布标准 900 余项，2015～2020 年间新立项及发布的标准逐年稳步上升（图 3）。

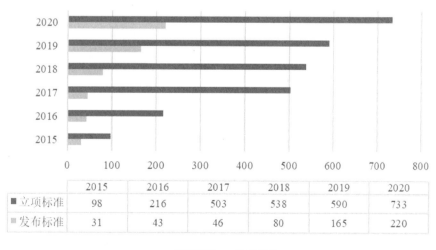

	2015	2016	2017	2018	2019	2020
■立项标准	98	216	503	538	590	733
▇发布标准	31	43	46	80	165	220

■立项标准　▇发布标准

图 3　2015 ～ 2020 年中国工程建设标准化协会新立项及发布团体标准数量
数据来源：中国工程建设标准化协会网站

（四）企业标准

企业标准是企业产品和服务质量的根基，为鼓励企业制定有竞争力的企业标准，国家通过《中共中央 国务院关于开展质量提升行动的指导意见》[8]、《关于实施企业标准"领跑者"制度的意见》[9]等系列文件建立了企业标准"领跑者"制度，并通过制定《企业标准化工作 指南》GB/T 35778—2017、《企业标准体系 要求》GB/T 15496—2017、《企业标准体系 基础保障》GB/T 15498—2017 等系列国家标准为企业标准化工作提供基础性、系统性指南。

新《标准化法》规定取消企业标准备案制度，采用企业标准自我声明公开制度，并鼓励企业标准通过标准信息公共服务平台向社会公开。截至 2021 年 1 月 18 日，共有 307456 家企业通过企业标准信息公共服务平台公开企业标准信息 1732124 项，企业标准自我声明公开数量逐年稳步提升（图 4）。在工程建设领域，中国建筑科学研究院有限公司、中国建筑集团有限公司、中国铁路总公司等均已开展企业标准或企业标准体系的研制工作，形成了一批具有代表性和市场竞争力的企业标准。

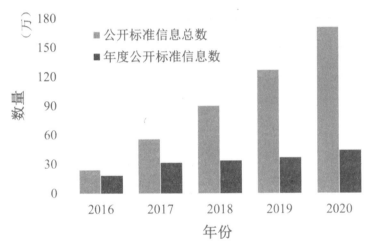

图 4　企业标准信息公共服务平台 2016 ～ 2020 年数据统计
数据来源：全国组织机构统一社会信用代码数据服务中心

企业标准自我声明公开制度对提高企业内部管理水平、保障企业在市场中的竞争地位发挥了重要作用，也为消费者监督管理行为的落实创造了便利条件、保障了消费者的知情权，同时有利于第三方评审机构更多地参与市场活动，提升产品或服务质量。

四、工程建设标准化改革面临的问题

目前，我国工程建设标准化体制改革已取得了一定的成绩，各级、各类工程建设标准均取得了不同程度的发展。"十四五"期间，为使我国工程建设标准体系取得更加科学、合理的发展，尚需解决以下问题：

（一）以全文强制性工程规范为核心的新型标准体系建设有待加强

《关于深化工程建设标准化工作改革的意见》已经明确新型工程建设标准体系建设目标和总体实施路径，但如何构建以强制性标准为核心、推荐性标准和团体标准相配套的标准体系的具体方式、方法尚存在一定不确定性。虽然该文件明确提出强制性标准可以引用推荐性标准和团体标准中的相关规定，被引用内容作为强制性标准的组成部分，具有强制效力，但在现阶段编制的全文强制性工程规范中并不能引用推荐性标准和团体标准的内容。如何将推荐性标准和团体标准与全文强制性工程规范有机联系起来，形成协调配套、高质量的新型工程建设标准体系尚需加强研究以及顶层规划。

（二）市场标准不够先进、丰富和权威

目前，团体标准虽已得到广泛认同并取得一定成果，但仍处于探索阶段，尚无法满足市场和政府各方面需求，未能完全承担起引导创新发展的功能定位。尤其是近几年团体标准快速发展，部分没有标准管理经验的社会团体也开始组织编制团体标准，对团体标准质量产生了一定影响。在标准应用方面，工程项目仍然主要是以政府标准为依据，团体标准更多的是发挥市场准入与技术推广等作用，虽然对于先进实用技术的推广和应用发挥了一定作用，但对于引领促进工程建设领域高质量发展所发挥的作用有限。同时，企业标准的社会知名度和影响力仍然偏低，企业在制定具有市场竞争力的企业标准、成为"领跑者"方面的动力不足。

（三）我国工程建设标准的国际化尚处于起步阶段

虽然当前我国工程建设标准在建筑抗震、装配式混凝土结构、钢结构、消防设施等方面具有优势，但由于缺乏完整的标准国际化战略，缺乏权威系统的中国工程建设外文版供给，我国标准体系与国际主流标准存在不匹配等问题，我国的先进技术标准的国际影响力始终难以提高。

五、工程建设标准化改革发展的有关思考

（一）加快研制全文强制性工程规范，精简梳理推荐性标准

全文强制性工程规范是建立新的工程建设标准体制的重要步骤，也是完善工程建设技术规范体系的重中之重。全文强制性工程规范编制是一个系统工程，应加强相关理论基础、实施机制等方面的研究，做好顶层设计，突出全文强制性工程规范"结果导向"与"底线思维"。目前，虽然城建行业已有17项报送住房和城乡建设部批准，但均尚未发布，还需尽快推动相关标准的编制审查、报批发布工作，并做好合规性判定等规范实施的相关配套机制建设工作。同时，需尽快完善推荐性标准体系，有效支撑全文强制标准实施。推荐性国家标准、行业标准、地方标准体系要形成有机整体，合理界定各领域、各层级推荐性标准的制定范围。要清理现行标准，缩减推荐性标准数量和规模，逐步向政府职责范围内的公益类标准过渡，重点制定基础性、通用性和重大影响的专用标准，突出公共服务的基本要求。

（二）完善市场标准发展机制，提高市场标准质量

新《标准化法》更加突出市场主体在标准化工作中的作用。在一系列相关政策的积极引导下，社会对市场标准，尤其是团体标准编制的热情空前高涨，标准数量急剧增加。但大部分社会团体或企业标准工作模式还是参考国家标准、行业标准的工作模式，标准市场采用率不高，产生的行业影响有限，未能充分发挥激发市场活力，促进技术创新和应用，给社会、企业带来实际效益的作用。亟需探索团体标准化工作的新模式，力争打造符合时代发展需求的团体标准，实现服务新时代我国标准化工作治理体系和治理能力现代化的目标。

一是要理顺政府标准和市场标准的关系，促进双方协同发展。对于团体标准，要适宜地将推荐性国家标准和行业标准向团体标准转化，淘汰老旧落后标准，逐步形成与工程规范协调配套、逐级细化、纵向到底的团体标准体系；对企业标准，要进一步明确企业标准和团体标准的关系，鼓励有实力的企业在推广自身业务、产品过程中采用并宣传自身企业标准，提升优质企业标准的社会影响力。二是要明确目标导向，制定高质量市场标准。对于团体标准，要按照需求导向、先进适用、急用先行的原则，充分依托平台优势，围绕工程规范实施需要，细化技术要求，保障工程规范有效实施；遵循各利益方协商一致性原则，满足市场和创新需求，推动"引领性"标准发展。对于企业标准，要引导建立企业标准的质量是企业核心竞争力的体现的意识，鼓励企业吸收国内外先进标准，结合自身技术特色，通过提高企业标准水平提升市场竞争力。三是要引导标准使用者和消费者发挥社会监督责任，实现市场标准的市场化竞争。通过制定鼓励措施，引导团体标准和企业标准实现全文公开或信息公开，降低标准使用者和消费者获取标准信息的难度，使市场标准充分竞争，实现市场标准的优胜劣汰，有效提高标准编制方提升标准质量的积极性。

（三）加强标准实施监督，完善标准保障机制

建设标准体系，其外延不仅包含标准体系的内容，还包括实施该标准体系所需要或者应当具备的实施监督机制以及相应保障措施。需加强工程建设标准，尤其是未来即将发布的全文强制性工程规范的宣贯培训、实施监督力度，充分依托大数据、数字化成果交付、智能审图等信息化技术开展标准实施审查和监督检查方面的作用，提高行业监管的精准性和有效性，并加强全文强制性工程规范的实施情况反馈和评估工作，尽快通过修订进一步完善成熟。具体可加强以下几个方面的工作：

一是要优化政府监管体系。监管部门应依据工程规范开展全过程监管并严格执法，检查结果要及时公开通报并与诚信体系挂钩。监督检查要省、市、县三级联动，部门间协作运转，公开透明常态化。建立工程规范实施信息反馈机制，建立实施情况统计分析报告制度。二是要强化企业实施标准的主体意识。引导企业增强标准化意识、质量意识和品牌意识，建立标准化工作体系，实施标准化战略和品牌战略。三是要加强信息化管理、服务工作。建立国家级工程规范和标准综合信息化平台，提供工程规范和标准编制全过程信息化管理，提高辅助决策、过程管理和服务

能力；实现智能化检索，实施案例剖析、关键技术推荐等深度信息化服务；及时公示工程规范和政府标准的制修订计划、起草单位等相关信息，接受社会监督。四是要发展工程规范和标准咨询服务业。大力推进工程规范和标准实施服务能力的现代化和国际化建设，构建全国统一的建筑产品、性能认证标识体系，制定工程产品认证和标识管理办法，检测、认证结果与工程质量保险制度相衔接。充分利用信访、媒体等渠道，借助公众、舆论力量，发挥社会监督的作用。五是要建立并完善工程项目合规性判定制度。工程项目采用全文强制性工程规范之外新的技术措施且无相应标准的，应由建设单位组织设计、施工等单位以及相关专家，对是否满足工程规范的性能要求进行论证判定。目前我国还不存在合规性判定制度，尚需加强判定主体、判定程序、判定依据、判定结果认定等方面的研究和顶层规划，尽快建立合规性判定制度，并在实施过程中逐步修正、完善。

（四）推进标准国际化，提升国际影响力和话语权

标准国际化是新时代工程建设标准化改革发展的战略性部署。推动标准国际化可以为我国参与国际工程及贸易提供基本的技术依据，为消除技术性贸易壁垒，实现国际贸易自由化创造条件；可以为解决国际贸易质量纠纷，提供仲裁的技术依据；也可以为在国际贸易中建立我国或企业的优势地位提供指导。

推动标准国际化进程，一是要发挥我国积累的基础设施建设技术以及工程建设标准体系建设已有优势，推动标准外文版的制定发布，推动主导制定 ISO 等国际标准化机构的国际标准，构建符合我国发展诉求的国际标准体系。二是要鼓励企业或社会团体开展国际贸易交流的同时积极宣传自身采用的市场标准，提高有关国家和地区对我国标准的认知与认可程度，提升中国标准的国际形象。三是要与拥有先进技术和标准的国家、地区或标准化组织加强联系，合作开展国际标准化课题，在实现"高水平走出去"的同时实现"高质量引进来"，进一步提升我国工程建设标准化水平，实现标准国际化发展进程中的良性循环。

六、结语

我国正在建立政府主导制定的标准与市场自主制定的标准协同发展、协调配套的新型标准体系。工程建设标准体系的高质量健康发展是保障我国工程建设质量、提高基础设施建设水平的先决条件，也是实现"十四五"规划和 2035 年远景目标的重要助力。本文根据我国工程建设标准化改革发展现状分析，提出一些粗浅的思考，供业界同人参考，希望对我国工程标准化发展有所帮助。

参考文献

[1] 中共中央关于制定国民经济和社会发展第十四个五年规划和二〇三五年远景目标的建议，http://www.gov.cn/zhengce/2020-11/03/content_5556991.htm

[2] 国务院关于印发深化标准化工作改革方案的通知，http://www.mohrss.gov.cn/SYrlzyhshbzb/

zwgk/ghcw/bz/201904/t20190423_315965.html

［3］关于深化工程建设标准化工作改革的意见，http：//www.mohurd.gov.cn/wjfb/201608/ t20160817_228556.html

［4］住房和城乡建设部标准定额研究所，中国工程建设标准化发展研究报告（2020版，初稿）

［5］关于培育和发展团体标准的指导意见，http：//file.mofcom.gov.cn/article/gkml/201603/ 20160301275435.shtml

［6］团体标准管理规定，http：//www.ttbz.org.cn/Home/Show/6326

［7］住房城乡建设部办公厅关于培育和发展工程建设团体标准的意见，http：//www.mohurd.gov. cn/wjfb/201611/t20161124_229629.html

［8］中共中央 国务院关于开展质量提升行动的指导意见，http：//www.gov.cn/zhengce/2017- 09/12/content_5224580.htm

［9］关于实施企业标准"领跑者"制度的意见，http：//www.gov.cn/zhengce/zhengceku/2020- 08/20/content_5536175.htm

建筑工程质量综合评价体系的研究及新趋势

王霓 刘立渠 常乐 刁硕 沈宇

（中国建筑科学研究院有限公司 国家建筑工程技术研究中心）

我国对工程质量历来高度重视。1997 年 11 月 1 日，我国颁布《建筑法》，明确了建设工程的工程质量、安全标准及相关责任主体。2000 年 1 月 10 日，国务院颁布《建设工程质量管理条例》，加强了对工程质量的管理，进一步明确了各方责任和义务、监管方式等。2020 年 9 月 11 日，住房和城乡建设部《关于落实建设单位工程质量首要责任的通知》，明确建设单位是工程质量第一责任人，依法对工程质量承担全面责任，并从法定程序和发包制度、合理工期和造价、施工过程结算、质量管理职责、竣工验收五个方面进行明确。

然而，工程质量事故仍得不到有效控制，"倒楼""塌楼"等严重质量问题时有发生，时刻威胁着人民生命财产安全。在对这些质量事故进行调查分析时发现，各方资料基本齐全，资料结果均为"合格"，说明工程资料与工程质量的相关性存在较大脱节。另外，工程质量管理环节多、链条长，是一个复杂的系统工程。工程质量评价通常分解成各个分部分项工程或相应的单个检测项目，然后采用施工验收规范或检测评定标准进行评价[1-3]。质量评价工作流程处于"支离分散"状态，从信息数据的角度上看处于"孤岛"形态，当前质量评价工作流程缺乏对建筑整体有效的工程质量评价，更缺少从城市、区域高度的宏观工程质量控制。

因此，为了客观、准确地量化各地区工程质量的水平，有必要建立一种新的建筑工程质量评价方法。新方法根据工程质量的特点，分级加权设定相关质量评价指标对工程质量进行评价，可采用现场观察、资料核查、第三方随机抽检等方式获取指标，并借助大数据技术进行分类、分级、归纳、加权等分析，建立一套可量化的工程质量综合评价体系。该体系既可提供建筑物的整体质量水平，也可提供各个工程质量的精细化具体指标，这对我国城市建筑工程质量的宏观控制及具体工程质量问题的指导解决均有重要意义。

一、国内外综合评价体系比较

欧美等发达国家提出了全面质量管理（Total Quality Management，简称"TQM"）的概念，建筑工程质量评价并不局限于建筑工程质量本身，还包括对产品和过程的综合评价过程。TQM 的目标是通过质量评价来促进质量的持续改进，因此，国外学者提出了基准评测（Benchmarking）。Fisher 等 [4] 提出持续改进施工水平是 TQM 的基本原则之一。为了衡量持续改进的方法是否有效，需要通过实际状态函数值与特定状态函数值的比较得出对有效程度的判断，这个过程称为"基准评测"。基准评测最先应用于制造业，被认为是一种广义上的竞争力分析，在日本、美国、英国等国家的多个行业领域中得到了广泛应用 [5]。Belle、Hamiton、Winch、Kaka 及 Garnet 等学者 [6-10] 从不同的角度对基准评测方法的实际应用进行了论述，其中 Garnett 和 Pickrell [10] 综合 Camp、Codling、Coppers 和 Lybrand 等学者的研究成果提出了建筑业质量评价基准评测的"七步模型"：

（1）变革需要（The need for change）；

（2）基准评测决策（The decision to benchmark）；

（3）识别评测（Identifying what to benchmark）；

（4）基准评测设计（Design of the benchmarking study）；

（5）相关数据收集与分析（Data collection and analysis）；

（6）实施（Implementation）；

（7）反馈（Feedback）。

建筑业具有分散性以及项目建设具有一次性等特点，如由单个建筑业企业依靠自己力量针对自身业务实施基准评测，投入较大且收效甚微，为此，英美等国出现了一些基准评测咨询组织以第三方身份对企业实施基准评测并向会员提供有关的信息和服务。一个完整的基准评测过程，不仅包括质量评价活动本身，还包括评价成果的应用与反馈，以及质量改进过程。基准评测以质量评价为基准，以建筑施工质量改进为核心，其实施的关键在于寻求最佳的操作方法（Best Practice）[11]。

从这个过程来看，20 世纪 80 年代末期至 90 年代初期在新加坡和我国香港诞生的建设工程质量评价体系可算得上是基准评测方法应用于建筑业的成功示例。与基准评测方法在欧美国家建筑业由学界研究至行业应用的发展途径不同，新加坡和香港的工程质量评价是由政府管理部门推行的，其评价成果也主要为当地的政府管理部门所用，并通过与政府管理部门管理措施和有关政策的结合，对当地的建筑业质量改进和水平提高起到了重要的推动作用。中国香港和新加坡与内地的工程质量监督管理模式接近，且建立早，较为成熟，实际应用取得了成果，具有一定的参考价值和借鉴意义 [12, 13]。

新加坡的建筑工程质量评价体系（Construction Quality Assessment System，简称"CONQUAS"）[14] 以及中国香港的质量评价评分体系（Performance Assessment Scoring System，简称"PASS"）[15] 与《建筑工程施工质量评价标准》GB/T 50375 对比分析：

（1）PASS 对工程本身及承包商的表现均有评价，CONQUAS 不仅评估工程项目，还根据保修期内用户的反馈和相关加减分标准调整评价结果，而 GB/T 50375 只对工程实体进行评价。

（2）PASS 和 CONQUAS 都是从施工开始，直到保修期进行全过程的质量评价，其中 CONQUAS 对结构工程采取过程评估，对装修工程和机电工程采取竣工验收后评估的方式，而 GB/T 50375 对所有分项工程都是在竣工验收后评估，无法体现施工过程质量，也不利于在评价后采取措施。

（3）PASS 和 CONQUAS 每一个评价项目选择"空白"表示不适用，"×"不符合标准，"√"符合标准，并按符合标准的条目占总条目给分，离散程度大；GB/T 50375 采取两档分制，符合一档，取 100% 分值，不符合一档但符合二档，取 70% 分值，按照满足要求的评价程度给分。GB/T 50375 权重较为平均，最高为主体结构工程，占比 40%；而 CONQUAS 中建筑工程大于 75%，两者比较如表 1 所示。

我国 GB/T 50375 与新加坡 CONQUAS 评价内容对比   表 1

评价体系	评价内容	权重 / %
GB/T 50375	地基与基础工程	10
	主体结构工程	40
	屋面工程	5
	装饰装修工程	15
	安装工程	20
	建筑节能工程	10
CONQUAS	结构工程	10 ～ 15
	建筑工程	75 ～ 85
	机电工程	5 ～ 15

我国《建筑工程施工质量评价标准》GB/T 50375 是在对竣工验收合格工程质量评价基础上增加工程施工过程及维修期的质量评价，注重结构工程，PASS 和 CONQUAS 都是从施工开始，直到保修期进行全过程的质量评价，PASS 对工程质量及承包商的表现均有评价。目前，我国越来越多住宅建筑亦为装修交付，业主使用反馈与工程质量密切相关，应该增加装饰装修部分的权重，而且工程质量综合评价体系应考虑保修期内用户的反馈及与工程质量相关的加减分标准调整。

综上所述，国外的学者对于工程质量的评价并未局限于评价结果本身，而是通过评价过程持续促进建筑工程质量的提高。而国内学者 [16-22] 研究成果集中在体系数学模型的建立和有关数学方法的应用，对建设工程质量缺乏宏观的、系统的和整体的考虑，并且缺乏政府管理部门工作需要的分析。因而当务之急是立足于我国的建筑工程质量状况和质量评价监督体制，建立适合我国国情的质量评价体系，从而为我国建设工程质量评价提供基础。

二、我国建筑工程质量管理发展和新趋势

随着城市建筑工程总量的不断增长，工程质量控制的范围及要求不断提高，质量监督管理任务更为艰巨。高质量发展的新形势对工程质量评价提出了新的要求：

（一）工程体量及深度增大

随着我国城市建设在深度、广度上的延伸，每年新建建筑工程量持续增长，虽然总体上建设工程安全事故发生率有明显降低，房屋结构越来越稳定，但并不代表无任何工程质量问题。同时，不同地区工程质量水平差异显著，很多新材料、先进技术得到了运用，这从数量及深度两个方面对质量评价工作提出了更高要求。

（二）质量通病问题仍存在

虽然建筑工程发展了几十年，但质量通病仍普遍存在，若不予以重视，有可能引发重大安全事故。此外，除了施工环节的质量以外，勘探、设计、运维等环节的质量问题也日益突出，各环节的质量问题积累会形成较大安全隐患。因此，新的时代要求加强全寿命周期的安全运维管理。

（三）质量管理技术层面进步难度大

目前，我国质量监管采取"三到场"模式，但这种模式难以实现施工全过程监督管理。比如监管人员在场时施工人员规范施工，一旦离开施工人员则开始应付了事、以次充好。加之，受专业技术制约，管理人员无法面面俱到地对一些隐藏性环节进行监督管理。工程质量工作通常分解成各个分部分项工程或相应的单个检测项目，工程质量评价工作成果处于"支离分散"状态，从信息数据的角度上看是处于"孤岛"形态，这容易造成建设工程质量评价片断化、形式化。

（四）综合评价体系逐步发展

我国现行施工质量评价标准《建筑工程施工质量评价标准》GB/T 50375—2016[23]给出了建筑工程施工质量评价的方法，可以进行建筑工程施工质量优良等级的评价，评价体系包括施工过程质量控制、原材料、操作工艺、功能效果、工程实体质量和工程资料等，对整个工程中每个评价部分所占的工作量及重要程度给出相应的权重，量化相应的项目分值。

住房和城乡建设部也在进行建筑工程质量综合评价的课题研究及试评价工作，通过建立一套较完整的综合评价体系可以对城市级工程质量开展评价工作，评价体系中一级指标划分为建筑工程区域质量综合评价指标、实体质量评价指标、用户满意度评价指标，再细分至相关层次指标，比如实体质量中设置主体结构评价指标，包括地基基础工程、钢筋工程、现浇混凝土结构工程、装配式混凝土结构工程、钢结构工程及砌体结构工程等。通过试评价工作可以明确得到不同层面"可量化可比较"的综合评价结果，可以满足业主单位、施工单位、各级建设主管部门的质量评价要求，乃至提供不同城市建筑工程质量发展的情况分布。

（五）展望及未来趋势

未来建设工程质量的综合评价不应局限于施工阶段工程质量，还应考虑保修期内甚至更长期的住户对工程质量的反馈，建立起使用阶段用户满意度与施工阶段工程质量指标控制的联系，通过用户实际感受的反馈促进工程质量的提升。

我国亟需深入研究建筑工程质量综合评价体系，判断工程质量水平和建设单位能力并予以量化，依据现行规范标准的要求及方法，结合质量检测相关工程经验，提出可推广的实用综合质量评价体系。

在综合评价体系基础上，随着移动设备的广泛应用，通过建设工程质量监督管理系统和相应软件工具开发出数字化系统，进而积累海量工程质量数据，在数据积累基础上引入大数据和人工智能技术，打破建筑"数据孤岛"。也就是说，综合评价体系是数字化系统的基础，数字化系统是综合评价体系的应用，二者是一个有机整体。

随着数字化和物联网的快速发展，可以进一步开发智能检测监督系统，这样不仅可以对竣工验收后的检测数据进行评估，还可以对竣工验收前生产过程中的检测数据进行动态评估。随着移动端的普及，通过引入物联网群智感知技术，对建筑工程的建造过程进行健康监测 [24]，并在综合评价系统中积累建筑工程质量评价结构化数据。在此基础上，通过数据科学和人工智能技术得到更为客观的指标权重，从数据驱动角度创造价值 [25]。最终，将我国工程质量管理提升至新的高度。

三、建筑工程质量综合评价体系的研究

建设工程质量综合评价是一个典型的多指标综合评价问题，影响因素与评价结果之间有高度不确定的非线性关系，无法对单一指标进行评价，需要汇集多项指标，形成综合性指标。根据指标权重确定方式的不同，综合评价主要分成主观赋权评价和客观赋权评价两类。主观赋权评价法有专家经验判断指标权重，如层次分析法、模糊综合评价法。其中层次分析法为线性加权，结果理想化，无法体现非线性的关系；现有建设工程质量评价多为模糊综合评价法；模糊综合评价法基于模糊关系合成原理，将定性指标予以定量化表示，可摆脱一定主观因素的影响。客观赋权评价法有熵权法、主成分分析法、神经网络评价法等，从指标涉及的数据集出发分析作用和影响以得到指标权重，可以摆脱一定主观因素的影响，但需要对大量甚至海量数据样本进行分析处理才能给出对应指标权重。

随着信息技术的快速发展，大数据及人工智能已经可以处理大量非线性高维度的问题，因此，在现有模糊综合评价法基础上结合客观评价法，建立建筑工程质量综合评价体系，以满足具有自组织性、非线性特征的综合评价需要，也能实现工程质量的量化评价。

（一）综合评价体系基本思路

现有建设工程质量评价采用模糊综合评价法，仍然摆脱不了主观性的因素，如

何利用工程质量数据本身，尤其是各层次各级别的工程质量数据，学习识别分析得到相关评价指标，构建结构统一的综合评价体系[8]，是对建筑工程质量水平做出切实可靠评价的关键。

因此，综合评价体系基本思路包括评价指标的构建、工程质量数据的结构化处理和综合评价模型的搭建，首先应在建筑工程质量数据海量样本基础上进行筛选，识别关键指标，并通过结构化处理方法进行定性定量分析，确定指标的权重或分值。最后，通过综合评价模型给出一套完整的评价体系。

（二）评价指标的筛选

评价指标的筛选是整个建筑工程质量评价的核心内容，指标设置是否科学、合理直接影响最终的评价结果。因此，既要科学、客观、真实地反映工程质量的特点和状况，又要符合政府主管部门的工作实际。评价指标的筛选需要足够多的数据作为支撑，要充分利用既有的质量资料及数据。

对于建筑工程质量通病（如表面裂缝和表面麻面），依照相关要求收集整理、检查复核、检测检验等，以将一系列"数据孤岛"联系起来，通过大数据分析进行统计、分类和分析，可以有效地从建筑工程整体发现较易"触碰"的质量问题。如图1所示某两座城市大数据整理后的质量问题触碰对比情况，由此可以进行关键评价指标的筛选。

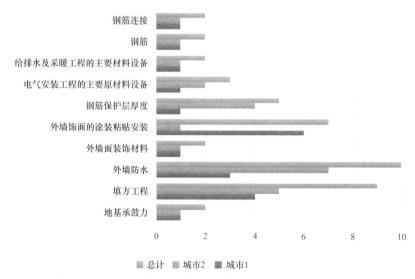

图1　某两座城市类似建筑工程质量问题触碰对比情况分析

（三）数据结构化的处理

工程质量需要形成一套标准化、信息化的体系，但工程质量数据往往具有多源、异构等特征，比如一些属于定量数据，一些描述现场实际情况，属于主观性较强的定性数据，如无结构化处理，难以快速直接用于工程质量综合评价。因此，有必要对原始工程质量数据统一进行筛选处理，为数据挖掘分析工作奠定基础。

对现场定性与定量数据进行结构化处理，主要方法如下：

（1）对工程质量原始数据进行必要的筛选，识别关键指标；

（2）结合大数据及人工智能，包括参数设定及优化、训练模型，提取质量特征信息及关键因子，给出相关指标的权重；

（3）判定数据的性质（定性还是定量），并进行数字化描述，把所有工程质量数据进行结构化处理。

（四）综合评价体系的评价应用

建筑工程质量综合评价体系可以给出评分、评级或指数等方式的评价结果。其中评级方式应符合建设主管单位的工作需要，且利于主观性指标的数字化处理。考虑建筑工程的时间特征，既要体现工程质量的时代发展，又要为今后建筑全过程质量评价做准备。

结合某城市综合评价体系的应用评价结果，以 15 个项目的评分结果为例，可以十分快捷方便地进行建筑工程质量不同层面对比，图 2 和图 3 给出其中政策房与商品房之间主体结构和装修工程的工程质量指标对比。

从图 2 和图 3 可以分析可知：

（1）主体结构工程质量上，除砌体材料、混凝土强度、填方工程和地基承载力以外，政策房其他方面不如商品房。

（2）装饰装修工程质量上，除观感质量、尺寸偏差、外墙装饰材料等，政策房其他方面不如商品房。

（3）总体方面，相比商品房，政策房的工程质量相关指标偏低。

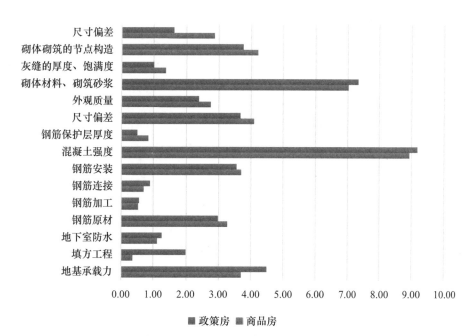

图 2　某城市政策房与商品房主体结构工程质量对比分析

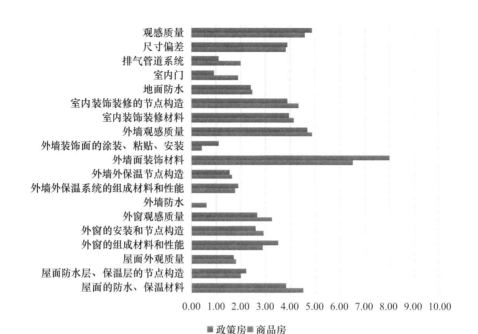

图 3 某城市政策房与商品房装饰装修工程质量对比分析

四、综合评价体系中评价指标的研究

为深入对比两种属性建筑的施工质量情况，抽选某城市政策房、商品房典型项目主体结构部分，得分如表 2 和表 3 所示，对比如图 4 所示。"主体结构"（综合评价体系中设为二级指标）评分计算方法如式（1）所示：

$$B_l = 100 \times \frac{\sum \varphi \left(C_k \times \dfrac{\sum D_j}{\sum D_j'} \right)}{\sum C_k} \qquad (1)$$

式中：D_j——三级指标中第 j 项四级指标的得分，如未参评则不参与计算；

D_j'——三级指标中第 j 项四级指标的满分，如未参评则不参与计算；

C_k——第 i 项三级指标的满分；

B_l——主体结构二级指标的得分。

对比数据可知，该两个典型项目中，政策房在地下室防水、混凝土工程外观质量、钢筋连接等四级指标中得分高于商品房，其他四级指标得分略低于商品房得分。两个项目的主体结构评分相差达 3.90 分。

某城市政策房典型项目主体结构得分情况　表 2

三级指标	得分	四级指标	得分
地基基础工程（满分 10 分）	5.59	地基承载力（满分 6 分）	3.00
		填方工程（满分 2 分）	—

续表

三级指标	得分	四级指标	得分
地基基础工程（满分 10 分）	5.59	地下室防水（满分 2 分）	1.47
钢筋工程（满分 10 分）	9.50	钢筋原材（满分 4 分）	4.00
		钢筋加工（满分 1 分）	0.50
		钢筋连接（满分 1 分）	1.00
		钢筋安装（满分 4 分）	4.00
现浇混凝土结构工程（满分 20 分）	14.43	混凝土强度（满分 10 分）	7.50
		钢筋保护层厚度（满分 1 分）	1.00
		尺寸偏差（满分 5 分）	3.21
		外观质量（满分 4 分）	2.72
砌体结构工程（满分 20 分）	14.82	砌体材料、砌筑砂浆（满分 8 分）	6.67
		灰缝的厚度、饱满度（满分 2 分）	0.67
		砌体砌筑的节点构造（满分 5 分）	3.75
		尺寸偏差（满分 3 分）	2.25
主体结构评分总计（满分 100 分）		73.90 分	

某城市商品房典型项目主体结构得分情况　　　表 3

三级指标	得分	四级指标	得分
地基基础工程（满分 10 分）	6.67	地基承载力（满分 6 分）	6.00
		填方工程（满分 2 分）	0.00
		地下室防水（满分 2 分）	0.67
钢筋工程（满分 10 分）	8.00	钢筋原材（满分 4 分）	4.00
		钢筋加工（满分 1 分）	—
		钢筋连接（满分 1 分）	0.00
		钢筋安装（满分 4 分）	—
现浇混凝土结构工程（满分 20 分）	14.23	混凝土强度（满分 10 分）	8.00
		钢筋保护层厚度（满分 1 分）	1.00
		尺寸偏差（满分 5 分）	3.79
		外观质量（满分 4 分）	1.44
砌体结构工程（满分 20 分）	17.78	砌体材料、砌筑砂浆（满分 8 分）	8.00
		灰缝的厚度、饱满度（满分 2 分）	1.00
		砌体砌筑的节点构造（满分 5 分）	5.00
		尺寸偏差（满分 3 分）	2.00
主体结构评分总计（满分 100 分）		77.80 分	

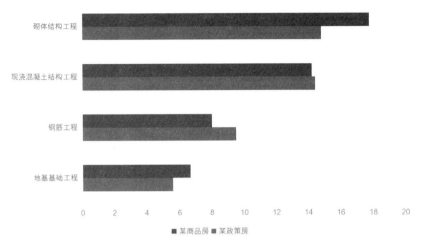

图 4 某城市政策房与商品房主体结构工程质量对比分析

上述对比从结构角度出发，评分应侧重于主体结构部分，从图 4 可知，商品房项目的砌体结构工程（二次结构）评分较高，使得两项目出现较大差异。其原因在于"砌体结构工程"部分作为二次结构的得分占比与主体结构"现浇混凝土结构工程"占比相同，从而对总评分体现实际工程质量情况产生了影响。

为此，在"主体结构"二级指标评分计算过程中添加了结构重要性系数 φ 修正，添加修正后评分计算方式如式（2）所示：

$$B_l = 100 \times \frac{\sum \varphi_i (C_k \times \frac{\sum D_j}{\sum D_j'})}{\sum C_k} \qquad (2)$$

式中：D_j——三级指标中第 j 项四级指标的得分，如未参评则不参与计算；
$\quad D_j'$——三级指标中第 j 项四级指标的满分，如未参评则不参与计算；
$\quad C_k$——第 i 项三级指标的满分；
$\quad B_l$——主体结构二级指标的得分；
$\quad \varphi_i$——第 i 项三级指标重要性系数。

式（2）计算数据结果如表 4 和表 5。根据计算结果可知，引入结构重要性修正系数 $\varphi = 0.5$ 参与计算后，两项目评分差异缩减到了 1.72 分，起到了削减二次结构得分对"主体结构"评分占比的作用，使得评分更贴合实际工程质量。对于确定重要性修正系数 φ 的合理取值范围及影响因素还需进一步调研和研究。

某城市政策房典型项目主体结构修正后得分情况 表 4

三级指标	得分	四级指标	得分
地基基础工程（满分 10 分） $\varphi = 1$	5.59	地基承载力（满分 6 分）	3.00
		填方工程（满分 2 分）	—
		地下室防水（满分 2 分）	1.47

续表

三级指标	得分	四级指标	得分
钢筋工程（满分 10 分） $\varphi = 1$	9.50	钢筋原材（满分 4 分）	4.00
		钢筋加工（满分 1 分）	0.50
		钢筋连接（满分 1 分）	1.00
		钢筋安装（满分 4 分）	4.00
现浇混凝土结构工程（满分 20 分） $\varphi = 1$	14.43	混凝土强度（满分 10 分）	7.50
		钢筋保护层厚度（满分 1 分）	1.00
		尺寸偏差（满分 5 分）	3.21
		外观质量（满分 4 分）	2.72
砌体结构工程（系数修正后 10 分） $\varphi = 0.5$	7.41	砌体材料、砌筑砂浆（满分 8 分）	6.67
		灰缝的厚度、饱满度（满分 2 分）	0.67
		砌体砌筑的节点构造（满分 5 分）	3.75
		尺寸偏差（满分 3 分）	2.25
主体结构评分总计（满分 100 分）		73.86 分	

某城市商品房典型项目主体结构得分情况　表 5

三级指标	得分	四级指标	得分
地基基础工程（满分 10 分） $\varphi = 1$	6.67	地基承载力（满分 6 分）	6.00
		填方工程（满分 2 分）	0.00
		地下室防水（满分 2 分）	0.67
钢筋工程（满分 10 分） $\varphi = 1$	8.00	钢筋原材（满分 4 分）	4.00
		钢筋加工（满分 1 分）	—
		钢筋连接（满分 1 分）	0.00
		钢筋安装（满分 4 分）	—
现浇混凝土结构工程（满分 20 分） $\varphi = 1$	14.23	混凝土强度（满分 10 分）	8.00
		钢筋保护层厚度（满分 1 分）	1.00
		尺寸偏差（满分 5 分）	3.79
		外观质量（满分 4 分）	1.44
砌体结构工程（系数修正后 10 分） $\varphi = 0.5$	8.89	砌体材料、砌筑砂浆（满分 8 分）	8.00
		灰缝的厚度、饱满度（满分 2 分）	1.00
		砌体砌筑的节点构造（满分 5 分）	5.00
		尺寸偏差（满分 3 分）	2.00
主体结构评分总计（满分 100 分）		75.58 分	

五、结语

针对我国工程质量管理现状及问题，需要一种新的综合质量评价体系，以满足业主单位、施工单位、各级建设主管部门的质量评价要求，乃至提供不同城市建筑工程质量发展情况的分布。通过引入信息化及人工智能技术，提高数据处理效率并提升数据挖掘深度，推动我国建筑工程质量评价体系的标准化、智能化发展，也为我国建设领域高质量发展提供技术保障。

参考文献

［1］建筑工程施工质量验收统一标准：GB 50300—2013［S］.

［2］建筑结构检测技术标准：GB/T 50344—2019［S］.

［3］混凝土结构现场检测技术标准：GB/T 50784—2013［S］.

［4］Fisher D, Miertschin S, Pollock D R. Benchmarking in Construction Industry [J]. Journal of Management in Engineering, 2001, 11(1): 50-57.

［5］N.M.Lema A.D.F.Price. Closure to "Benchmarking: Performance Improvement Toward Competitive Advantage" by N.M.Lema and A.D.F.Price [J]. Journal of Management in Engineering, 1996.

［6］Belle, Richard, A. Benchmarking and enhancing best practices in the engineering and contruction sector. [J]. Journal of Management in Engineering, 2000.

［7］Hamilton M R, Gibson G E. Benchmarking preproject planning effort [J]. Journal of Management in Engineering, 1996, 12(2): 25-33.

［8］Winch G, Carr B. Benchmarking on-site productivity in France and the UK: a CALIBRE approach [J]. Construction Management & Economics, 2001, 19(6): 577-590.

［9］Kaka A P. The development of a benchmark model that uses historical data for monitoring the progress of current construction projects [J]. Engineering Construction and Architectural Management, 1999.

［10］Garnett N, Pickrell S. Benchmarking for construction: theory and practice [J]. Construction Management & Economics, 2000, 18(1): 55-63.

［11］Jaafari, Ali. Construction business competitiveness and global benchmarking [J]. Journal of Management in Engineering, 2000, 16(6): 43-53.

［12］李德智，丁佳义，徐萍. 中国内地、中国香港和新加坡建筑工程质量评价体系比较研究［J］. 建筑经济，2020，41（2）：11-14.

［13］李洵，张土乔，潘新华. 新加坡，英国及中国香港地区的建筑质量与安全分析［J］. 土木工程学报，2003，36（9）：38-45.

［14］Building and Construction Authority, Singapore. CONQUAS 21: the BCA Construction Quality Assessment System（Fifth Edition). 2020.

［15］Hong Kong Housing Department. Performance Scoring System Manual. 1997.

［16］郑周练，赵长荣，崔碧海，等. 建筑安装工程质量的模糊评定［J］. 土木建筑与环境工程，2000，22（0Z1）：113-117.

［17］李田. 高层结构质量评定方法的研究［J］. 建筑结构学报，1997，18（2）：46-51.

［18］陶冶，陈阳，梁勉. 工程质量综合评价方法. 湖南大学学报（自然科学版），1999，26（6）：108-112.

［19］周焯华，张宗益. 建筑工程质量评定的层次分析法［J］. 重庆建筑大学学报，1997，19（6）：79-85.

［20］刘迎心，李清立. 建筑工程质量的一种评价方法［J］. 北京交通大学学报，1998，22（1）：92-95.

［21］吕云南. 市政道路工程质量模糊综合评价［J］. 中国市政工程，2001（1）：4-8.

［22］梁爽，毕继红，刘津明. 建筑工程质量等级的模糊综合评判法. 天津大学学报，2001，34（5）：664-668.

［23］建筑工程施工质量评价标准：GB/T 50375—2016［S］.

［24］陈康，李希胜. 基于BIM的结构健康监测研究［C］//第七届BIM技术国际交流会：智能建造与建筑工业化创新发展.

［25］刘沐阳. 基于监管数据和XGBoost模型的建设工程质量评价方法研究［J］. 项目管理技术，2020，18（11）：56-62.

工程质量保险制度的现状研究及发展思考

孙 舰

（中国建筑科学研究院有限公司）

2019 年 3 月 26 日，国务院办公厅出台《关于全面开展工程建设项目审批制度改革的实施意见》，提出要进一步精简审批环节，要求"试点地区在加快探索取消施工图审查（或缩小审查范围）、实行告知承诺制和设计人员终身负责制等方面，尽快形成可复制可推广的经验"[1]。随后，山西、南京、青岛（西海岸新区）、深圳等地先后发布文件，正式取消施工图审查。与此同时，设计人员终身责任制被摆在了重要的位置，各地试点政策中纷纷要求明确工程设计责任主体，以保证取消施工图审查后的工程设计安全。但是，设计人员作为个体或独立法人机构，其可承担的责任有限，一旦发生重大质量问题，设计人员可赔偿或承担的责任并不足以弥补实际造成的损失，往往还会出现一些极端问题，因此，制定有效的职业风险保障措施对设计人员和权益受损人员来说尤为重要。

利用保险的市场化手段辅助建筑行业管理、提升工程质量，是国际上工程项目管理的惯例之一，法国、西班牙、英国、日本等国家都大力推广工程质量保险，其保险费率的设定也较为科学。法国和西班牙为法律强制性保险，要求所有参加工程项目建设的机构都对项目负有质量责任，并投保包括工程质量潜在缺陷保险（Inherent Defects Insurance，IDI）和工程质量责任保险在内的工程质量保险，其中，法国为固定费率，西班牙采用固定＋浮动费率。英国和日本则是自愿投保，均采取浮动费率，但其完善的市场运营机制使得投保工程质量保险成为一种自觉性行为。工程保险模式既约束了参建各方的建设行为，也为后续各方履行质量责任、赔偿用户损失提供了资金保障，同时推动政府质量监管的重心由事前逐步转向事中和事后，为建筑业建立市场化的运行机制提供了更加宽松的环境。

因此，在各地政府探索实施取消施工图审查这一"政府服务"的形势下，借鉴发达国家在工程质量管理方面的先进经验，加快推广工程质量保险制度，特别是推动与项目参建各方责任挂钩的工程质量责任保险的进一步落地，提高建筑工程项目质量管理的市场化程度迫在眉睫。

一、我国工程质量保险制度和责任管理体系的发展现状

（一）我国工程质量保险制度的发展现状

我国工程质量保险起步较晚。2002 年，国务院领导就工程质量保险问题做出重要批示，要求建设部与中国保监会联合解决建筑工程质量问题。2005 年，《关于推进建设工程质量保险工作的意见》发布，其中明确规定工程质量保险包括建筑工程一切险、安装工程一切险、工程质量保证险和相关职业责任险等，并于 2006 年正式开展了建筑工程质量保险试点。但是，由于参与各方的热情和意愿均不高，试点之后十余年间，我国的工程质量保险推广处于近乎停滞的状态。

2017 年，在国务院办公厅《关于促进建筑业持续健康发展的意见》和《建筑业发展"十三五"规划》"推动发展工程质量保险"发展目标的指引下，住房和城乡建设部印发《关于开展工程质量安全提升行动试点工作的通知》，要求上海、江苏、浙江、安徽、山东、河南、广东、广西、四川等九个地区试点工程质量保险，逐步建立起符合我国国情的工程质量保险制度，各地开始有针对性地推行工程质量潜在缺陷保险和工程质量责任保险。

上海在工程质量潜在缺陷保险制度方面的探索较为领先。2012 年，上海市发布了《关于推行上海市住宅工程质量潜在缺陷保险的试行意见》，着手开展为期三年的住宅工程质量潜在缺陷保险城市试点。2016 年，上海将保障房和浦东新区的商品房纳入建筑工程质量潜在缺陷保险的强制保险范围。其中"住宅工程在土地出让合同中，应当将投保工程质量潜在缺陷保险列为土地出让条件"的要求，将险种的强制性特征贯彻至住宅开发链的最前端。这一政策推进卓有成效：统计数据显示，2017 年上海市 IDI 保险金额达到了 2760 多亿，上海援建的项目中也有 20 多个项目实施了 IDI[2]。2017 年 11 月，《上海市住宅工程质量潜在缺陷保险实施细则（试行）》正式实施，首次提出总基准保险费率、保险公司牵头等具体细节问题，为险种运行制订了规范。2019 年 2 月，上海将 IDI 的实施范围扩大到全市商品住宅和保障性住宅工程，进一步明确了保障性住房的保险费率，优化了承保范围，将此前的成功经验推广至全市范围。

除了发布各种支持政策以外，上海还建立起了系列配套制度。2016 年 12 月起施行的《上海市建设工程质量风险管理机构管理办法（试行）》，为建设工程质量缺陷保险的第三方技术检查机构制订了经营规范；上海市住建委于 2017 年 2 月公布的首批建设工程质量安全风险管理机构（TIS 机构）名单，打破了以往风险管理环节被外资垄断的情形；2018 年 2 月正式投产运行的上海市 IDI 信息平台，则实现了保险公司出单系统和报案理赔系统以及上海市住建委建设市场管理信息平台的协同管理。

近年来多地试水工程质量责任保险。2018 年 3 月，浙江省住建厅下发《浙江省住宅工程质量保险试点工作方案》，提出将在杭州、宁波、嘉兴、金华和衢州五

个市的新建住宅工程中开展工程质量保险试点。试点范围包括工程质量潜在缺陷保险，勘察、设计、施工、监理职业责任保险和保修保证保险等与住宅工程质量有关的险种。2019年9月，深圳印发了《关于全面开展工程建设项目审批制度改革的实施意见》，提出推行勘察设计执业责任保险制度。2020年3月，山东省改革工程图审查机制，在部分区域探索取消施工图审查或缩小审查范围，实行告知承诺制和设计人员终身负责制，推行勘察设计责任保险制度，并随即发布《关于推行房屋建筑和市政工程勘察设计责任保险制度的指导意见》。虽然各地都发布文件推行工程质量责任保险制度，但均未深入提及职业责任保险的要求以及实施办法，这也成为工程质量保险进一步推广的难点。

（二）我国工程建设质量责任管理体系现状

我国在建立工程项目建设活动主体责任机制方面起步较晚，近几年才初步建立起相应的责任制度体系。

2014年8月25日，住建部发布《建筑工程五方责任主体项目负责人质量终身责任追究暂行办法》，将包括建设单位项目负责人、勘察单位项目负责人、设计单位项目负责人、施工单位项目经理、监理单位总监理工程师的建筑工程五方责任主体纳入质量终身负责制中。2017年11月6日，国家发改委发布《工程咨询行业管理办法》，实行咨询成果质量终身负责制，将工程咨询单位及主持、参与该咨询业务的人员纳入质量终身负责制中。2019年5月10日，住建部发布《关于征求房屋建筑和市政基础设施项目工程总承包管理办法（征求意见稿）意见的函》，规定：工程总承包单位及项目经理依法承担质量终身责任，工程总承包项目在永久性标牌、质量终身责任信息表中应当增加工程总承包单位及其项目经理信息。

综上，我国建设活动主体责任实行"终身负责制"，并已初步完成对建设、勘察、设计、施工、监理、工程咨询、总承包等相关责任主体的覆盖。责任到人的制度体系，能够有效落实相关责任主体行为，在一定程度上规范各方行为，保障工程质量安全，但在实际的项目建设过程中，这种模式的推广仍然存在一定的困难。

二、我国工程质量保险制度和责任管理体系存在的问题

（一）我国工程质量保险体系存在的问题

发展至今，工程质量保险制度在上海、广东等试点地区逐步落地，但其在全国的应用仍处于起步状态，距离普及程度仍有较大距离，究其原因主要有以下几点：

1.法律法规体系不健全，各方缺乏投保意识

我国《建筑法》中仅规定了建筑工程意外伤害保险为强制性险种，其他险种如质量保险、责任保险都没有明确的规定。而我国保险业起步较晚，工程质量保险的制度不健全，政府的宣传引导措施不完善，工程项目各参与方普遍缺乏主动投保的意识。

2.各方质量责任界定模糊

现有的质量管理条例中仅对建设工程主体结构、装修工程等的最低保修期限进

行了规定，对责任主体所承担的责任内容并没有根据不同结构位置、不同的设备及不同性能作出划分，相应地，工程质量保险制度中对于质量责任的界定也较为模糊，在一定程度上影响了各方依据责任划分进行投保的行为。

3. 保险公司费率较高且难以把控潜在风险

我国实行的工程保险基准费率一般为 1.5%，同时根据市场需要采取 4%～6% 的浮动费率 [3]，整体费率偏高，使得工程项目的建设成本增加，建设单位及各参建方的投保积极性不高。同时，能够为保险公司提供技术支持的独立的第三方监管机构较少，加之保险公司自身专业能力有限，很难对风险进行准确的识别，整个项目建设过程和后期维护过程的风险更是难以掌控，导致保险公司的承保意愿不高。

（二）我国工程建设质量责任管理体系存在的问题

1. 责任管理机制发展不完善

我国建筑业准入门槛较低，竞争较为激烈，发展方式粗放，行业利润偏低，长期靠压缩成本盈利的发展模式为建筑质量埋下了隐患，加之很多建设单位习惯以"项目公司"形式进行建设投资，项目结束后项目公司也随之撤销，在这种环境下，一旦后期出现建筑质量问题，相关责任主体很难追溯，业主习惯性地将责任归于政府，政府只能无奈买单。行业建设主体"终身负责制"的逐步推广，以及施工图审查这一政府服务的取消，表明政府正在探索建立更加清晰的责任管理机制。

2. 设计主体权责不对等

长期以来，受到行业发展模式的影响，本该在行业中拥有较强话语权的设计人员，在实际的工作中往往会受到建设单位的影响，还存在不得不按照建设单位要求更改设计指标的情况。施工图审查作为保证"工程质量安全"的一道重要防线，也是设计人员应对建设单位各类不合理设计要求、降低自身设计责任风险的有效保障机制。伴随着施工图审查的取消，设计人员终身负责制的推行，设计人员看似被赋予了较大的设计权限，但实际工作过程中，建设单位的强势地位依然没有改变，设计人员在权利基本没有变化的情况下，其承担的终身质量责任反而大大增加了其职业责任风险，呈现出明显的权责不对等状态。

3. 职业责任保障制度不健全

虽然我国已初步建立起覆盖行业建设主体的"终身负责制"，能够有效落实并追溯相关建设主体负责人责任，但我国建筑行业一直以低价格、低利润的模式发展，行业积累严重不足，相关责任主体缺乏足够的经济赔偿能力，这令"终身责任制"仅停留在责任主体追溯上，无法真正解决相应的责任赔偿问题，这不仅无法发挥责任主体机制作用，更容易引发行业恐慌。

三、加快推广工程质量保险制度，确保各方主体切实履行责任的相关建议

为进一步加强建筑工程质量管理，健全质量监督保障体系，形成质量管理闭环，最大限度地发挥市场自主运行机制作用，提高建筑行业整体的质量管理水平，解决上述分析中提到的各类问题，可借鉴发达国家经验，加快推行工程质量保险制度，特别是工程质量责任保险。同时，在推广过程中将法律体系不健全、各方责任难以明确、市场运行机制不完善等难点问题考虑在内，基于上述思考，提出如下推广建议：

（一）完善工程质量保险投保机制，考虑与项目投标要求相挂钩，并率先在保障性住房和老旧小区改造等建设项目中推行

当前我国《建筑法》《保险法》《招标投标法》《政府采购法》等法律中均没有明确要求工程建设项目引入工程质量保险制度，虽然各地出台政策予以推广，但其法律地位和投保机制还有待明确。为此，可以采取如下措施：一是借鉴并改进试点地区的成功经验，出台政策，将投保工程质量保险作为工程项目投标的必备条件之一，以此要求工程建设各方单位强制投保工程质量保险。二是以工程质量保险替代维修保证金，同意建设单位在购买工程质量保险后可豁免其缴纳维修保证金义务，尽可能降低建设单位资金负担，提高其投保意愿。三是发挥国有资本引领发展作用，在国有资本参与投资的建设项目，如保障性住房和老旧小区改造等民生项目中率先推行工程质量保险，探索其具体发展模式与路径。

（二）尽快制定适合我国发展国情的保险费率标准，建议根据建筑物性质、年限、环境等实际情况进行科学评定

在保险费率的设定方面，法国为固定费率，西班牙采用固定＋浮动费率的模式，而英国和日本则是浮动费率，完全依赖市场自主调节。保险费率的设定方式取决于各国实际，是各方在长期的磨合过程中形成的利益划分均衡点。目前，我国各试点区域在工程质量保险费率的设定方面要求不一，缺乏统一的标准和要求，行业整体管理还较为粗放。因此，建议在设定保险费率方面，不仅要根据建筑物所在区域、建筑物性质、建造方式等因素明确建筑物实体的保险综合费率基准和浮动标准，同时还要考虑参建主体的资质、诚信情况、项目经验、风险管理体系建设情况、工程质量责任保险的购买情况等因素，明确对参建主体的保险基准费率和浮动标准。通过科学合理的保险收费模式，进一步规范行业行为，引导项目参建单位与保险公司共同推进工程质量保险的实施。

（三）建立独立的 TIS 机构，明确其服务对象并制定严格的行为规范标准

我国 TIS 机构的发展目前尚处于起步阶段，2012～2016 年上海先后出台政策，要求保险公司聘请专业风险管理人员和机构实施风险管理，并对风险管理机构的经营活动做出规范，公布了首批 TIS 机构名单。2018 年，中国保险行业协会发布《建筑工程质量潜在缺陷保险质量风险控制机构工作规范》，为各地发展 TIS 机构提供参照。但是，目前市场上对 TIS 机构的定位仍不明确，导致实际操作过程中其话语权不高，具体的风险评估行为也不够规范明确，对此，建议一是明确 TIS 机构的法定职能，在受雇于保险公司的同时，也需要独立于建设单位和政府机构，成为独立的第三方质量风险管理机构。二是明确其综合服务性质，如在初步设计、施工图设计、过程监管、使用维护期间定期进行风险评估等方面的服务职能。三是由具有影响力的行业协会或协会联盟对 TIS 机构进行资质认证，明确行业准入规则和评定体系，对其专业能力、经济实力和社会影响力进行评定，确保其独立、客观、公正的市场地位。

（四）强制要求项目建设主体投保工程质量责任保险，并将其作为行业准入要求之一

国际建筑市场的成熟发展经验表明，发展工程执业责任保险能够有效应对相关建设活动主体的责任风险。但目前，在施工图审查取消的情况下，虽然行业对工程设计责任保险的重视程度有所提高，但要求勘察、监理、施工、工程咨询等责任主体购买责任保险的意识还偏低。因此，建议采取如下措施：一是在工程投标阶段，要求将各方主体投保工程质量责任保险作为投标必要条件之一，进一步加大强制性投保的工作力度。二是严把工程质量责任保险的投保门槛，对各方投保人员和机构的行业资质、业绩、风险管理水平、诚信水平等因素进行严格审查，发挥准入筛选、优胜劣汰的市场调节机制作用，进一步优化市场环境。三是适时全面推广，将投保执业责任保险作为行业准入要求之一，从源头上改变传统责任意识，实现市场的自我调节作用。

（五）借助建筑行业数字化发展趋势，构建行业数据云平台，为项目建设各方提供数据参考，为政府监管提供高效渠道，提高行业管理效率

近年来，建筑行业正在积极推行转型升级和数字化、智能化发展，但目前行业相关数据资源还较为匮乏，各方信息不对称，急需通过搭建覆盖行业各方主体的数据"云平台"，实现数据的共享化。一是服务行业，"云平台"收集、汇总建筑工程质量缺陷项目信息，分析易发生危险的情况，为项目建设各方提供权威数据参考。二是服务市场，"云平台"收集项目参建单位投保情况、诚信体系，保险公司理赔情况等信息，为后续保险公司和项目参建单位之间的双向选择提供依据。三是服务政府，覆盖范围广泛的"云平台"将为政府收集行业数据提供便利，平台数据将为行业监管提供有力的支持，推动行业管理效率的显著提升。

参考文献

［1］国务院出台实施意见，探索取消施工图审查［J］. 工程建设与设计，2019（9）：1.

［2］工程质量潜在缺陷保险稳步推进 多方共谋 IDI 制度设计［N］. 证券时报，2018.

［3］吴绍艳，赵朵，邓娇娇，等. 工程质量保险制度的运行机制及实施问题分析［J］. 建筑经济，2018.

推进电梯标准化与数字化，助力产业高质量发展

李守林

（中国建筑科学研究院有限公司　北京建筑机械化研究院）

随着人口增长、城镇化进程加快和人民生活水平提高，人们对生活和工作环境的舒适、便捷性要求也在不断提高，电梯产品得到了广泛普及，成为现代高层建筑和基础设施必不可少的配套设备之一，经历改革开放以来四十余年的高速发展，地处亚太地区的中国已成为全球最大的电梯生产国和消费国。当前中国经济已进入高质量发展的新阶段，中国电梯市场面临需求增速放缓、企业竞争加剧的现状，在新的时代条件下电梯业何去何从？众多电梯企业都在调整企业发展方向与经营策略，寻找新的增长点。

《中华人民共和国国民经济和社会发展第十四个五年规划和二〇三五年远景目标纲要》提出："坚持总体国家安全观，实施国家安全战略，维护和塑造国家安全，统筹传统安全和非传统安全，把安全发展贯穿国家发展各领域和全过程，防范和化解影响我国现代化进程的各种风险，筑牢国家安全屏障。"十四五规划中提出的建设平安中国的历史使命，进一步对作为载人特种设备的电梯行业提出了安全发展、高质量发展的要求。

一、电梯行业发展现状与趋势

2019 年我国电梯生产达 98 万台，增速 15%，出口 8.5 万台。根据国家市场监管总局特种设备局的统计，截至 2019 年底，我国注册在运行的电梯总量达到709.75 万台，当年增加 81.92 万台。全球超过 70% 的电梯制造业务在中国大陆，电梯总保有量也达到了全球总量的 40% 以上。

电梯产业的发展呈现出如下几个方面的特点：

1. 电梯企业探索转型改革，方向聚焦智能制造领域

《中国制造 2025》部署全面推进实施制造强国战略，明确提出我国制造业应以智能制造为突破口，推进信息化与工业化深度融合，加强质量品牌建设，聚焦新一代信息技术产业，实现中国制造跨越式发展，实现制造业强国的梦想。在"中国制造 2025"的推动下，电梯企业转型改革方向聚焦智能制造领域。电梯厂商应对现有生产设备及技术进行升级改造，推进电梯智能化工厂建设，加大智能化高技术研发，实现产品智能化、生产智能化、管理智能化以及服务智能化，从而实现企业转

型升级，提升行业竞争力和民族电梯品牌地位。

2.物联网新技术融合电梯传统产业，成为行业智能化发展新走向

在各个行业的创新活动中，物联网技术发挥了助推器作用。在推动电梯产业转型升级、实现电梯安全监管方面的作用日益明显，基于智能化交互平台的电梯信息交流网络将可能使电梯制造厂商或主管机构对域内的电梯、建筑物、垂直交通实现统一管理和信息共享，使得包括整机厂商、主管部门、维保企业、产业链配件供应、物业服务、乘客在内的"终端"之间可以实现有效信息沟通，实时分析故障，响应维保服务，提高工作效率；同时通过预防性维修，避免电梯故障发生，有效提高电梯安全性，保障电梯运行期间的使用安全，使得电梯管理服务智能化成为电梯产业厂商、从业者、产业链上下游参与者的共识。

3.厂商专业化一条龙维保的服务产业化成为新模式

2013年我国颁布了《中华人民共和国特种设备安全法》，规定电梯的安装、改造、修理，必须由电梯制造单位或者其委托的依照本法取得相应许可的单位进行。在国家政策支持以及电梯保有量激增和老龄电梯数量逐年增加的背景下，以维修保养安装为特征的电梯售后市场已经成为行业企业持续发展的重要战略，电梯的售后服务已经成为未来电梯企业市场竞争的一个重要环节。由电梯厂商提供专业化维保成为主要趋势，电梯制造和服务业务并重成为电梯产业未来发展的新模式。

4.绿色、环保、节能、安全成为电梯产业高质量发展的关键词

近年来，国内外厂商不断推出高性能绿色产品，成为电梯产业未来发展方向。住房和城乡建设部、发改委等推动绿色建筑评价，推广绿色建材和绿色工程装备，为电梯新产品拓展了应用空间，成为电梯产业的大利好。新一代的绿色建筑也呼唤着绿色电梯、节能电梯和智能电梯的研发与应用。随着新一代电梯产品市场的细分，电梯产业版图悄然发生变化，集群效应、区域产业、产业龙头都出现了深度整合与加速竞合的势头。

二、高质量发展对安全生产标准化提出新要求

1.聚焦电梯整机及部件产业高质量发展，支持电梯国家标准和国际标准的实施

中共中央、国务院《关于开展质量提升行动的指导意见》和国务院办公厅《关于加强电梯质量安全工作的意见》相继出台。电梯行业持续开展质量提升行动，实现电梯产品质量明显改善、供给体系更有效率，促进了行业高质量发展和消费升级。按照高质量发展要求，电梯行业大力推动相关团体标准制定，提升电梯产品质量和行业安全生产水平。在推进团体标准制订工作中，以电梯零部件标准为核心，为行业打造健康、高质量的产业链创造了条件，在实现电梯整机的高质量发展方面，有力支持了电梯国家标准和国际标准的实施。

2.围绕有效提高企业安全水平，将安全生产标准化建设纳入企业生产经营全过程

国务院《关于进一步加强企业安全生产工作的通知》（国发〔2010〕23号）明

确要求："全面开展安全达标。深入开展以岗位达标、专业达标和企业达标为内容的安全生产标准化建设。"国务院安委会《关于深入开展企业安全生产标准化建设的指导意见》（安委〔2011〕4号）要求："要建立健全各行业（领域）企业安全生产标准化评定标准和考评体系；严格把关，分行业（领域）开展达标考评验收；不断完善工作机制，将安全生产标准化建设纳入企业生产经营全过程，促进安全生产标准化建设的动态化、规范化和制度化，有效提高企业本质安全水平。"2016年1月6日，习近平总书记在中央政治局常委会上就安全生产工作提出要求：必须坚决遏制重特大事故频发势头，对易发生重特大事故的行业采取风险分级管控、隐患排查治理双重预防性工作机制，推动安全生产关口前移，加强应急救援工作，最大限度减少人员伤亡和财产损失。全行业落实安全生产政策，实现高质量发展，将安全生产贯穿企业生产经营全过程成为普遍要求。

2020年4月，习近平总书记就安全生产作出重要指示，强调要加强安全生产监管，分区分类加强安全监管执法，强化企业主体责任落实，牢牢守住安全生产底线，切实维护人民群众生命财产安全。在全国安全生产会议上，李克强总理强调务必把安全生产摆到重要位置，树牢安全发展理念，针对安全生产事故主要特点和突出问题，层层压实责任，狠抓整改落实，强化风险防控。严格落实安全生产责任制，围绕从根本上消除事故隐患，在全国深入开展安全生产专项整治三年行动。

3. 企业安全生产标准化基本规范与安全生产法形成呼应之势

新修订的《中华人民共和国安全生产法》已将安全生产标准化纳入其中。其第四条规定：生产经营单位必须遵守本法和其他有关安全生产的法律、法规，加强安全生产管理，建立、健全安全生产责任制和安全生产规章制度，改善安全生产条件，推进安全生产标准化建设，提高安全生产水平，确保安全生产。

2016年12月13日，国家质检总局、国家标准委批准发布了《企业安全生产标准化基本规范》GB/T 33000—2016，在该标准中，"安全风险管控及隐患排查治理"被整合成安全生产标准化的一个核心要素。

综上，企业安全生产标准化既是法定之责，又是履行社会责任、贯彻高质量发展的必然要求。

三、当前电梯行业的主要需求

安全生产是关系到国家和人民群众生命财产安全的大事。电梯行业的快速发展使得从业人员队伍急剧扩充，人员流动大、技能素质参差不齐导致电梯安全事故多发。为消除事故风险，未来需大力研究电梯按需维保、电梯责任保险、安全规程、电梯质量自我声明等方面的政策。

在电梯用户和建筑设计的协同方面，重点放在打通"规划设计、产品安全、工程安装、监管服务"在内的标准化通道，以产品寿命周期用户和乘客利益最大化、方便建筑设计人员科学选型配置电梯为目标，制订多项帮助电梯用户和建筑设计人员正确选购和选配电梯的技术文件，大力推进以上关键领域和节点的团体标准的制定，早日完善电梯服务与安全标准体系。

在新技术创新应用方面，积极鼓励创新创业，推动行业发展模式转型和行业新旧动能的转换，实施互联网＋新技术的深度融合应用，促进企业形成新竞争力。推进电梯行业知识产权保护，反垄断、反不正当竞争，倡导创新文化，强化知识产权创造、保护、运用，深化自律，规范商务环境，推进电梯产业链上下游技术与供需合作。

在加强国际交流合作方面，与欧洲电梯联合会和国际组织合作制定标准项目；在培养电梯服务人才方面，立足发挥企业主体积极性，推进行业职业能力建设，组织技能竞赛，创新竞赛形式，提高竞赛质量，推广竞赛成果，大力促进电梯从业人员素质的提高。

四、行业发展建议

1. 全力开展行业质量提升行动，把质量提升工作常态化

认真贯彻落实中共中央、国务院《关于开展质量提升行动的指导意见》和国务院办公厅《关于加强电梯质量安全工作的意见》，按照行业监管部门对于质量和安全工作的总体部署，抓紧制订电梯质量和安全提升方面的技术文件，明确电梯产品在质量上"提升什么、怎么提升、怎么保障提升完整顺利实施"等问题，为行业高质量发展提出具体指导性意见。实现电梯质量明显改善，供给体系更有效率，以"技术、标准、品质、服务"为核心的质量竞争新优势基本形成，实现电梯质量水平整体跃升。

2. 推动高质量发展，打造质量品牌标杆，夯实零部件基础标准

推动行业企业树立"质量第一"的价值导向，坚持优质发展、以质取胜，向质量要效益，形成电梯企业追求质量、用户为质量买单、社会尊重质量、愿意为质量赋值、实现优质优价、人人关心质量的良好氛围。

以满足人民群众日益增长的电梯质量和安全需求为目的，持续提高电梯产品、工程、服务、环境的质量水平，提升质量层次和品牌影响力。加强全面质量管理，推广应用先进质量管理方法，提高全员、全过程、全方位质量控制水平。弘扬企业家精神和工匠精神，提高决策者、经营者、管理者、生产者的质量意识和质量素养，加强品牌建设，打造质量标杆企业。

制订若干项高于现有国家标准体系电梯产品技术要求的团体标准，以及目前尚属空白而市场上又急需的团体标准，特别是在电梯零部件领域的电梯标准。以国际广泛认可、实施面大的标准为蓝本，制订电梯行业的专用质量体系的团体标准；推进质量攻关、质量创新、全面质量管理，全面加强电梯质量技术基础支撑体系建设。

3. 以国家市场监管改革为契机，促进行业治理和监管改革

推动产品安全责任体系的重构、监管模式和技术手段的改革，尽快在电梯行业

实施质量声明和按需维保的制度，提升维保效率和维保效益。明确电梯各利益相关方的法律责任，做好顶层设计，建立电梯质量和安全长效机制。

电梯质量安全问题涉及主体多、责任链条长，要解决好这个问题，立法部门和监管部门必须对生产者、使用管理者、维护保养者，以及物业所有者等各方责权予以通盘考虑，理顺相关法律关系，厘清各方权责，按照相关法律确立电梯业主、实际控制人和使用管理单位的责任主体地位。要协调处理好电梯质量安全管理过程中多元主体之间的各类行政法律关系和民事法律关系。在顶层法律制度上做好安排，扫清执法、司法过程中的具体障碍，形成监管责任闭环。厘清电梯安全责任链法律关系，通过责任链管理，促进链条各环节的利益相关方各司其责，形成失责必被追究的良好法律环境。

4. 以宣贯安全生产标准为切入点，全面提升行业安全生产水平

以《电梯行业现场安全标准》《电梯行业安全生产标准化规范》两项团体标准发布为契机，推动行业企业尽快根据自身情况将这两项团体标准转化为企业内部的执行文件，建立具体实施的路线图和时间表。通过活动、培训等形式宣传相关知识，统一行业认识。促使全行业树立"以人为本，安全第一，预防为主；落实责任，全员参与；科学管理，依法治企；持续改进，追求卓越"的职业健康安全方针。按照法律法规及标准要求，建立、实施、坚守安全管理体系，不断提高安全绩效，促进行业可持续发展，促进企业在生产、服务活动中严格管理、规范操作，全员参与、自觉采取安全预防措施，实现安全第一、文明生产，确保员工的健康安全。

5. 大力推进协会团体标准制订工作，满足行业发展的需要

抓紧制订一批行业急需、对行业影响大而且填补空白的团体标准项目，重点推进电梯、自动扶梯设计规范两项团体标准以及与两项团体标准配套的电梯主要部件团体标准的制订。尝试制订电梯行业的钣金加工制造标准及加工所需金属材料和表面加工标准。继续完善物联网和安全生产的系列标准。调研并制订工程施工标准如：（1）电梯机房、井道、底坑和门洞施工、尺寸和验收标准；（2）电梯安装工艺、施工流程；（3）电梯工程竣工验收标准。以此规范并控制建筑物配套接口的质量，明确电梯项目工程验收自检工作要求和指标。

团体标准以市场和行业需求为导向，以企业和公共利益为出发点，按照公开、透明原则，以各利益相关主体平等协商的方式进行，目的是方便行业设计、生产合规合格的产品，降低研发、产品开发设计和采购成本，帮助客户选择满足自己要求的电梯产品。

明晰产品制造安全责任，引导电梯行业通过制订相关标准，给予产品责任一个清晰的界定，保护制造商的合法利益。以国家标准为目标，把散落在几百项基础标准中的技术要求收集起来汇总成产品专门的团体标准，方便企业和用户使用，降低成本。

6. 推进知识产权保护，反垄断、反不正当竞争

电梯行业商标和知识产权侵权纠纷时有发生，在行业内普及相关知识、形成一个良好的环境促使企业自觉守法十分必要。党的十九大报告强调要"倡导创新文化，强化知识产权创造、保护、运用"。2017年4月，最高人民法院首次发布了《中国知识产权司法保护纲要（2016-2020）》，这是最高人民法院历史上首个五年规划《纲要》。《纲要》系统地提出了未来五年知识产权保护工作的主要目标和具体举措。2018年2月，中共中央办公厅、国务院办公厅印发《关于加强知识产权审判领域改革创新若干问题的意见》。《意见》是"两办"印发的第一个专门面向知识产权审判的里程碑式的纲领性文件，确立了新时代人民法院知识产权审判工作的指导思想、基本原则、改革目标和重点措施，夯实了知识产权司法事业的理论、制度和组织基础，为新时代人民法院知识产权司法事业的发展描绘了宏伟蓝图。电梯行业应积极推进党和国家有关政策法规的实施，落实行业自律公约，尽快汇集行业主要企业法务工作者，开展行业主要商标和知识产权保护，在反垄断、反不正当竞争工作中发挥主力军作用。

7. 以行业数字化转型为契机，推动行业发展模式转型和行业新旧动能的转换

2016年之前，电梯行业发展的主要特征为市场需求驱动，规模快速扩大发展。之后，行业从两位数增长率的高速增长变为个位数的缓慢增长。随着房地产驱动力逐渐减弱，目前电梯行业已出现产能严重过剩、市场需求增长缓慢的情况，以建设大厂房、购买先进生产设备和试验设备的高投入产能扩张型增长驱动的发展模式已难以为继。生产要素使用效率的低下，决定了电梯行业发展必须尽快从规模速度型向质量效益型转变。

电梯行业迫切需要推动行业数字化技术应用，全面推进电梯行业发展模式转型和行业的新旧动能转换，促使行业在研发、生产、产业组织等方面进行数字化转型，形成新的竞争力。重点应关注销售手段和工具的数据化、AR和VR技术的应用、设计智能化和模块化、生产设备数字化、供应链管理数字化、智能车间以及延伸安装维保服务链条的安装自动化和数字化、维保业务数字化管理和电梯远程诊断维护等。电梯企业普遍重视信息化建设，正在大力夯实数字化转型的基础，因此，行业有必要加强数字化与标准化结合的研究，制订对支撑下一轮转型至关重要的数据标准，为实现电梯行业数据的互通、互认、共享提供技术平台和手段，在实现电梯标准化、数字化，推动高质量发展过程中，确保数据隐私和数据安全。

结　语

　　建筑与建筑科学研究，一个立在传世，一个仍在创新。六十余载的深耕与沉淀，中国建研院始终秉承智者创物的核心理念，立足行业、服务国家，为我国建设科技事业贡献了应有的力量。

　　2021 年是"十四五"的开局之年，建筑行业将开启改革创新、转型升级的新征程，而建筑科学技术将成为引领新征程的第一动力。中国建研院充分发挥专业领域齐全的综合优势以及建筑行业科研和标准的引领优势，组织了院内近百位专家，对行业未来发展的部分热点领域进行深入系统的剖析，总结技术现状，展望发展趋势，提出政策建议。希望本书的出版能对行业内的专家学者、科研和工程从业者、行业管理部门有所启发。

　　积力之所举，则无不胜也；众智之所为，则无不成也。未来，中国建研院将继续携手行业同仁，坚持以推动科技进步、促进行业发展为己任，不忘初心、牢记使命、守正创新、笃行致远，共同推动我国城乡建设事业蓬勃发展，为实现中华民族伟大复兴的中国梦作出新的更大贡献。

中国建筑科学研究院有限公司

党委书记、董事长　王　俊

2021 年 3 月